"十三五"国家重点图书出版规划项目
高等教育工科院校非动力类专业研究生教材

高等工程热力学

谭羽非　主编

哈尔滨工业大学出版社

内 容 简 介

本书是在高等学校本科工程热力学教材基础上的加深与拓宽,内容以工程实用理论为主,同时兼顾了热工科技领域的最新成果。全书共分 7 章,主要内容包括工程热力学基本概念和基本理论,变质量热力学及典型瞬变热力过程分析,基于能量品位分析合理用能原则,热力学一般关系式及应用,实际气体状态方程,以及线性不可逆过程热力学的基础知识等。本书重视分析热工问题的科学方法,在概念说明、原理论证、公式推导等方面力求严谨,全书采用我国法定计量单位,每章后面均附有习题。

本书可作为非动力类专业研究生必修课程教材、动力类专业研究生及高年级本科生选修课程教材,也可作为相应专业教师及有关科技人员的参考书。

图书在版编目(CIP)数据

高等工程热力学/谭羽非主编. —哈尔滨:哈尔滨工业大学出版社,2018.3
ISBN 978 - 7 - 5603 - 7225 - 9

Ⅰ.①高… Ⅱ.①谭… Ⅲ.①工程热力学-高等学校-教材 Ⅳ.①TK123

中国版本图书馆 CIP 数据核字(2018)第 018884 号

策划编辑　王桂芝
责任编辑　刘　瑶　张　瑞
出版发行　哈尔滨工业大学出版社
社　　址　哈尔滨市南岗区复华四道街 10 号　邮编 150006
传　　真　0451 - 86414749
网　　址　http://hitpress.hit.edu.cn
印　　刷　哈尔滨市工大节能印刷厂
开　　本　787mm×1092mm　1/16　印张 14.25　字数 362 千字
版　　次　2018 年 3 月第 1 版　2018 年 3 月第 1 次印刷
书　　号　ISBN 978 - 7 - 5603 - 7225 - 9
定　　价　32.00 元

(如因印装质量问题影响阅读,我社负责调换)

前 言

当今社会随着能源需求的急剧增长,一方面节约能源已经成为继煤炭、石油、天然气、电力四大能源之后的"第五能源";另一方面控制和消除包括雾霾、温室效应、臭氧层减少和热障等对环境的影响破坏,也已经成为社会环保的迫切需求。因此节能环保理论和各项应用技术,是目前世界性的研究热点。

地球上常规能源的局限,已迫使人类联合应用工程热力学和其他工程学科来研究能源的有效转换与合理使用,指导热力过程的工程设计。因此从战略发展的高度考虑,高等工程热力学的理论研究与应用的重要方向,不再仅限于对热力学定律的简单分析,而是要结合诸如统计分析、热经济学、过程能量系统等学科,深入研究热力系统设计、可行性分析、最优化选择等多个方面,为节能环保理论和各项应用技术的提出,提供理论依据和指导作用。

本书是在高等学校本科工程热力学教材的基础上加深与拓宽,内容以工程实用理论为主,同时兼顾了热工科技领域的最新成果。全书共分7章:第1章是工程热力学基本概念和基本理论的加深和拓展,在梳理总结工程热力学基本概念和定律的基础上,深入讲述了如热力平衡状态及稳定性的判定依据、温标及热力学第二定律公理法等;第2章论述变质量热力学基本理论,并对典型的变质量瞬变热力学过程进行了分析;第3章从能量可用性的角度,论述按能量品位高低进行梯级利用的合理用能原则,实现了能量从量到质认识的飞跃;第4章介绍热力学一般关系式及应用,这是研究物质热力性质不可缺少的数学基础;第5章是实际气体状态方程,讨论了各类实际气体状态方程应用时的适用条件,这些方程在热工计算中,不仅能满足工程计算的要求,还可以推算目前没有准确实验数据的某些工质;第6章着重介绍了实际气体热力状态参数及热力过程的分析计算方法,目前由于大多数实际流体的热力性质图表非常缺乏,因此掌握热力过程的解析计算方法十分必要;第7章介绍了线性不可逆过程热力学的基础知识,包括不可逆过程的基本方程、线性唯象定律、居里定理和昂色格倒易关系等,为热质、热电等耦合传输过程及与其他交叉学科的理论研究奠定基础。

本书是作者在多年研究生课程教学及科研工作的基础上,为适应我国节能环保的专业人才培养需要而编写,可作为非动力类专业研究生必修课程教材、动力类专业研究生及高年级本科生选修课程教材,也可作为相应专业教师及有关科技人员的参考书。

本书重视热工问题的科学分析方法,密切联系工程实际,反映了国内外该领域科学技术的新成果,同时注意吸取国内外同类书籍编写方面的先进经验,以便更好地适应教学及各方面的实际需要。

本书在编写过程中参考了有关的文献资料,在此谨向这些文献的著作者表示衷心的感谢。此外,我的学生于克成、张金冬、王雪梅、金鑫、刘卓和王蕾等,对本书手稿做了认真的文字校订工作,在此深表谢意。

由于本书涉及面广,限于作者水平,书中疏漏和不足之处在所难免,恳请读者批评指正。

作 者

2018 年 1 月于哈尔滨

目　　录

绪论 ··· 1
   0.1　高等工程热力学的研究对象 ·· 1
   0.2　宏观热力学和统计热力学 ·· 2
   0.3　能量的分类 ·· 3
   0.4　能量的损失分析 ··· 3
   0.5　工程热力学的分析方法 ·· 4
   习题 ··· 5

第1章　工程热力学基本内容概述 ··· 6
   1.1　热力平衡状态及状态公理 ·· 6
   1.2　热力系统内部工质的状况及化学势 ·· 12
   1.3　温度与温标 ··· 14
   1.4　热量和功 ·· 17
   1.5　热力过程 ·· 22
   1.6　能量与热力学第一定律 ·· 24
   1.7　热力学第二定律与熵 ··· 27
   习题 ·· 37

第2章　变质量系统热力学分析 ·· 39
   2.1　变质量状态方程及参数热力性质 ·· 39
   2.2　变质量系统质量守恒方程 ·· 40
   2.3　变质量系统热力学第一定律表达式 ·· 44
   2.4　变质量系统热力学第二定律表达式 ·· 47
   2.5　典型变质量系统非稳定热力过程 ·· 52
   习题 ·· 64

第3章　热力系统可用能分析 ··· 67
   3.1　能量转换的规律和限度 ·· 67
   3.2　㶲和㶲 ·· 69
   3.3　㶲方程 ·· 79
   3.4　㶲分析及合理用能 ·· 84
   3.5　㶲分析在工程中的应用 ·· 88

习题 · · · · · · 99

第4章　热力学一般关系式及应用 · · · · · · 101
　　4.1　数学基础 · · · · · · 101
　　4.2　热力学基本关系式 · · · · · · 103
　　4.3　热力性质的一般表达式 · · · · · · 115
　　4.4　自由能与最大功定理 · · · · · · 121
　　4.5　逸度及逸度系数的一般表达式 · · · · · · 123
　　4.6　工质性质的计算软件 · · · · · · 124
　　习题 · · · · · · 126

第5章　实际气体状态方程 · · · · · · 129
　　5.1　实际气体相互作用力及区分 · · · · · · 129
　　5.2　实际气体的状态变化 · · · · · · 132
　　5.3　实际气体状态方程的一般热力学特性 · · · · · · 135
　　5.4　维里状态方程 · · · · · · 137
　　5.5　二常数半经验状态方程 · · · · · · 140
　　5.6　多常数半经验状态方程 · · · · · · 145
　　5.7　对比态原理及气体对比态状态方程 · · · · · · 148
　　5.8　实际气体混合物的混合法则 · · · · · · 158
　　习题 · · · · · · 165

第6章　实际气体热力性质参数的计算 · · · · · · 167
　　6.1　偏差函数、余函数和余函数方程 · · · · · · 167
　　6.2　确定热力学状态参数变化量的计算方法 · · · · · · 181
　　6.3　实际气体热量和功的计算方法 · · · · · · 185
　　习题 · · · · · · 193

第7章　线性不可逆过程热力学基础 · · · · · · 194
　　7.1　局域平衡假设和非平衡态热力学函数 · · · · · · 194
　　7.2　不可逆过程的基本方程 · · · · · · 195
　　7.3　线性唯象定律 · · · · · · 198
　　7.4　居里定理及昂色格倒易定律 · · · · · · 200
　　7.5　不可逆过程的熵产率 · · · · · · 206
　　7.6　黏性流、电流、热流和物质流过程中的熵产率 · · · · · · 208
　　7.7　不可逆热力学原理的应用 · · · · · · 211
　　习题 · · · · · · 214

参考文献 · · · · · · 215

基本符号表

1. 英文符号

英文符号	名称
a	修正分子间相互作用力的常数；音速
A	横截面面积
An	烷
B	比例常数
b	修正分子体积常数；方程系数
C	浓度；组分数目
c	流速；质量比热容；
c_p	比定压热容
c_V	比定容热容
d	直径
E	储存能；弹性模量
En	能量
E_k	动能
E_p	位能
Ex	㶲
e	单位质量能量；应变量
e_p	单位质量位能
ex	单位质量㶲
F	力；自由度数目；自由能
f	函数；自由能；逸度
G	吉布斯焓（自由焓）
g	质量成分；单位质量吉布斯自由焓
H	真空值；焓
k	比热容比（绝热指数）
h	单位质量焓
l	单位质量㶲损；长度
L	㶲损；长度
M	相对分子质量；千摩尔质量；偏差函数
m	质量
$\dot{m}$	质量流率

N	分子数目
n	传递可逆功的形式;摩尔数
p	压力
Q	热量;反应热;反应热效应
q	单位质量热量
R	气体常数;导电系数
r	气化潜热;容积成分
S	位移;熵
s	单位质量熵
T	热力学温度;绝对温度
t	摄氏温度
U	热力学能
u	单位质量热力学能
V	体积
v	比体积(又称比容);反应速度
$\bar{w}$	分子平移运动的均方根速度
W	膨胀功;总功
w_t	单位质量技术功
W_s	轴功
w	单位质量膨胀功
x	气体摩尔成分
w_s	单位质量轴功
Z	压缩因子;高度

2. 希腊符号

α	热膨胀系数
β	容积膨胀系数
ε	压缩比;热湿比;势能
η_t	循环热效率
μ_j	焦耳-汤姆逊系数
λ	能质系数
μ	化学势
η_{ex}	㶲效率
η_{ab}	绝热效率
σ	分子间距离;熵产率
ρ	密度;定压预胀比

τ		时间
φ		相对湿度;逸度系数
ω		分子运动速度;偏心因子
ξ		热能利用系数;溶液质量浓度
φ		纯物质系统平衡状态的独立参数
η_{pol}		多变效率
γ		定容压力系数

绪 论

0.1 高等工程热力学的研究对象

基于对各种热现象加以利用的需求,人类建立了热学,研究包括物质的热运动和各种与热现象相联系的规律。热力学属于热学理论的一个重要分支,它是在一系列实验结果的基础上,综合整理而形成的系统理论。热力学研究的对象包括能量、能量转化以及能量与物质性质之间的关系,热能与其他形式能量转换的规律与方法,以及提高热能转换效率的途径;而工程热力学则是热力学的普遍理论在工程上的具体应用,是热力学在工程领域的分支,是结合人类的生产实践活动发展起来的,其重要性在于它的实用性和广泛性。

人们在很早的时候就开始在生产和生活中利用各种热现象,19世纪中后期,热的本质逐渐被认识,并且以无数的实践经验为基础,总结得出热力学第一定律和热力学第二定律,并成为热力学分析研究实际问题的理论基础。

热力学是在对热现象进行大量观测的基础上总结出的普遍的系统理论,具有普适性。对于一切与热运动有关的现象和物质都适用,热力学所研究的对象分布广泛,涉及自然界的各种现象,包括物理学、化学、工程学、气象学及生物学等领域。传统热力学主要研究的问题可以归纳为以下三个方面:

(1) 热现象过程中能够相互转化的规律性以及数量关系,如过程功、热量及热功转化效率的计算等。研究时常常需要以热力学第一定律为理论基础。

(2) 判断不可逆过程进行的方向。研究时常常需要以热力学第二定律为理论基础,其目的在于使过程沿所期望的方向进行,改善热能工程和能量转换装置的设计,以尽可能充分地提高能源效益。

(3) 物质的平衡性质。能量的转换必须以物质为媒介,因此对于物质性质的研究成为系统状态与系统性质研究的出发点,研究工质的一系列基本热力性质,并分析计算工质在各种热工设备中所经历的状态变化过程,探讨影响能量转换效果的实际因素。

由于能源需求的急剧增长及世界性的能源危机,目前国际上已把节约能源提高到一个全球性的战略高度,热力学节能理论和各项应用技术已成为世界性的研究热点,与能源生产和消费有关的技术发展提醒人们对能量从"量"到"质"认识的飞跃,在系统的高度上,按能量品位的高低进行梯级利用,而不是单一地提高某一生产设备或工艺的能源利用率和性能指标,目前联合循环、热电联产、余热利用、能源大系统等都已列入该领域范畴。

地球上常规能源的限度,迫使人类应用工程热力学和其他工程学科(如传热传质学、燃料学、化学动力学、流体力学等)来研究能源的有效转换与合理使用,指导热力过程的工程设计,尽可能地提供能源资源和物质资源,促进人类的发展与进步。因此从战略发展的高度考虑,高等工程热力学的理论研究与应用的重要方向不再仅限于对热力学定律的简单分析,而且要深入研究诸如统计分析法、热经济学、过程能量系统的综合优化等,对热力系统设计、可行性分析、最优化选择等方面起到理论指导作用。当前在国内外对节能研究与发展日益重视的情况下,跟踪热力学学科发展的这一新方向,积极进行热力学与其他学科的交叉课题研究,努力推进热力学理论的健全和发展,是目前热工领域科研工作者的主要任务之一。可以这样说,高等工程热力学理论必将在能源、社会、经济及环境综合的大体系中获得新的拓宽与发展。

目前高等工程热力学已从研究平衡体系和可逆过程,发展到研究有时空变化的非平衡体系和不可逆过程,这不仅拓宽了经典热力学的研究范畴,而且与其他学科的交叉又形成了许多新的分支学科,如生物热力学、化学热力学、环境热力学等。

我国在高等热力学基本理论及热力学现代应用与研究方面,如环境分析、非平衡热力学、有限时间热力学、变质量系统热力学、连续介质热力学等方面都有长足的进展。我国虽然国土辽阔、资源储量丰富,但人口众多,人均能耗水平低,能源资源已成为制约国家经济发展的突出因素。因而必须从我国的国情出发,依靠科技的进步和创新,节约与开发并重。为解决我国能源危机问题,落实我国能源战略,重点是如何提高热能的有效利用效率,减少燃料的消耗量,从而达到节能的目的。这不仅是我国面临的重要课题,也是世界性的学术课题。

0.2 宏观热力学和统计热力学

宏观观点和微观观点从不同角度看待物质。前者把物质看成连续介质,后者认为物质是由大量分子、原子等微观粒子所组成的,因而热力学有宏观热力学和统计热力学之分。

宏观热力学忽略了物质的原子结构,处理物质性质时把物质看成连续的整体,从而用确定的连续函数来表述物质的性质。宏观热力学利用宏观物理量来描述物质所处的状况,通过实验来确定一些物理量之间的变化关系,根据热力学的基本定律,推导出各宏观物理量之间的内在联系,并与实验结果相结合来研究热现象中的基本规律。宏观方法的优点是简单、可靠,只要少数几个宏观物理量即可描述系统状态。同时,所依据的基本定律已为人类实践所验证,具有极大的普遍性和可靠性,用以进行各种推导时,只要不做其他假定,所得结论同样是极为可靠的。但由于宏观热力学的研究过程未考虑物质内部的分子结构及其行为,因此无法深刻阐明热现象的本质。

统计热力学是从微观角度来分析研究热现象,因此可以弥补宏观热力学的缺陷,它应用力学理论来研究单个分子的运动,用统计方法来说明大量分子紊乱运动的统计平均性质,从而确定宏观热现象所服从的基本规律。因此微观统计热力学能够从物质内部分子运动的微观机理更好地说明各种热现象的物理实质。但由于其分析过程较为复杂、抽象,并且由于其对物质的分子结构模型所做的简化假设只是实际情况的某种近似,因此其分析结果与实际情况不能完全符合,在可靠性上往往存在一定局限。

可见,用宏观观点研究热现象,是以由经验总结的基本定律为依据,而统计热力学则以粒子运动遵守的经典力学或量子力学原理为依据,二者的理论依据是不同的,但两种方法相互补充、相辅相成,不能说一种绝对优于另一种。

众所周知,在无外界作用时,处于平衡态的物系状态不随时间变化,但常见的物系都是非平衡态的。无论是处于平衡态还是非平衡态的物系,都可用宏观或微观两种不同的观点进行研究,因此又有平衡态热力学和非平衡态热力学的区别。以宏观方法研究平衡态物系的热力学称为平衡态热力学,又称经典热力学;用宏观方法研究偏离平衡态不远的非平衡态物系的热力学,称为非平衡态热力学或不可逆过程热力学。

就工程应用而言,简单可靠是首先要考虑的问题,因此本书的研究内容和方法,以宏观平衡的经典热力学为主,便于实际工程应用,同时适当利用微观理论的某些结论来帮助理解宏观现象的本质问题,本书最后还介绍一些不可逆过程方面的内容。

0.3　能量的分类

能量是物体或物质系统做功的能力或做功的本领,是物质运动的量度。早在1649年,法国著名哲学家伽桑狄提出"能量"一词,随后托马斯从势能、功、变形能等特殊运动能力的量度抽象出科学的能量概念,作为各种机械运动的共同量度。1851年,开尔文从热和机械运动能力之间内在的当量关系,抽象出机械能和热能的概念。能量的分类有以下几种。

(1) 能量根据来源可以分为一次能源和二次能源。所谓一次能源是指直接取自自然界没有经过加工转换的各种能量和资源,包括煤、原油、天然气、核能、太阳能、水力、风力、潮汐能、地热等。二次能源是指由一次能源经过加工转换以后得到的能源产品,如电力、煤气、汽油、沼气、氢气等。

一次能源可以进一步分为可再生能源和非再生能源两大类。可再生能源是指在自然界可以循环再生的能源,包括太阳能、水力、风力等。而非再生能源是不能循环再生的,包括原煤、原油、天然气等。

(2) 能量根据品质(即可利用度)可分为优质能和低质能两种。优质能是指经过一次能量转换得来的二次能源,如电能、机械能等。低质能是指自然资源和一次能源,如热能、热力学能等。

(3) 能量根据物质内部分子的运动形态可分为有序能和无序能。一切宏观整体运动的能量和大量电子定向运动的电能都是有序能;而物质内部分子杂乱无章的热运动所具有的能量是无序能。有序能可以完全地、无条件地转换为无序能;但无序能要转化为有序能则需要外界条件,并且转化不可能完全进行。能量还有其他很多分类方法,这里不做详述。

不同形式的能量在转换时,具有量和质的特性。自发进行的能量转换过程是有方向性的,当能量转换或传递过程中有无序能参与时,就会产生转换的方向性和不可逆问题。因此可以说有序能比无序能更有价值,具有更高的品质。例如,对于摩擦生热这种普遍的自然现象,由于摩擦机械能转换为热能,即有序能转换为无序能,能量的转化从量级上看没有变化,但从品质上看却降低了,即它的使用价值变小了,能量使用价值的降低称为能量贬值。摩擦使高品质能量贬值为低品质能量。

0.4　能量的损失分析

目前,世界性的能源危机仍然存在,节约能源势在必行。提高能量利用的经济性是工程热力学的主要任务。节约能量也就是减少能量的损失。

能量既具有高质能和低质能、有序能和无序能的分类,也具有量和质的双重属性。能量的损失也有纯数量损失和质量贬值两种情况,前者能量的质不变,纯属数量的减少,通常把容器和管路的跑、冒、滴、漏等看作这类损失,后者包括温差传热、摩擦生热、自由膨胀及节流等。为避免混淆,热力学中把能量贬值的损失统称为不可逆损失。产生不可逆损失时,能量的数量未变,但能的质(也称作功能力)降低即能的质量贬值。能量贬值是自然界的普遍现象。

减少能量损失所用方法随损失的性质而异。对于漏液漏气等纯数量的损失,通常以改善设备结构、提高密封性等手段加以改进。但所有这些方法都不属热力学研究的范畴,也不是用热力学的方法能解决的。热力学是研究有关能量质量的科学,减少不可逆损失以节约能量才是我们努力的方向。但应看到,不可逆损失是各种能量贬值的统称,并不是所有的不可逆损失都在热力学研究之列。研究损失的目的在于减少损失,热力学中对不可逆损失的研究,归根到底取决于某种损失能否用热力学的方法加以改善。

一般来说,热力学所能采取的手段仅仅是工质和过程的合理选择与安排,所以凡是与工质和过程无关的不可逆损失均不能用热力学的方法使之减少,也就不在我们研究的范围之内。举例来说,摩擦生热视其产生的原因可分为机械摩擦和黏性摩擦两类。发生于刚体与刚体之间,例如活塞与气缸、轴与轴承间的摩擦称为机械摩擦,这类摩擦生热的损失因和工质无关,因此不属于热力学的研究范畴,仅在热力计算中以机械效率作为已知条件给出。至于黏性摩擦,产生于流体(工质)的流动,它和流体的黏性(工质性质)及流速的大小(过程)有关,有可能用热力学的方法使之减少。因此黏性摩擦的不可逆损失才是热力学要研究的内容,即我们所说的摩擦生热损失。除黏性摩擦不可逆损失外,还应指出,工质的过程是在外界热或力的作用下发生的,如果传热和膨胀做功是在工质和外界存在一定的温差与压差下进行的,则也会产生不可逆损失。温差传热所传递的能量数量不变,但温度降低了。绝热自由膨胀中,工质能量的总量并未减少,但压力下降而做功的能力变小了。这类不可逆损失都与工质和过程有关,因此也属于热力学研究之列。例如,可通过合理安排过程(如回热循环等)和选择恰当的工质(如双工质循环等)来减少温差传热的不可逆损失。可见,工程热力学中主要研究的就是黏性摩擦生热和因势差(如温差、压差等)而出现的这两类不可逆损失。

0.5 工程热力学的分析方法

热力学分析方法的特点是着眼于系统,分析系统的状态以及状态变化与系统和外界之间相互作用的关系。在工程上,虽然各种用途的热力系统在结构、组成和工作原理上有很大不同,但从能量传递和转换的本质来看,都是通过它们各自选定的工质状态变化(吸热、放热、膨胀和压缩),即各种不同过程来实现其特定目的。因此不管各种热力系统在结构和组成细节上有多少不同,对它们进行热力学分析的方法基本上都是相同的,其步骤如下:

(1) 根据所要求解的问题,选取便于分析求解的系统和边界,将与之相互作用的其他物体作为外界。

(2) 抓住影响所求问题的主要矛盾和必要的求解精度,对系统及其所处的外界条件建立模型。其中包括:

① 所选系统的工质是采用理想气体模型,还是采用其他模型;
② 系统与外界通过边界发生的质量交换、功量交换和热量交换的情况;
③ 与系统相互作用的外界的特性。

(3) 根据过程进行的特定条件,对过程做一些合理的抽象和简化,建立其过程方程数学模型。

(4) 对所选定的系统,将热力学第一定律、热力学第二定律和质量守恒原理等有关物理规律应用于该问题的数学模型,并进行求解。

可见,分析任何问题,选取合适的系统,建立恰当的模型,是求解问题的关键,需要通过不断的学习逐渐熟悉这些技巧。

习 题

1. 对高等工程热力学的"高等"二字如何认识?
2. 举例说明,怎样做才能真正达到节能的目的。
3. 简述宏观热力学和统计热力学的区别与联系。

第1章　工程热力学基本内容概述

热力学引用的概念很多,这些概念都与能量及其转换有关。本章对经典工程热力学的一些基本概念和定律进行梳理和集中论述,并适当进行了拓展和延伸。

本章主要内容包括:热力平衡状态及平衡状态的判定、温度及温标、热量和功、热力过程,以及能量与热力学第一定律、熵与热力学第二定律等。其目的是帮助读者回顾和梳理工程热力学的基本内容,深化和拓展基本概念和定律,为高等工程热力学的学习搭建承上启下的桥梁。

1.1　热力平衡状态及状态公理

1.1.1　热力平衡状态的概念及条件

平衡状态是研究热现象时,为简化物体状态随时间变化的复杂性而引用的基本概念。任何一个热力系统,在不受外界影响的条件下,系统的状态能够始终保持不变,系统的这种状态称为平衡状态。

当系统内部温度不等时,将有高温部分向低温部分传热的自发变化,因此系统具有热平衡是实现平衡的条件之一;当系统内部各处的压力不等时,高压部分将自发地压缩低压部分而产生能量的转移,可见,系统具有力平衡是实现平衡的另一条件。一个热和力平衡的两相系统,仍有自发相变的可能,如可以认为凝汽器中处于热力平衡状态,但水蒸气在不断转变为液态水。显然,相变的结果会改变系统的状态,所以对两相及多相系统,相平衡是实现平衡的第三个条件。最后,处于热和力平衡下的单相化学反应系统,反应物与生成物的互变也会使系统的状态产生变化,只有反应物和生成物的数量都不变时,系统的宏观状态才停止变化,因此化学平衡是实现平衡的第四个条件。可见,实现平衡的条件可以归结为热平衡、力平衡、相平衡和化学平衡四个条件。

处于热力平衡状态的系统,只要不受外界影响,它的状态就不会随时间改变,平衡也不会自发地破坏;相反,若系统受到外界影响,则不能保持平衡状态。经验指出,系统发生变化总是朝着削弱外界作用的方向进行。系统和外界间相互作用的最终结果,必然是系统和外界共同达到一个新的平衡状态。同样对处于不平衡状态的系统,由于各部分之间的传热和位移,其状态将随时间而改变。根据经验,改变的结果一定使传热和位移逐渐减弱,直至完全停止。故不平衡状态的系统,在没有外界影响的条件下,总会自发地趋于平衡状态。

热力学中的平衡是针对物系的宏观状态而言,由于组成物系的粒子总在永恒不息地运动,其微观状态是不能不变的,如平衡状态物系的温度不随时间变化,是指分子的平均移动动能为恒值。就单个分子而言,在频繁地相互碰撞下它的状态随时都在变化,所以处于热力学平衡状态下的物系,其宏观状态不随时间变化,但其分子仍可以自由地相互作用。

1.1.2 平衡状态、稳定状态与均匀状态的区别

不平衡势是驱使状态变化的原因,而平衡物系的状态不随时间而变化是不平衡势差消失的结果。就平衡而言,没有势差是其本质,而状态不变仅是现象。物系是否处于平衡状态,应从本质而不能从现象来判别。

稳态下虽然热力系宏观性质不随时间变化,但外界的作用也是一种稳定的非平衡状态。例如,将分别处于100 ℃和0 ℃的两个物体用铜棒连接(图1-1),经过足够长的时间后,铜棒内温度分布稳定。此时以铜棒为一热力系,虽然系统内各点宏观性质均不随时间变化,但由于铜棒两端点是受到处于不同的状态作用,因此系统只能是稳定状态。

再比如复合墙体的传热过程,虽然在稳态导热中,物系的状态不随时间而变,但需要在外界作用下维持,由于存在温差,该物系的状态只能称之为稳态,而不是平衡状态。因此,平衡一定稳定,但稳定不一定平衡。

平衡与均匀也是两种不同性质的概念,平衡是相对时间而言的,而均匀是相对空间而言的,是指系统的状态参数各处均一致,不随位置变化。图1-2所示的汽水空间,在经历了相当长的时间后,空间内的温度、压力状态参数均不随时间变化,因而该系统是平衡系统;但在空间范围内,系统内各处的温度和压力等参数是不同的,因而该系统并不均匀。所以均匀是空间范围内的参数不变,平衡是时间范围内的参数不变。平衡不一定均匀,均匀不一定平衡,但注意单相平衡态则一定是均匀的。

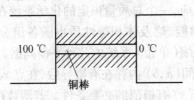
图1-1 铜棒稳定状态

图1-2 汽水均匀状态

若使系统达到热力平衡,系统内部及相联系的外界,起推动力作用的强度性参数,如温度、压力等都必须相等,否则在某种势差作用下平衡将被破坏。显然,完全不受外界影响的系统是不存在的,因此平衡状态只是一个理想的概念。对于偏离平衡状态不远的实际状态按平衡状态处理将使分析计算大为简化。

1.1.3 局部平衡假设

在平衡状态下,由于势差消失,因此无论是热量传递还是其他能量传递的速率均趋于零。为了描述实际有限势差的作用过程,常引用局部平衡假设。这一假设的基本思路是:体系的整体是非平衡的,但可以将其看成是由无数个局部平衡的子系统构成的,而这些局部平衡的子系统必须满足以下三个条件:

(1) 微观足够大。子系统具有足够多的微观粒子(一般具有10的几十次方个微观粒子),以符合统计规律的要求。

(2) 宏观足够小。子系统宏观尺寸不能太大,否则不能保证子系统内是平衡的。

(3) 距离平衡不能太远。这是(2)的进一步限制,从而保证子系统内部处于平衡状态。从数量级上看,在分子平均自由行程上,温度、压力等强度性参数的变化,远远小于该尺寸下子系统的平均温度,即 $\frac{\Delta T}{T} \ll 1$。

定义了局域平衡之后,可以对每一子系统或局域定义它的热力状态参数和函数,对于像热力学能、熵等这类广延参数,将各部分的数值相加,即可得整个体系的值,而温度和压力这类强度参数,可以看作连续分布,形成所谓的"场"的概念。温度场就是物体中温度随时间和空间坐标的分布,即

$$t = f(x, y, z, \tau) \tag{1-1}$$

物体各点的温度随时间改变时,称为非稳态温度场。系统在加热和冷却过程中都具有非稳态温度场。物体各点温度不随时间变动时,称为稳态温度场,温度场表达式可简化为

$$t = f(x, y, z) \tag{1-2}$$

当物体内温度处处相等时,系统就处于热平衡。

1.1.4 热力平衡状态的判据

平衡状态的本质是系统内外不存在不平衡势差。对于单相系统主要包括热不平衡势差即温差,力不平衡势差即压差,以及化学反应中的化学不平衡势差。

在没有外界影响的条件下,一个系统是否平衡,完全由其本身的状态确定,因此可以应用系统的某种状态函数作为平衡的判据,同时考虑平衡判据应随系统的约束条件而异。另外在导出平衡判据时应注意,系统可能发生化学反应,一个总质量恒定的化学系统在达到化学平衡前各组分的质量并非恒量,因而系统的热力学能、焓及体积等性质也随各组分质量变化而变化。根据约束条件的不同,可以得出简单可压缩(单相)系统的几种平衡判据。

从数学的观点来看,若函数 $y = f(x)$ 在区间 (a,b) 内存在有限导数,在点 $x_0 [\in (a,b)]$ 处有极值,则必有 $f'(x_0) = 0$。$f'(x_0) = 0$ 是函数 $f(x)$ 有极值的必要条件。若函数 $f(x)$ 在区间 (a,b) 内有二阶导数 $f''(x)$,并在 x_0 处有 $f'(x) = 0$ 及 $f''(x) \neq 0$,当 $f''(x) < 0$ 或 $d^2 y < 0$ 时,有极大值;当 $f''(x) > 0$ 或 $d^2 y > 0$ 时,有极小值。二阶导数的正负是判断函数为极大值或极小值的充分条件。从物理的观点来看,系统到达平衡态时一定处于其状态函数的某一极值点,对应于函数一阶导数为零的条件,这是必要条件。

对于孤立系统,虽然外界对系统没有影响,但系统内各部分间如有温差、压差等驱使状态变化的不平衡势差存在时,该孤立系统是不平衡的,可得出对于孤立系统第二定律的表达式为

$$dS_{iso} \geq 0 \tag{1-3}$$

式(1-3)就是孤立系统熵增原理:孤立系统的熵朝向熵增的方向发展,直到熵为最大值时,系统的状态不再改变而达到平衡态,即孤立系统自发变化的方向是 $dS_{sio} > 0$,实现孤立系统平衡的条件是 $dS_{iso} = 0$。

自然界的许多热力过程均不是在孤立系统下完成的,尤其是大量化学反应常常在定温定压或定温定容下进行,对于非孤立系统时,第二定律的表达式是

$$dS \geq \frac{\delta Q}{T_{sur}} \tag{1-4}$$

式中 S——系统的熵;

T_{sur}——环境温度;

δQ——系统和外界交换的热量。

根据热力学第一定律,无论过程是否可逆,就简单可压缩系统而言,均可表示为

$$\delta Q = dU + \delta W \tag{1-5}$$

将上式代入式(1-4),得

$$dS \geq \frac{dU + \delta W}{T_{sur}} \tag{1-6}$$

因系统达到平衡时,系统必须保持热平衡,故环境温度和系统温度应相等,即 $T = T_{sur}$。此时

$$dS \geq \frac{dU + \delta W}{T} \tag{1-7a}$$

移项后式(1-7a)可写成

$$dU \leq TdS - \delta W \tag{1-7b}$$

由式(1-7b)可知,当系统完成可逆等容定熵过程时,$TdS - \delta W = 0$,可得

$$dU_{S,V} \leq 0 \tag{1-8}$$

式(1-8)称为热力学能判据。即对等容定熵系统,$dU_{S,V} < 0$ 是热力过程进行的方向,$dU_{S,V} = 0$ 是实现平衡的条件。

对于式(1-7a),若规定定温过程(T=常数)为约束条件,就可以不考虑环境,完全从系统的变化得出过程进行的方向和实现平衡的条件。移项后式(1-7a)可写成

$$dU - d(TS) = d(U - TS) \leq -\delta W \tag{1-9}$$

定义 $F = U - TS$ 为自由能,也称亥姆霍兹(Helmholtz)函数,代入式(1-9),有

$$dF_{T,V} \leq -\delta W$$

若规定系统为定容过程(V=常数)为另一约束条件,则 $\delta W = 0$,可得

$$dF_{T,V} \leq 0 \tag{1-10}$$

式(1-10)称为自由能判据。从而可知,对定温定容系统可用自由能判据判别过程进行的方向($dF_{T,V} < 0$)和实现平衡的条件($dF_{T,V} = 0$)。

若约束条件改为 T=常数、p=常数,此时 $\delta W = pdV = d(pV)$,代入式(1-9),移项后得

$$d(U + pV - TS) \leq 0$$

定义自由焓 $G = U + pV - TS = H - TS$,也称为吉布斯(Gibbs)函数,代入上式,可得

$$dG_{T,p} \leq 0 \tag{1-11}$$

式(1-11)称为自由焓判据。从而可知,对定温定压系统可用自由焓指出过程的方向($dG_{T,p} < 0$)和平衡的条件($dG_{T,p} = 0$)。

对于非孤立系统,由第一定律和第二定律可得

$$dH \leq TdS + Vdp \tag{1-12}$$

由式(1-12)可知,当系统过程为等压定熵时,$TdS + Vdp = 0$,可得

$$dH_{S,p} \leq 0 \tag{1-13}$$

式(1-13)称为焓判据。从而可知,对等压定熵系统可用热力学能判据判别过程进行的方向($dH_{S,p} < 0$)和实现平衡的条件($dH_{S,p} = 0$)。

热力学能判据($dU_{S,V} \leq 0$)、焓判据($dH_{S,p} \leq 0$)、自由能判据($dF_{T,V} \leq 0$)和自由焓判据

($dG_{T,p} \leq 0$),构成了判别系统进行热力过程的方向和实现平衡条件的四个判据。

1.1.5 平衡的稳定性

前面已叙述,在给定的约束条件下,相应的平衡判据有极大值或极小值,是实现平衡的必要与充分条件,如孤立系统处于平衡时熵值为极大值,平衡态下定温定压系统自由焓达到极小值等。由于处于平衡态的物系状态不会发生改变,为判别系统是否平衡,假想系统偏离原有状态发生一虚变化 δ,孤立系统如已处于平衡,发生此虚变化后系统熵的一阶变化应为零,即 $\delta'S_{U,V} = 0$。但是一阶变化为零仅说明此时系统的熵处于极值状态,尚不足判别其为极大值还是极小值。为保证达到极大值,其二阶变化应为 $\delta'S_{U,V} < 0$。可见孤立系统实现平衡的必要与充分条件分别为

$$\delta'S_{U,V} = 0 \tag{1-14a}$$
$$\delta''S_{U,V} < 0 \tag{1-14b}$$

当 $\delta'S_{U,V} \neq 0$ 时,系统处于非平衡状态。式(1-14a)只能用以说明平衡的必要条件,式(1-14b)说明稳定平衡的条件,前者用以判别系统是平衡或非平衡状态,后者用来确定平衡状态是否稳定。对于 $\delta'S_{U,V} = 0$,而 $\delta''S_{U,V} > 0$ 的状态,称为不稳定平衡状态。

经验指出,同属稳定平衡,有些容易出现,有些不容易出现,稳定的程度也有所不同,因此又有稳定平衡与亚稳定平衡之分。

图 1-3 是用一颗刚性钢珠来形象地说明其在重力场中的平衡状态。图 1-3(a)中的钢珠在受到瞬时扰动之后,会恢复到原先的平衡位置,其所处的状态称为稳定平衡态。稳定平衡态的状态有足够时间观察和测量其状态参数,是热力学选用的研究状态。图 1-3(b)中的钢珠处于随遇平衡状态,钢珠在受到扰动后将变到新位置平衡,热力学把如图 1-3(b)所示的随遇平衡也归入稳定平衡态,因为热力学状态参数的描述对这二者没有区别。图 1-3(c)中的钢珠处于亚稳态平衡,亚稳态平衡在微小的扰动下系统是稳定的,当扰动超过一定限度后,系统就会失去原先的稳定态,而转移到一个新的稳定平衡热力学位置上去。热力系统中静止的纯水,可以冷到 -6 ~ -5 ℃ 还保持液态,但微小的震动就会使水开始结冰,并恢复至 0 ℃ 水冰两相的稳定平衡态,这种水结冰前的过冷态、蒸汽凝结前的过冷态和水蒸发前的过热态等都属于亚稳态。研究亚稳态存在及其向稳态平衡转化的条件也是热力学的任务之一。图 1-3(d)所示是一种不稳定平衡,不稳定平衡受到微小扰动就不复存在,瞬间出现,随即消逝,难以捕捉到观察和测量的研究时机,不稳定平衡态不在经典热力学研究范围内。

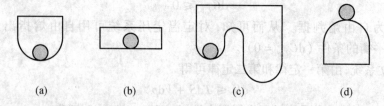

图 1-3 四种不同类型的静平衡态

稳定平衡条件还可用其他形式表示,例如处于平衡态下的简单可压缩闭口系统,就可用热稳定与力稳定表示为

$$c_V > 0 \tag{1-15}$$

$$\left(\frac{\partial p}{\partial V}\right)_T < 0 \qquad (1-16)$$

即在不变的外界条件下,如系统与外界有势差存在,系统的状态必然向削弱外界作用的方向变化。式(1-15)表明,定容系统如与外界有温差存在,外界对系统加热时,系统的热力学能增加 $dU > 0$,其温度必然上升($dT > 0$),以削弱外界对系统加热的作用,因而 $c_V = \left(\frac{\partial U}{\partial T}\right)_V > 0$。式(1-16)指出,定温系统如与外界有压差存在,系统被压缩而容积减少时,$dV < 0$,其压力必定增加,外界对系统的作用将越来越大,平衡也就不可能实现了。这两个式子和式(1-14b)的实质相同,仅是把热稳定和力稳定分别以两个公式表示而已。式(1-14)是从孤立系统得到的。对于定温定容系统,平衡与稳定的条件应是

$$\delta' F_{T,V} = 0 \qquad (1-17a)$$
$$\delta'' F_{T,V} > 0 \qquad (1-17b)$$

至于定温定压系统,平衡与稳定的条件是

$$\delta' G_{T,p} = 0 \qquad (1-18a)$$
$$\delta'' G_{T,p} > 0 \qquad (1-18b)$$

1.1.6 平衡状态公理及状态方程

1. 平衡状态公理

描述热力系统的每个状态参数都是从不同角度反映系统某方面的宏观特性,这些参数之间存在内在联系。当某些参数确定后,所有其他状态参数也随之确定,系统即处于平衡状态。

描述系统的状态参数中,只有一定数量的参数是独立状态参数。独立状态参数的数目称为系统的自由度。基于系统与外界的各种相互作用(各种能量交换)可以独立进行,因而可以认为决定系统平衡状态的独立变量的数目等于系统与外界交换能量的各种方式总和。那么在一定的限定条件下,确定系统平衡状态的独立参数究竟需要几个呢?实践经验表明,对于纯物质系统,与外界发生任何一种形式的能量传递都会引起系统状态的变化,且各种能量传递形式可以单独进行,也可以同时进行,因此状态公理表述为

$$\Phi = n + 1 \qquad (1-19)$$

式中 Φ——确定纯物质系统平衡状态的独立参数;

n——传递可逆功的形式;

$+1$——能量传递中的热量传递。

例如,对除热量传递外只有膨胀功(容积功)传递的简单可压缩系统,$n = 1$,于是确定系统平衡状态的独立参数为 $1 + 1 = 2$。所有状态参数都可表示为任意两个独立参数的函数。

2. 状态方程

依据状态公理,对于简单可压缩系统,系统与外界间只有边界功(压缩功和膨胀功)一种做功形式,系统与外界的能量交换也只有边界功和热量交换两种形式。因此决定该系统平衡状态的独立变量只有两个,其余一切参数都是这两个变量的函数。通常在可以直接实验测定的基本状态参数 p、v、T 中选取两个作为独立变量,其余的一个就是这两个变量的函数,其函数关系式可以表示为

$$F(p, v, T) = 0 \qquad (1-20)$$

式(1-20)建立了压力、比体积、温度这三个基本状态参数之间的函数关系,称为状态方程。

纯物质可压缩系统函数关系式(1-20)也可以写成如下函数关系,即

$$p = f_1(T,v) \text{ 或 } T = f_2(p,v) \text{ 或 } v = f_3(p,T) \tag{1-20a}$$

对于变质量系统来说,系统与外界之间除了存在能量的相互作用外,还有质量的相互作用。描述系统平衡状态需要三个独立变量,即

$$F(p,v,T,m) = 0 \tag{1-21}$$

对于变质量系统,状态方程式(1-21)是针对均匀系统在平衡状态下而言的,对于非均匀系统没有单一的状态方程。当系统不均匀时应先划分为均匀的子系统,对每一个子系统再分别用状态方程描述。

热力学理论确定了状态方程这个函数的存在,至于函数的具体形式则需要用实验或依赖于对物质结构的认识来得出,后面章节将陆续予以介绍。

1.2 热力系统内部工质的状况及化学势

1.2.1 热力系统内部工质的状况

热力系统内部工质所处的状况通常有如下几种不同的类型。

1. 单元及多元系

由一种化学成分组成的系统称为单元系,纯物质就属单元系。从分子观点来看,一般指物质的分子结构相同,例如纯水、纯氧、纯氮等。从广义上说,属于纯质的化学物质,可以是分子、原子、离子或根团。

由两种以上不同化学成分组成的系统称为多元系,例如氮气、水和冰组成的混合物属于二元系,化学反应系统及溶液等都属多元系。但是,对于化学上稳定的混合物,例如空气主要是由氧气、氮气、二氧化碳气以及其他惰性气体组成,各成分均保持各自的性质,所以不是单元系,但因为空气中各组成成分相互混合在一起,没有化学作用,且在不发生相变时,其化学组成不变,因此常把空气当作单元系对待。

2. 组成(组元)及成分

组成也称组元,是指组成系统的化学物质。通常会遇到"组成数"和"组分数"两个概念,组成数一般为系统内的物质种数,而组分数为能独立地改变数量的物质数。对于内部无化学反应的系统,组成数和组分数为同一概念,这是因为组成系统的物质间无化学反应,每种成分的数量都可以独立地变化。对于内部有化学反应的系统,系统各成分的数量相互间有一定联系,此时组成数和组分数是有差别的两个概念。举例来说,系统由三种物质组成,物质间存在着化学反应。此时系统因为由三种物质组成,组成数为3,但受化学反应平衡方程的影响,组成系统的各物质相互并不独立,且只有一种(任一种)物质能够独立改变其数量,因此系统组分数为1。

系统的成分是针对各组成来说的,是指各组成在系统中所占的百分数。组成的改变或者组成在系统中量的变化,都将引起系统成分的变化。

3. 单相系与复相系

相是指系统中物质的化学成分及物理结构都均匀一致的部分称为一个相,所谓化学成分一致,可以是均质,也可以是混合物,而所谓的物理结构,是指系统的凝集态为全部气态,或全部液态,或全部固态。

系统相与相之间有明显的界线,由单一物相组成的系统称为单相系;由两个相以上组成的系统称为复相系,如固、液、气组成三相系统。

1.2.2 热力系统的化学势

若系统发生化学反应,热力系统平衡状态还需保证系统内部所有的化学势差都消失,即化学势平衡,热力系统才能实现完全平衡。驱使物质改变的势称为化学势 μ,化学势是组成多元系统成分的化学能的量度。如同温差是传递热量的驱动力,压差是传递功的驱动力,化学势差则是传递质量的驱动力。压力是由于体积改变而引起热力学能改变的势,温度是由于熵改变而引起热力学能改变的势,而化学势是由于溶液成分改变而引起热力学能改变的势。化学势与系统中的成分有关,但与数量无关。因此化学势 μ 是强度热力性质参数,单位是 J/mol。一个由 r 种物质组成的化学系统,它的自由焓函数应是

$$G = G(p, T, n_1, n_2, \cdots, n_r)$$

式中 n——各成分的物质的量。

上式的全微分可表示为

$$dG = \left(\frac{\partial G}{\partial T}\right)_{p,n} dT + \left(\frac{\partial G}{\partial p}\right)_{T,n} dp + \sum_{i=1}^{r}\left(\frac{\partial G}{\partial p}\right)_{T,p,n_{j(j\neq i)}}$$

上式等号右边前两项的下标"n"表示 T 或 p 变化时任一组分的物质的量都不变,这两项是系统热力不平衡所产生的自由焓 G 的变化;第三项的下标 $n_{j(j\neq i)}$ 表示除第 i 种组分外,其余所有组分的质量均为常数值,这一项是因化学势不平衡而产生 G 的变化。若对单元系统,$dG_{T,p} = 0$,则系统平衡。其中 $\left(\frac{\partial G}{\partial n_i}\right)_{T,p,n_{j(j\neq i)}}$ 是驱使第 i 组分变化的化学势 u_i,即

$$\mu_i = \left(\frac{\partial G}{\partial n_i}\right)_{T,p,n_{j(j\neq i)}} \tag{1-22a}$$

同样可用自由能得出 μ_i 为

$$\mu_i = \left(\frac{\partial F}{\partial n_i}\right)_{T,V,n_{j(j\neq i)}} \tag{1-22b}$$

考虑化学势后,式(1-6)和式(1-7)可以表示为

$$dF_{T,V} = \sum_{i=1}^{r}\left(\frac{\partial F}{\partial n_i}\right)_{T,V,n_{j(j\neq i)}}, dn_i \leq 0 \tag{1-23a}$$

$$dG_{T,p} = \sum_{i=1}^{r}\left(\frac{\partial G}{\partial n_i}\right)_{T,p,n_{j(j\neq i)}}, dn_i \leq 0 \tag{1-23b}$$

可见,化学势则是在各相之间或者在某给定相的各部分之间进行质量传递的驱动力。化学势在化学平衡中所起的作用与温度在热平衡中所起的作用,以及压力在力平衡中所起的作用是相类似的。

1.3 温度与温标

热力学第一定律和第二定律建立后,有关温度的严格定义还没有被给出。直到 1868 年,麦克斯韦根据一物体与其他物体达到热平衡所表现出的热性能,定义了一个物体的温度。即两个物体分别与第三个物体处于热平衡状态,则这两个物体也必处于热平衡状态,第三个物体就定义为反映冷热程度的温度,这个规律后来被称为热力学第零定律。之所以称之为热力学第零定律,只是由于当时热力学第一定律和第二定律已经建立的缘故。

1.3.1 温度的定义

热力学第零定律中的第三个物体,是反映物质冷热程度的物理量,该物理量就是温度。温度是热力学的一个基本宏观物理量,它的科学度量是以热力学第零定律为基础的。温度的测量和标度,为物质热物性的定量研究以及热力学理论的形成和发展奠定了基础。

温度的热力学定义为:物系的温度是用以判别它与其他物系是否处于热平衡的状态参数。即温度是热平衡的判据,两物系只要温度相同,它们之间就处于热平衡,而与其他状态参数如压力、容积等的数值是否相同无关。

从微观上看,温度是标志物质内部大量分子热运动强烈程度的物理量。热力学温度与分子平移运动平均动能的关系式为

$$\frac{m\bar{v}^2}{2} = BT \tag{1-24}$$

式中 $\dfrac{m\bar{v}^2}{2}$ —— 分子平移运动的平均动能;

m—— 一个分子的质量;

$\bar{v}$—— 分子平移运动的均方根速度;

B—— 比例常数;

T—— 气体的热力学温度。

当 $\dfrac{1}{2}m\bar{w}^2 = 0$ 时,分子一切运动停止,分子具有零点能,此时为绝对零度。

1.3.2 温标

热力学第零定律从原则上给出了测量温度的依据和方法,如果 A、B 两物体分别与另一 C 物体处于热平衡,则 A、B 物体之间也处于热平衡。可把 C 物体作为温度计,无须 A、B 直接接触,就可比较它们的温度了。

测温时先使温度计与被测物体达到热平衡,然后通过测温物质标志温度的物理量读出物体的温度。酒精和水银温度计液柱的高度,各种不同金属组合成的热电偶冷热接点间的电动势,气体温度计气体的压力或容积都属于标志温度的物理量。

根据热力学第零定律,下面推导实际测温物质标志温度的物理量(x)和温度(t)的关系,设描述系统状态 x、y,则 A、C 两物体处于热平衡时:

$$F_{AC}(x_A, y_A, x_C, y_C) = 0$$

可写成
$$F_{AC}(x_A,y_A,x_C,y_C) = t_A(x_A,y_A) - t_C(x_C,y_C) = 0$$

同理，B、C 两物体处于热平衡时：$F(x_B,y_B,x_C,y_C) = 0$，可写成
$$F_{BC}(x_B,y_B,x_C,y_C) = t_B(x_B,y_B) - t_C(x_C,y_C) = 0$$

同理 A、B 两物体处于热平衡时：$F(x_A,y_A,x_B,y_B) = 0$，可写成
$$F_{AB}(x_A,y_A,x_B,y_B) = t_A(x_A,y_A) - t_B(x_B,y_B) = 0$$

当系统处于热平衡时：
$$t_A(x_A,y_A) = t_B(x_B,y_B) = t_C(x_C,y_C) = t(x,y)$$

对于人为选定的标准系统，令 y 为定值，则 $t = t(x)$。这一函数随测温物质的性质而定，可以任意规定，为了使温度和标定温度的物理量成正比，通常按线性关系取

$$t(x) = ax \tag{1-25}$$

式中　　a—— 待定常数；

　　　　$t(x)$—— 相应物理量；

　　　　x—— 尚待标定的温度。

式(1-25)需要选定温标的标准点，并规定标准点的温度数值。确定待定常数 a，实质上就是规定温度计量单位的大小和温度的计数起点。

1. 摄氏温标

1958 年以前用两点法来标定温度，即摄氏温标，一般用 t 表示，单位为摄氏度，符号为 ℃。摄氏温标选汞作为测温物质，利用汞的体积随温度升高而增大的性质来测定温度。定义一个标准大气压下，纯水的凝固点定为 $t_{ice} = 0$ ℃，沸点定为 $t_{v,p} = 100$ ℃，两固定点之间进行均匀份度，每份度值为 $a = \dfrac{100}{t_{v,p} - t_{ice}}$，则 x 份所代表的温度为

$$t = \frac{100}{t_{v,p} - t_{ice}} x \tag{1-26}$$

式(1-26)确定了 0～100 ℃ 的其他温度，并外推到 0～100 ℃ 以外的范围。

2. 热力学温标

1958 年之后开始用一点法测温，即热力学温标，一般用 T 表示，单位为开尔文，符号为 K。规定水的三相态温度为基准点，并规定其温度为 0.01 ℃，由式(1-20) 得

$$t_0 = ax_{t,p} = 0.01 \text{ ℃}, \quad a = \frac{0.01}{x_{t,p}}$$

则 x 份所代表的温度为

$$t = 0.01 \frac{x}{x_{t,p}} \tag{1-27}$$

于是 1 K 就是水三相点热力学温度的 1/273.15。热力学温标和摄氏温标之间的转换关系为

$$T = t + 273.15 \tag{1-28}$$

国际温标选水的三相点为标准点，原因是这一状态在相图上仅是一个点，状态确定可靠，表述简单，使之复现也不难。例如，利用热水瓶胆(图1-4)复现水的三相点，先在瓶胆的夹层内注入部分蒸馏水，然后抽出水上部的空气并加密封，得到纯水的汽液两相共存物，再在瓶胆的空腔内放进冷冻剂，瓶胆夹层邻近冷冻剂的水将结成冰，出现汽、液、固三相共存物，最后倒

出冷冻剂,邻近瓶胆内壁的冰开始融化,此时温度为0.01 ℃,一直到冰全部融化之前,容器都处于三相点的热力状态。若以水的冰点或汽点为标准点,因它们都与压力有关,就不及三相点的确定可靠和易于复现了。

此外在温度标定中,还可见到华氏温标(符号为°F)和朗肯温标,换算关系如图1-5所示。华氏温标规定在一个标准大气压下纯冰的熔点和纯水的沸点分别为32 °F和212 °F,以绝对零度为起点的华氏温标称为朗肯温标(符号°R)。

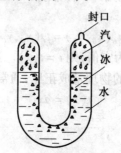

图1-4 三相共存示意图

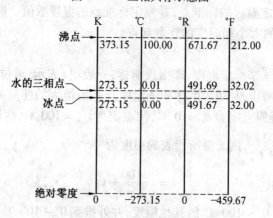

图1-5 各温标换算关系

朗肯温标和华氏温标的转换关系为

$$T(°R) = t(°F) + 459.67 \tag{1-29}$$

华氏温标和摄氏温标的转换关系为

$$t(°C) = \frac{5}{9}[t(°F) - 32] \tag{1-30}$$

或者

$$t(°F) = \frac{9}{5}[t(°C) + 32] \tag{1-30a}$$

3. 国际实用温标

尽管有如此严格科学定义的温标,但使用理想气体温度计进行温度测量仍然是十分精密而复杂的工作,因此常采用国际实用温标,它与热力学温标很接近。

国际实用温标采用在不同的温度区域规定若干个易于复现的固定点温度,两固定温度间的份度采用线性插值法,并规定两温度间选用与气体温标有较好线性关系的测温物质温度计。国际实用温标经过几次修订,最新标准是ITS-90,已于1990年1月1日开始实施,取代了

1968年国际实用温标(IPTS-68)和1976年暂定的温标(表1-1)。它与IPTS-68的主要区别在于：

(1) 将最低温度延伸到0.65 K；
(2) 废止了用热电偶做标准温度计；
(3) 将铂金电阻温度计的使用温度上限提高到960 ℃；
(4) 将辐射标准温度计下限下降到960 ℃。

此外份度上也有一些差别。国际实用温标规定273.16 K以上用摄氏度表示。摄氏度(℃)与热力学温度(K)的单位换算关系是

$$t = T - 273.15$$

国际实用温标测量能迅速而准确地推广，用以校准科学及工业温度计，但其标准仍用理想气体的温标进行标定。

表1-1 1990年国际温标基准点(ITS-90)

序号	温度	物质	状态	备注
1	3 ~ 5 K	氦(He)	沸点	
2	13.803 3K	平衡态氢($e-H_2$)	三相点	
3	约17 K	平衡态氢($e-H_2$)	低压沸点	
		氦(He)	气体温度计点	
4	约20.3 K	平衡态氢($e-H_2$)	沸点	
		氦(He)	气体温度计点	
5	24.556 1 K	氖(Ne)	三相点	
6	54.358 4 K	氧(O_2)	三相点	
7	83.805 1 K	氩(Ar)	三相点	含有自然氢的同位素
8	234.315 6 K	汞(Hg)	三相点	$p = 3\ 330.6$ MPa
9	273.160 K	水(H_2O)	三相点	
10	29.764 6 ℃	钙(Ca)	溶解点	
11	156.593 5 ℃	铟(In)	凝固点	
12	231.928 ℃	锡(Sn)	凝固点	
13	419.527 ℃	锌(Zn)	凝固点	
14	660.323 ℃	铝(Al)	凝固点	
15	961.78 ℃	银(Ag)	凝固点	
16	1064.18 ℃	金(Au)	凝固点	
17	1084.62 ℃	铜(Cu)	凝固点	

1.4 热量和功

1.4.1 热 量

工程热力学把热量定义为：仅仅由于两个系统之间温度不同而引起的从一个系统向另一个系统传递的能量。按照这个定义，只有当热量越过系统的边界时，才能被确认为产生传热现象。所以，热量是传送过程中的能量，不是存储在系统中的能量，热量一旦传入系统，便转变为系统的分子、原子等粒子的微观动能或位能。虽然在系统与外界的能量相互作用过程中可以

区别为热量、各种形式的功量和其他能量,一旦进入系统的边界,就无法再区分了。存储在系统中只有能量而区分不出哪些能量是通过传热、做功或其他方式传进来的。因此热量不是系统的状态参数,说物体有多少热量是错误的,只能说物体有多少能量。

系统与外界交换的热量除与系统初、终态有关外,还决定于系统初、终态之间过程所经历的路径,即热量是过程的函数,故不能用全微分符号来表示微元过程中所传递的热量,而只能用符号 δQ 来表示微元过程中所传递的微小热量。

按照符号的惯例,传入系统的热量为正,传出系统的热量为负。热量可通过比热容计算,即

$$\delta Q = mcdT$$

$$Q = \int_1^2 mcdT \tag{1-31}$$

式中 c—— 质量热容(比热容),对应于不同的过程有不同的比热容数值。

在可逆过程中热量还可根据系统熵的变化来计算,即

$$\delta Q = TdS \tag{1-31a}$$

$$Q = \int_1^2 TdS \tag{1-31b}$$

1.4.2 功　量

力学中把力和沿力方向位移的乘积定义为功。若在力 F 作用下物体发生微小位移 dx,则力 F 所做的微元功为

$$\delta W = Fdx$$

1-2 过程的功为

$$W_{1-2} = \int_1^2 Fdx \tag{1-32}$$

在热力学的研究范畴里,功可以看成是由温差以外的原因所引起的系统与外界之间传递的能量。热力学中功的定义是:功是热力系统通过边界而传递的能量,且其全部效果可表现为举起重物。这里"举起重物"是指过程产生的效果相当于举起重物,并不要求真的举起重物。显然和热量一样,功是热力系统通过边界与外界交换的能量,不是状态的函数,所以与系统本身具有的宏观运动动能和宏观位能不同。热力学中规定:系统对外做功为正,外界对系统做功为负。

在热力学中,由于所研究的系统可以是简单可压缩系统、液体、固体、电介质等各种类型,因此可以产生各种形式的功。这种能量传递不是由温度差引起的,而是由某一种力所引起的能量传递。根据不同的热力系统,功的计算是多种多样的。下面介绍几种常见的热力系统及其功量公式。

气体在可逆过程中的膨胀功和压缩功(或统称体积功)分别为

$$\delta W = pdV$$

$$W = \int_1^2 pdV \tag{1-33}$$

$$w = \int_1^2 pdv \tag{1-33a}$$

上述各式不仅对气体适用,对固体和液体(只要是可压缩性物质)也同样适用。

1. 拉伸弹性杆或金属丝所耗的功

设弹性构件在等温条件下拉伸,如图1-6所示,其初始长度为L_0,其拉应力为s,应变量为e,弹性模量为E,构件的横截面面积为A,按材料力学中有关应力与应变的胡克定律,可写出

$$\sigma = \frac{F}{A} = E \cdot e \quad 即 \quad F = AE \cdot e \tag{a}$$

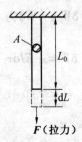

图1-6 拉伸功

再根据应变的定义

$$de = \frac{dL}{L_0} \quad 即 \quad dL = L_0 de \tag{b}$$

把弹性杆或金属丝作为热力系统,则外界所消耗的功为

$$\delta W = -FdL \tag{c}$$

式(c)中的负号是表示外界对系统做功,如将式(a)、式(b)代入式(c)可得弹性构件功为

$$W = \int_0^e -AEL_0 e\, de = -\frac{AEL_0}{2} e^2 \tag{1-34}$$

2. 表面张力所做的功

设有液体表面薄膜张于金属线框上,线框的一侧为可以移动的金属线,如图1-7所示。把液体薄膜当作一个热力系统来研究,将液体薄膜向右拉大面积dA,而液体薄膜的表面张力为σ,表面张力即扩大液膜单位面积时外界对它所做的功,则扩大液膜面积dA时,外界对它所做的功为

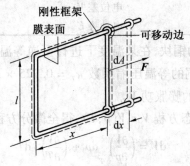

图1-7 表面张力功

$$\delta W = -\sigma dA$$

则

$$W = -\int_1^2 \sigma dA \qquad (1-35)$$

式中 δW——表面张力功。

这里要注意液膜有两个表面,即 $dA = 2ldx$。

3. 可逆电池充电所消耗的功

可逆电池充电所消耗的功为

$$\delta W = -EdQ_e \qquad (1-36)$$

或

$$\delta W = -EId\tau \qquad (1-36a)$$

式中 τ——时间;

I——电流,$I = \dfrac{dQ_e}{d\tau}$;

Q_e——电量。

可逆电池对外电路放电做功为正。

综合以上讨论,可将热力系统功的广义表达式写成

$$\delta W_{tot} = F_i dx_i \qquad (1-37)$$

式中 F_i——广义力;

dx_i——广义位移的微分量。

F_i 是强度参数,dx_i 是广延参数,一个热力系统做功的方式不一定只有一种,也可能同时包括多种做功方式,见表1-2,此时 δW 可以表达为

$$\delta W_{tot} = pdV - FdL - \sigma dA - EdQ_e + \cdots = \sum F_i dx_i \qquad (1-37a)$$

表1-2 各种热力系统所做的功

系统	广义力	广义位移	dW
气体膨胀系统	压力 p	体积 dV	pdV
弹性构件系统	拉力 F	拉伸长度 dL	$-FdL$
转动构件系统	转动力 M	转动角 θ	$-Md\theta$
表面张力系统	表面张力 σ	面积 dA	$-sdA$
电容器系统	电位差 V	电荷 dQ_e	$-VdQ_e$
可逆电池系统	电动势 E	电荷 dQ_e	$-EdQ_e$

例1.1 质量为10 kg的铜块,在某温度下进行可逆等温压缩,初压 $p_1 = 0.1$ MPa,终压 $p_2 = 100$ MPa,已知该温度下铜的等温压缩系数 $\kappa_T = 0.725 \times 10^{-11}$ Pa^{-1},铜的密度可取定值,$\rho = 8\,930$ kg/m³,求此过程中的膨胀功 W。

解 根据物体热力学状态方程 $V = V(p, T)$,得全微分方程:

$$dV = \left(\frac{\partial V}{\partial p}\right)_T dp + \left(\frac{\partial V}{\partial T}\right)_p dT$$

因是等温压缩,上式可简化为

$$dV = \left(\frac{\partial V}{\partial p}\right)_T dp$$

根据等温压缩系数 κ_T 的定义为

$$\kappa_T = -\frac{1}{V}\left(\frac{\partial V}{\partial p}\right)_T \quad 即 \quad \left(\frac{\partial V}{\partial p}\right)_T = -\kappa_T V$$

代入 dV 的微分式得

$$dV = -\kappa_T V dp$$

$$W = \int p dV = \int -dp = -\frac{1}{2}\kappa_T V(p_2^2 - p_1^2)$$

由于体积 $V = m/\rho$,代入上式,可得

$$W = -\frac{m\kappa_T}{2\rho}(p_2^2 - p_1^2)$$

$$= -\frac{10\ \text{kg} \times 0.725 \times 10^{-11}\ \text{Pa}^{-1}}{2 \times 8\ 930\ \text{kg/m}^3} \times (100^2 - 0.1^2) \times 10^{12}\ \text{Pa}^2$$

$$= -40.59\ \text{J}$$

例 1.2 带有活塞运动的汽缸,活塞面积为 f,初容积为 V_1 的气缸中充满压力为 p_1、温度为 T_1 的理想气体。与活塞相连的弹簧,其弹性系数为 K,初始时处于自然状态。如对气体加热,压力升高到 p_2。求:气体对外所做的功及吸收的热量。(设气体比定容热容 c_V 及气体常数 R 为已知)。

解 取气缸中气体为系统。外界包括大气、弹簧及热源。
(1) 系统对外所做的功 W:包括对弹簧做功及克服大气压力 p_0 做功。
设活塞移动距离为 x,由力平衡求出:
初态:

$$F = 0, \quad p_1 = p_0$$

终态:

$$p_2 f = Kx + p_0 f, \quad x = \frac{(p_2 - p_0)f}{K} = \frac{(p_2 - p_1)f}{K}$$

对弹簧做功为

$$W' = \int_0^x F dx = \int_0^x Kx dx = \frac{1}{2}Kx^2$$

克服大气压力做功为

$$W'' = F'x = p_0 f x = p_0 \Delta V$$

系统对外做功为

$$W = W' + W''$$

(2) 气体吸收的热量。
由能量方程有

$$Q = \Delta U + W$$

$$\Delta U = mc_V(T_2 - T_1)$$

所以

$$T_1 = \frac{p_1 V_1}{mR}, \quad T_2 = \frac{p_2 V_2}{mR}$$

所以

$$\Delta U = \frac{c_V}{R}(p_2 V_2 - p_1 V_1)$$

而

$$V_2 = V_1 + \Delta V = V_1 + fx$$

1.5　热力过程

热力过程是指工质从某一状态过渡到另一状态所经历的全部状态变化。严格地讲,系统经历的实际过程均为不可逆热力过程,由于不平衡势差作用必将经历一系列非平衡状态,但这些非平衡状态无法用少数几个状态参数来描述,给热工分析计算带来很大困难。为简化计算,依据平衡概念的理论基础,将实际不可逆热力过程理想化为准静态过程和可逆过程。

1. 不可逆过程

任何实际热力过程在做机械运动时不可避免地存在着摩擦(力不平衡),在传热时必定存在着温差(热不平衡)。因此,实际的热力过程必然具有这样的特性:如果使过程沿原路线反向进行,并使热力系回复到原状态,将会给外界留下这种或那种影响——这就是实际过程的不可逆性。人们把这样的过程统称为不可逆过程。一切实际的过程都是不可逆过程。

2. 准平衡过程

对于系统内部状态变化过程,一般是系统内、外存在引起系统状态变化的某种势差,如温差、压差等。但是当系统内部的这种不平衡势差在系统向新的平衡过渡时,并不能对外做功,而是成为一种损失,称为非平衡损失,这种损失很难定量计算。若过程进行得相对缓慢,工质在平衡被破坏后自动回复平衡所需的时间,即所谓弛豫时间很短时,工质有足够的时间来回复平衡,随时都不致显著偏离平衡状态,那么这样的过程就称为准平衡过程。相对弛豫时间来说,准平衡过程是进行得无限缓慢的过程,准平衡过程又称为准静态过程。

准静态过程是理想化了的实际过程,是实际过程进行得非常缓慢时的一个极限。实际过程在通常情况下可以近似地当作准静态过程来处理。例如:在 0 ℃ 时,H_2 分子的均方根平移运动速度达 1 828 m/s,N_2 分子的均方根平移运动速度达 493 m/s,O_2 分子的均方根平移运动速度达 461 m/s,在气体内部的压力传播速度也很大,通常达每秒几百米。而活塞移动速度则通常不足 10 m/s,因而工程中的许多热力过程,按热力学的时间标尺来衡量,过程的变化还是比较缓慢的,并不会出现明显的偏离平衡态。

3. 可逆过程

1931 年基南(J. H. Keenan)提出可逆过程的定义:过程发生后,如果物系及与其有关的外界所有物质均能完全回复到各自的原始状态,那么这一过程就称之为可逆过程。

可逆过程的进行必须满足下述条件(如果有化学反应或电、磁等其他作用时,则还应加上化学平衡或其他平衡条件):

(1) 热力系内部原来处于平衡状态;

(2) 机械运动时热力系和外界保持力平衡(无摩擦);

(3) 传热时热力系和外界保持热平衡(无温差)。

也就是说,可逆过程是运动无摩擦、传热无温差的内平衡过程。也可以说,无摩擦的准静态过程是可逆过程。

在如图 1 – 8 所示装置中,取气缸中的工质作为系统,设工质进行绝热膨胀,对外做功,工质经历 $A-1-2-3-4-B$ 的准静态过程。假设机器是没有摩擦的理想机器,工质内部也没有摩阻。工质对外做的功全部用来推动飞轮,以动能的形式储存在飞轮中。当活塞逆行时,飞轮中储存的能量逐渐释放出来用于推动活塞沿工质原过程线逆向进行一个压缩过程。由于机器及工质没有任何耗散损失,过程终了将使工质及机器都回复到各自的初始状态,对外界没有留下任何影响,既没有得到功,也没有消耗功。这种过程没有热力学损失,其正向效果与逆向效果恰好相互抵消,这样的过程称为可逆过程。

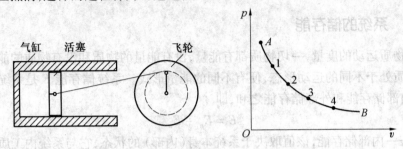

图1-8 可逆过程图

可逆过程实际上是不能进行的,没有温差实际上就不能传热。作为理想化的热力过程,可逆过程可理解为:在无限小的温差下传热;在摩擦无限微弱下做机械运动的过程,即可逆过程是不可逆过程当不平衡因素无限趋小时的极限情况。可逆与平衡的判别标准是一样的,但可逆是一个过程,是动态的,而平衡是一个状态,是静态的。

将实际热力过程简化为可逆过程的意义在于:可以给出能量利用(转换和传递)的理想情况和最高标准;可以用理想情况的极限值来衡量实际过程(循环)的完善程度;可以分析实际过程改善潜力的大小和改进的方向;可以简化和方便热工过程的分析与计算。从工程应用角度,很多实际过程也比较接近可逆过程。

综上所述,一个可逆过程,首先应是准平衡过程,应满足热和力的平衡条件,同时在过程中不应有任何耗散效应,这也是可逆过程的基本特征。准平衡过程和可逆过程的区别在于:准平衡过程只着眼于工质内部平衡,有无外部机械摩擦对工质内部是否平衡并无关系,准平衡过程进行时可能发生能量耗散;可逆过程则是分析工质与外界作用所产生的总效果,不仅要求工质内部是平衡的,而且要求工质与外界的作用可以无条件地逆复,过程进行时不存在任何能量的耗散。可见,可逆过程必然是准平衡过程,而准平衡过程只是可逆过程的必要条件。

例1.3 判断下列过程中哪些是①可逆的;②不可逆的;③可以是可逆,也可以是不可逆的,并扼要说明不可逆的原因。

(1) 对刚性容器内的水加热,使其在恒温下蒸发。

(2) 对刚性容器内的水做功,使其在恒温下蒸发。

(3) 对刚性容器中的空气缓慢加热,使其从 50 ℃ 升温到 100 ℃。

解 (1) 可以是可逆过程,也可以是不可逆过程,取决于热源温度与水温是否相等。若两者不等,则存在外部的传热不可逆因素,便是不可逆过程。

(2) 对刚性容器的水做功,只可能是搅拌功,伴有摩擦扰动,因而有内部不可逆因素,是不可逆过程。

(3) 可以是可逆的,也可以是不可逆的,取决于热源温度与空气温度是否随时相等或随时保持无限小的温差。

1.6 能量与热力学第一定律

1.6.1 系统的储存能

能量是物质运动的度量,一切物质都有能量,没有能量的物质和没有物质的能量都是不可想象的。物质处于不同的运动形态,便有不同的能量形式。系统储存能 E 是系统中储存的总能量,包括内部储存能和外部储存能之和,即

$$E = E_n + E_w \tag{1-38}$$

式中 E_n——内部储存能,该值取决于系统本身(内部)的状态,它与系统内工质的分子结构及微观运动形式有关,统称为热力学能,用 U 表示,是与物质内部粒子微观运动和粒子所处空间位置有关的量,体现为分子热运动的微观动能和分子相互吸引的微观位能,可由宏观状态参数关联,即

$$U = U(T, v)$$

可见,热力学能 U 是热力系统的状态参数;

E_w——外部储存能,该值取决于系统工质与外力场的相互作用(如重力位能)及以外界为参考坐标的系统宏观运动所具有的能量(宏观动能)之和,即

$$E_w = \frac{1}{2}mc^2 + mgz$$

这样系统的总储存能为

$$E = U + \frac{1}{2}mc^2 + mgz \tag{1-39}$$

如系统由多种物质组成,各种物质的质量分别为 $m_1, m_2, \cdots, m_n$,则系统总能量 E 为

$$E = \sum_{i=1}^{n} \left(m_i u_i + \frac{1}{2} m_i c_i^2 + m_i g z_i \right) \tag{1-39a}$$

1.6.2 热力学第一定律

运动是物质存在的形式,是物质固有的属性,物质和运动是不可分割的。能量是物质运动的量度,由于物质运动形态的多样化,能量也有不同形式,物质不能创造也不能消灭,所以能量也是不能创造和消灭的。能量转换及守恒定律指出:自然界中的一切物质都具有能量,能量有各种不同形式,并能从一种形式转化为另一种形式,在转换过程中,能量的数量保持不变。能量转换及守恒定律是人类长期生活和生产实践的经验总结,是自然现象的基本规律之一,至今为止,在包括天文、地理、生物、化学、电磁光、宏观、微观等各个领域都遵循这条规律。

热力学第一定律是能量转换及守恒定律在热现象上的应用。热力学第一定律完整表述为:热能与机械能是可以相互转换的,且转换前后的总量保持不变。根据第一定律可以看出,不消耗能量而能对外连续做功的第一类永动机是不可能实现的。

对于孤立系,无论其内部如何变化,它的总能量保持不变。此时,能量守恒定律可以简单表示为

$$\Delta E_{iso} = 0 \tag{1-40}$$

还可以写为
$$\Delta E_{iso} = \Delta E_{sys} + \Delta E_{sur} = 0 \qquad (1-40a)$$
式中 ΔE_{sys}、ΔE_{sur}——系统和与之有关的外界能量变化。

因物质和能量不可分割,系统和外界不管是进行物质还是能量交换,都可导致能量改变。按能量守恒和转换定律得
$$Q = \Delta E + W_{tot} \qquad (1-41)$$
式(1-41)是热力学第一定律的一般表达式,它适用于一切过程,表示系统与外界交换的热量 Q,一部分用于对外所做功 W_{tot},一部分用于热力系初、终状态储能的增加 $\Delta E = E_2 - E_1$,这里 W_{tot} 表示一切形式功的总和。

1. 闭口系统能量方程

在闭口系统(图1-9)中,由于系统静止,动位能可忽略,$\Delta E = \Delta U$。这样系统与外界间只可能发生热量和功量交换,对于简单可压缩系统,闭口系统存在容积功、轴功和电功等。

式(1-41)可相应写成
$$Q = \Delta U + W \qquad (1-41a)$$
$$\delta Q = dU + \delta W \qquad (1-41b)$$
$$\delta q = du + \delta w \qquad (1-41c)$$

上述方程适用于闭口系统可逆或不可逆、准静态等各种过程及理想气体、实际气体或液体等各种工质。当热力系进行可逆过程时,不存在通过耗散效应输入的功,系统只有容积功,$\delta W = pdV$,于是式(1-41b)写成
$$\delta Q = dU + pdV \qquad (1-41d)$$
或
$$\delta q = du + pdv \qquad (1-41e)$$

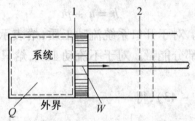

图1-9 闭口系统的能量转换

2. 循环过程能量方程表达式

在动力循环或制冷循环中,工质在设备内部周而复始地使用,与外界没有物质交换,故属于闭口系统。若工质沿1-2-3-4-1过程完成一个循环,则
$$\oint \delta q = \oint \delta w \qquad (1-42)$$

式(1-42)表明:工质经历一个循环回复到原始状态后,它在整个循环中从外界得到净热量应等于对外做的净功。该式还说明:循环工作的热力发动机向外界不断地输出机械功必须要消耗一定的热能,再次证明不消耗能量而能够不断地对外做功的机器,即所谓的第一类永动机是不可能制造出来的。

3. 开口系统能量方程

实际热力设备中实施的能量转换往往是工质在热力装置中循环不断地流经各相互衔接的热力设备,完成不同的热力过程后才得以实现的。因此分析这类热力设备时,常采用开口系统控制体积的分析方法。

开口系统的能量转换如图 1 – 10 所示,需要考虑系统的动能和位能,对于稳态稳流时,利用热力学第一定律表达式,对单位质量流体可表示为

$$q = w_s + \left(u_2 + p_2 v_2 + \frac{1}{2}c_2^2 + gz_2\right) - \left(u_1 + p_1 v_1 + \frac{1}{2}c_1^2 + gz_1\right) \quad (1-43)$$

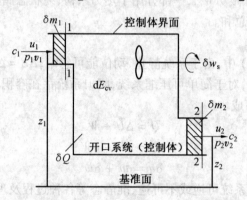

图 1 – 10 开口系统的能量转换

式(1 – 43)表示为:在开口系统中,单位质量的工质从外界吸收热量 q 后,一部分用于对外输出轴功 w_s,一部分用于系统进出口工质储能的变化。

为简化计算,将流动工质传递的总能量取决于工质热力状态的那部分能量,合并为新的物理量,称为焓,定义式为

$$h = u + pv \quad (1-44)$$

焓也是工质的状态参数。对于开口系统流动工质,焓表示流动工质向流动前方传递的总能量中取决于热力状态的那部分能量。对于不流动工质,焓只是一个复合状态参数,没有明确的物理意义。

将式(1 – 44)代入式(1 – 43),得

$$q = w_s + \left(h_2 + \frac{1}{2}c_2^2 + gz_2\right) - \left(h_1 + \frac{1}{2}c_1^2 + gz_1\right) \quad (1-43\text{a})$$

上式还可以表示成

$$q = w_t + \Delta h \quad (1-43\text{b})$$

式中　Δh —— 焓差;

　　　w_t —— 技术功,表示为从技术的角度能够回收到的功,定义式为

$$w_t = \frac{1}{2}\Delta c^2 + g\Delta z + w_s \quad (1-45)$$

4. 孤立系统能量方程

对于孤立系统,由于系统与外界间没有热量及功量的交换,因而热力学第一定律可以写成

$$\Delta E_{\text{iso}} = 0 \quad (1-46)$$

1.7 热力学第二定律与熵

1.7.1 热力学第二定律的实质与表述

在自然界自发进行的一切热力过程中,能量的传递和转化总是使系统趋于平衡的状态。比如,高温物体把热量传递给低温物体,二者温度趋于一致;浓度高的物体向浓度低的物体扩散,使二者浓度趋于一致,但是却从未发现自发的反过程。因而可以看出,自然界中的这些过程是有方向性的。这种方向性问题可以由热力学第二定律来表达。

热力学第二定律有多种表述方法:

1. 工程表述法

克劳修斯表述:热量不可能从低温物体传到高温物体而不引起其他变化;也可表述为热量从低温物体传给高温物体不能自发进行。

开尔文表述:不可能从单一热源取得热量使之完全变为功,而不产生其他影响。

2. 公理表述法(喀喇氏法)

喀喇氏法在某一平衡态附近,总有这样的状态存在,使这一状态不可能沿绝热过程到达已知的平衡态。

在图 1-11 中,经任意状态 i 作一条可逆绝热线 i-f_1,假设在此线下面不可能存在某种状态 f_2,使从该状态经可逆绝热过程到达状态点 i,即假设平面上两条绝热线 i-f_1 和 f_2-i 不能相交。

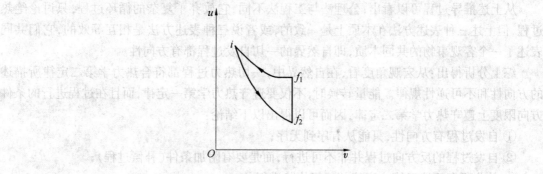

图 1-11 u-v 图

过 f_1 作一条等容线 (f_1-f_2) 与 i-f_2 交于 f_2。在定容的条件下,设某一过程为 $f_2 \to f_1$,此时,热力学 u 增加,则 $q_{1,2} > 0$,对于组成的循环 i-f_1-f_2-i,由于循环过程 $\oint \delta q = \oint \delta w > 0$,即只有吸热而无放热,且全部转化为功,这就变成单一热源也能够实现热机转换的错误结论了。所以得出结论:平面上两条绝热线不能相交。

从空间角度证明,如图 1-12 所示,研究的对象为以 U、x_1、x_2 为独立变量的热力系统,则参考式 (1-37a),对系统应用热力学第一定律,有

$$\delta Q = dU + F_1 dx_1 + F_2 dx_2 \qquad (1-47)$$

由于是可逆绝热过程,观察式 (1-47),系统变量应受到约束方程的限制,即

$$\sigma(U, x_1, x_2) = C$$

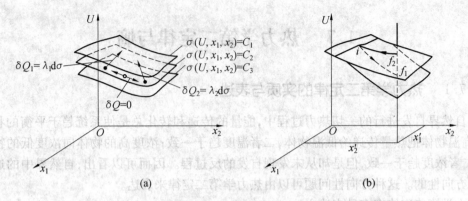

图 1-12 可逆绝热面

上式在三维空间坐标系中表示为图 1-12(a) 所示的可逆绝热面簇,不同曲面 C_1、C_2、C_3 间具有不同的函数形式,只是参数 C 不同。下面仍采用反证法证明曲面 C_1、C_2、C_3 互不相交。

若有两个可逆绝热面相交,如图 1-12(b) 所示。过任意点 $(x_1 = x'_1, x_2 = x'_2)$ 作垂线,交两曲面于点 f_1、f_2,并与两曲面上的任意点 i 组成热力循环 $i \to f_1 \to f_2 \to i$。此循环中,对于过程 $f_1 \to f_2$ 有 $U_{f_2} > U_{f_1}$,而其他过程均绝热,由这些过程组成的循环将会使 $\oint \delta Q > 0$,根据热力学第一定律,$\oint \delta Q = \oint \mathrm{d}U + \oint \delta W$,由于状态参数的循环积分等于零,即 $\oint \mathrm{d}U = 0$,因此 $\oint \delta W = \oint \delta Q > 0$。得出仅吸热做功而没有向冷源放热的单热源热机,这违反了热力学第二定律的开尔文-普朗克说法,因而不会实现,从而证明了可逆绝热面互不相交。

从上述推导过程可以看出,公理法与工程法不同,它放弃了复杂的循环过程,只讨论绝热过程,但上述三种表述方法在本质上是一致的,或者说三种表述方法是相互等效的,它们共同表述了一个客观事物的共同本质,即自然界的一切自发过程都有方向性。

综上分析得出:从宏观角度看,在自然界中,一切热力过程都符合热力学第二定律所描述的方向性和不可逆性规律。能量转换时,不仅要遵守热力学第一定律,而且在过程进行的条件方向限度上遵守热力学第二定律,因而可以得出以下结论:

① 自发过程有方向性,只能从有序到无序;
② 自发过程的反方向过程并非不可进行,而是要有附加条件(补偿过程);
③ 并非所有不违反第一定律的过程均可进行。

能量转换方向性的实质是能质有差异,能质降低的过程可自发进行,能质增加的过程不可自发进行,需一定的补偿条件,其总效果是总体能质贬值。例如机械能、电能等高品质的能量是可以完全地、自发地转化为热能等低品质能的。而热能等低品质能要转化为高品质的电能或机械能则不能自发地进行。因而我们常说,由高品质能转化为低品质能易,而由低品质能转化为高品质能难。

根据热力学第二定律,热机工作时除了有高温热源提供热量外,同时还必须有低温热源,把一部分来自高温热源的热量排给低温热源,作为实现把高温热源提供的热量转换为机械功的必要补偿。当利用制冷机实现由低温物体向高温物体传递热量时,就必须消耗一定量的机械功,并把这些机械功转变为热量放出,以此作为由低温物体向高温物体传递热量的补偿。

也就是说,热机的热效率不可能达到 100%,或者说第二类永动机是不可能制成的。

1.7.2 熵的推导及微观意义

1. 熵的推导

熵是与热力学第二定律紧密相关的状态参数。它是判别实际过程的方向,提供过程能否实现、是否可逆的判据,对过程不可逆程度的量度、热力学第二定律的量化等方面有至关重要的作用。

熵是在热力学第二定律基础上导出的状态参数。热力学第二定律有各种表述方式,状态参数熵的导出也有各种方法。包括经典热力学从循环出发,利用卡诺循环及已被热力学第二定律证明的卡诺定理,进而导出的克劳修斯法。本小节从物系出发,直接用热力学第二定律的公理法的论述思路,从可逆过程证明熵函数的存在,进而引入绝对温度和熵函数,并从不可逆过程出发,证明熵增原理。

(1) 用公理法(喀喇氏法)证明熵函数的存在。

预备定理:在微分方程理论中,若给定一个线性微分式 $\Omega = \sum_{i=1}^{n} X_i \mathrm{d}x_i$,其中 X_i 为 $x_1, x_2, \cdots, x_n (n \geq 2)$ 的连续且可导的函数,假定在任一点 $(x_1, x_2, \cdots, x_n)$ 的附近,存在这样的点,不能用 $\Omega = 0$ 的积分曲线把它与给定点连起来,则 Ω 必有积分因子。

定理中之所以提出 $n > 2$ 的条件,是因为对于 $n \leq 2$ 的情况,根据微分理论,不需要任何条件就有积分因子。

如果热力系统的独立变量数为 $n + 1$,当过程可逆时,在引入广义功的概念后,由式(1-37a),热力学第一定律可以表示为

$$\delta Q = \mathrm{d}U + F_1 \mathrm{d}x_1 + F_2 \mathrm{d}x_2 + F_3 \mathrm{d}x_3 + \cdots + F_n \mathrm{d}x_n$$

$$= \mathrm{d}U + \sum_{i=1}^{n} F_i \mathrm{d}x_i \qquad (1-48)$$

依据上述预备定理,式(1-48)是一个线性微分方程,当热力系符合喀喇氏所提出的热力学第二定律说法时,无论独立变量有多少,都有

$$\delta Q = \lambda \mathrm{d}\sigma$$

式中 λ、σ —— 独立变量的函数。

喀喇氏用温度的热力学定义(温度是物系间是否处于热平衡的判据)进一步证明:在无穷多个因子中,一定有一个与系统温度有关的积分因子 $\lambda = f(\theta)$,令 $\lambda = f(\theta) = T$,此时 σ 就是熵函数 S。

所以,对可逆过程有

$$\delta Q = T \mathrm{d}S \qquad (1-49)$$

或

$$\mathrm{d}S = \left(\frac{\delta Q}{T}\right)_{\mathrm{re}} \qquad (1-49\mathrm{a})$$

式中 下脚标"re"—— 可逆过程。

式(1-49a)称为熵的表达式。对可逆绝热过程 $\delta Q = 0$,因此有

$$\mathrm{d}S = 0$$

证得。

依据空间可逆绝热面不会空间相交,同样可以证明熵函数的存在。

由于空间可逆绝热面不会空间相交,得出空间各点只对应唯一的 σ。因此,可以将 σ 作为系统变量,代替原有的独立变量 U、x_1、x_2 中的任何一个来确定系统的状态。

以 σ 代替 U,则此时系统的变量为 σ、x_1、x_2,有 $U = U(\sigma, x_1, x_2)$,U 的全微分形式为

$$\mathrm{d}U = \left(\frac{\partial U}{\partial \sigma}\right)_{x_1, x_2} \mathrm{d}\sigma + \left(\frac{\partial U}{\partial x_1}\right)_{\sigma, x_2} \mathrm{d}x_1 + \left(\frac{\partial U}{\partial x_2}\right)_{\sigma, x_1} \mathrm{d}x_2$$

将上式代替能量第一定律表达式(1 - 47),有绝热过程:

$$\delta Q = \left(\frac{\partial U}{\partial \sigma}\right)_{x_1, x_2} \mathrm{d}\sigma + \left[F_1 + \left(\frac{\partial U}{\partial x_1}\right)_{\sigma, x_2}\right] \mathrm{d}x_1 + \left[F_2 + \left(\frac{\partial U}{\partial x_2}\right)_{\sigma, x_1}\right] \mathrm{d}x_2 = 0$$

当 $\mathrm{d}\sigma = 0, \mathrm{d}x_1 = 0, \mathrm{d}x_2 \neq 0$ 时,有

$$\delta Q = \left[F_2 + \left(\frac{\partial U}{\partial x_2}\right)_{\sigma, x_1}\right] \mathrm{d}x_2 = 0$$

当 $\mathrm{d}\sigma = 0, \mathrm{d}x_2 = 0, \mathrm{d}x_1 \neq 0$ 时,有

$$\delta Q = \left[F_1 + \left(\frac{\partial U}{\partial x_1}\right)_{\sigma, x_2}\right] \mathrm{d}x_1 = 0$$

当 $\mathrm{d}x_1 = 0, \mathrm{d}x_2 = 0, \mathrm{d}\sigma \neq 0$ 时,有

$$\delta Q = \left(\frac{\partial U}{\partial \sigma}\right)_{x_1, x_2} \mathrm{d}\sigma$$

令 $\lambda = \left(\frac{\partial U}{\partial \sigma}\right)_{x_1, x_2}$,则

$$\delta Q = \lambda \mathrm{d}\sigma$$

式中,λ 为 δQ 积分因子的倒数,可以证明,对于变量更多的系统,可以采用相同的分析方法得到相同的结论。因此依据公理法可以得出以下结论:只要可逆绝热面互不相交,无论系统变量有多少,只要不违反热力学第二定律,δQ 都有积分因子。在可逆绝热面上,$\mathrm{d}\sigma = 0, \delta Q = 0$。在 σ 和 $\sigma + \mathrm{d}\sigma$ 两相邻面上的可逆过程,$\mathrm{d}\sigma \neq 0, \delta Q = \lambda \mathrm{d}\sigma$。

(2)λ 与系统温度之间的关系。

从式(1 - 49)中 λ 的定义式可以看出,λ 应是系统变量的函数,为确定 λ 与系统温度之间的关系,考虑由两个随时处于热平衡状态的子系统 1、2 组成的复合系统,如图 1 - 13 所示。

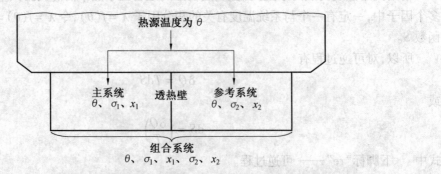

图 1 - 13 由两个热平衡系统组成的组合系统图

由于热平衡,两系统具有相同的温度 θ,取子系统 1、2 的系统变量分别为 θ、σ_1、x_1 和 θ、σ_2、

x_2。则复合系统的变量为 θ、σ_1、x_1、σ_2、x_2。令两个子系统分别从同一温度为 θ 的热源吸热 δQ_1、δQ_2,则复合系统吸入的总热量为二者之和,即

$$\delta Q = \delta Q_1 + \delta Q_2$$

考虑式(1-49),有

$$\lambda \mathrm{d}\sigma = \lambda_1 \mathrm{d}\sigma_1 + \lambda_2 \mathrm{d}\sigma_2$$

即

$$\mathrm{d}\sigma = \frac{\lambda_1}{\lambda}\mathrm{d}\sigma_1 + \frac{\lambda_2}{\lambda}\mathrm{d}\sigma_2 \tag{a}$$

又 $\sigma = \sigma(\theta, \sigma_1, x_1, \sigma_2, x_2)$,可以得出

$$\mathrm{d}\sigma = \frac{\partial \sigma}{\partial \sigma_1}\mathrm{d}\sigma_1 + \frac{\partial \sigma}{\partial \sigma_2}\mathrm{d}\sigma_2 + \frac{\partial \sigma}{\partial \theta}\mathrm{d}\theta + \frac{\partial \sigma}{\partial x_1}\mathrm{d}x_1 + \frac{\partial \sigma}{\partial x_2}\mathrm{d}x_2 \tag{b}$$

比较式(a)和式(b),显然 σ 只与 σ_1、σ_2 有关系,与其他变量无关,同时有

$$\frac{\lambda_1}{\lambda} = \frac{\partial \sigma}{\partial \sigma_1}, \quad \frac{\lambda_2}{\lambda} = \frac{\partial \sigma}{\partial \sigma_2}$$

虽然 λ 分别与 λ_1、λ_2 的比值均为 σ_1、σ_2 的函数,但单独比值却不可能只是 σ 的函数,否则根据式(1-49),δQ 将为一恰当的微分形式,λ 一定是普适的温度的函数。对于复合系统,有

$$\lambda = \varphi(\theta)f(\sigma)$$

则式(1-49)变为

$$\delta Q = \varphi(\theta)f(\sigma)\mathrm{d}\sigma$$

引入绝对温度 T,令 $T = \varphi(\theta)$,若选择水的三相点为温标基点,温标确定后有 $\lambda = T$。$f(\sigma)\mathrm{d}\sigma$ 定义为熵的恰当微分形式,$\mathrm{d}S = f(\sigma)\mathrm{d}\sigma$,则

$$\delta Q = \lambda \mathrm{d}\sigma = \varphi(\theta)f(\sigma)\mathrm{d}\sigma = T\mathrm{d}S$$

同时有

$$\mathrm{d}S = \frac{\delta Q}{T}$$

证得。

因为 T 恒为正值,若外界对系统加热,$\delta Q > 0$,$\mathrm{d}S > 0$;若系统向外界放热,$\delta Q < 0$,$\mathrm{d}S < 0$。可见,如果不是绝热系,过程中系统的熵变可正可负,从而无法用熵函数来表达可逆过程的变化规律。只有对于绝热系统、孤立系统,有

$$\mathrm{d}S_{\mathrm{adi}} = 0, \quad \mathrm{d}S_{\mathrm{iso}} = 0$$

若上式存在,系统熵为常数,则过程为可逆,没有不可逆损失产生。

注意,虽然在前面的讨论中采用了具有三个独立参数的系统,对多于或少于三个独立参数的所有系统,所得结论完全相同。

必须强调指出,系统的熵是一个状态参数,其值只与系统所处的状态有关,与状态是如何达到的过程无关。

2. 熵的微观意义

从统计物理的角度,熵可以看成系统"无序"程度大小的度量。所谓无序是相对于有序来讲的,空间中粒子分布越是不均匀,越是集中在某局部区域,即认为越有序,而粒子分布越均匀,则系统越无序。例如,在密闭的容器中,部分液体蒸发构成气液两相系统,由于液体中分子

的密集程度大于气体,因此系统无序程度增加;反之,若密闭容器中气体液化成液体,其无序度变小。在相同温度下,气体要比液体无序,液体则比固体无序。

考察液体在等温条件下蒸发为气体,过程中系统吸热 Q,可逆等温过程中系统的熵增加 $\Delta S = \dfrac{Q}{T}$。而从有序和无序角度看,系统内不均匀程度增加,所以无序度增加,因此熵的增加与无序度的增加是一致的。再比如考虑气体向真空做自由膨胀,显然系统从较有序走向无序,而过程的熵增 $\Delta S = mR\ln\dfrac{V_2}{V_1}$,所以熵的增加与无序度的增加在这里也是一致的。有序无序不仅表现在粒子的空间分布上,也体现在分子热运动的剧烈程度上,分子热运动越剧烈(系统温度越高),系统内粒子分布的均匀性越好,其无序度就越大。这同样可以与系统的熵增加联系起来:在等容条件下,理想气体 $\Delta S = mc_V\ln\dfrac{T_2}{T_1}$,上述例子都说明熵与系统微观粒子的无序度有直接关系,表示为:熵是系统微观粒子无序度大小的度量。若用微观状态数 W 来表示宏观系统的无序度,则系统的熵 S 与 W 之间的关系可表示为

$$S = k\ln W \tag{1-50}$$

式中　k——玻耳兹曼常数。

上式称为玻耳兹曼关系(Boltzmann Relation)。

1.7.3 熵方程

熵方程是表示系统不可用能的平衡方程式,其目的是求出熵产。

一般形式为

$$\text{输入熵} - \text{输出熵} + \text{熵产} = \text{系统熵变}$$

1. 闭口系统熵方程

如图 1-14 所示的闭口系统,建立熵平衡为

$$\Delta s_f + \Delta s_g = \Delta s \tag{1-51}$$

式中　Δs_f——熵流,$\Delta s_f = \dfrac{Q}{T}$,其值的正负随热流的方向而定,吸热为正,放热为负,绝热为零;

Δs_g——熵产,其符号在不可逆过程为正,可逆过程为零。

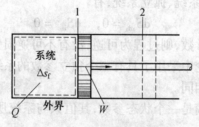

图 1-14　闭口系统熵方程

此外系统与外界传递任何形式的可逆功,均不会引起系统和外界熵的变化。

2. 开口系统熵方程

取开口系统控制体边界,如图 1-15 所示,建立系统熵平衡方程为

$$s_i \delta m_i + \sum_{i=1}^{n} \frac{\delta Q_i}{T_{r,i}} + \delta S_g - s_e \delta m_e = dS_{CV} \qquad (1-52)$$

式中　　$T_{r,i}$——系统热源温度；
　　　　dS_{CV}——控制体的熵变；
　　　　δS_g——控制体熵产。

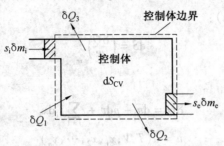

图 1-15　开口系统熵方程

式（1-52）也可写成

$$\frac{\delta S_g}{d\tau} = \frac{\delta S_{CV}}{d\tau} + s_e \dot{m}_e - s_i \dot{m}_i - \sum_{i=1}^{n} \frac{\delta Q_i}{T_{r,i}} \qquad (1-52a)$$

对于稳态稳流系统，质量为 m 的工质流经系统时，因 $dS_{CV}=0$，$m_i=m_e=m$，式（1-52a）变成

$$S_g = m(s_e - s_i) - \sum_{i=1}^{n} \frac{Q_i}{T_{r,i}} = \Delta S - S_f \qquad (1-52b)$$

3. 孤立系统熵方程

在孤立系统内，一切实际过程（即不可逆过程）都向使系统熵增大的方向进行，在极限情况（可逆过程）下，系统的熵保持不变，即

$$dS_{CV} = dS_g = dS_{sys} + dS_{sur} = \sum_{i=1}^{n} dS_i$$

孤立系统只有熵产。当孤立系统内实施某不可逆过程时，不可逆因素造成了能量品质的下降，使孤立系统的总熵增加。故孤立系统的熵增量可作为过程不可逆所导致的可用能减少的量度，是系统不可逆程度的量度。从能质角度，热力学第二定律可以表述为：孤立系统的熵增大于或等于0，即

$$ds_{iso} \geq 0 \qquad (1-53)$$

式（1-53）表明：孤立系统的熵只能增加（不可逆过程）或保持不变（可逆过程），而绝不能减少。任何实际过程都是不可逆过程，只能沿着使孤立系统熵增加的方向进行，这就是熵增原理。

熵增原理的理论意义：

（1）自然界过程总是朝着熵增加的方向进行，可通过孤立系统熵增原理判断过程进行的方向；

（2）当熵达到最大值时，系统处于平衡状态，可用孤立系统熵增原理作为系统平衡的判据；

（3）不可逆程度越大，熵增也越大，可用孤立系统熵增原理定量地评价过程热力学性能的

完善性。

综上所述，熵增原理表达了热力学第二定律的基本内容。因此常把热力学第二定律称为熵定律，把式(1-53)视为热力学第二定律的数学表达式，它有着极其广泛的应用。

4. 系统熵变的计算

$$\Delta S_{\text{sys}} = m_2 S_2 - m_1 S_1 \quad (m_1 、m_2 与 m_i 、m_e 不同，S 是状态量)$$

由熵的定义式(1-49a)：

$$dS = \left(\frac{\delta Q}{T}\right)_{\text{re}}$$

热力学第一定律：

$$\delta Q = du + pdv + \sum_{i=1}^{n} f_i dx_i$$

因为

$$u = u(T, V, x_1, x_2, \cdots, x_n)$$

$$du = \left(\frac{\partial u}{\partial T}\right)_{V,x} dT + \left(\frac{\partial u}{\partial V}\right)_{T,x} dV + \sum_{i=1}^{n} \left(\frac{\partial u}{\partial x_i}\right)_{T,V,x_j} dx_i$$

$$\left(\frac{\partial u}{\partial T}\right)_{V,x} = c_V$$

整理得

$$dS = c_V \frac{dT}{T} + \left[p + \left(\frac{\partial u}{\partial V}\right)_{T,x}\right] \frac{dV}{T} + \sum_{i=1}^{n} \left[f_i + \left(\frac{\partial u}{\partial x_i}\right)_{T,V,x_j}\right] \frac{dx_i}{T} \quad (1-54)$$

式(1-54)为系统熵变的一般关系式，适用于可逆、不可逆过程。从该式可见，系统熵变只与状态有关。

例 1.4 先用电热器使 20 kg、温度 $t_0 = 20$ ℃ 的凉水加热到 $t_1 = 80$ ℃，然后再与 40 kg、温度为 20 ℃ 的凉水混合。求混合后的水温以及电加热和混合这两个过程各自造成的熵产。水的比定压热容为 4.187 kJ/(kg·K)，水的膨胀性可忽略。

解 设混合后的温度为 t，则可写出下列能量方程：

$$m_1 c_p (t_1 - t) = m_2 c_p (t - t_0)$$

即

$$20 \times 4.187 \times (80 - t) = 40 \times 4.187 \times (t - 20)$$

从而解得

$$t = 40 \text{ ℃} \quad (T = 313.15 \text{ K})$$

电加热过程引起的熵产为

$$S_{g1} = \int \frac{\delta Q_g}{T} = \int_{T_0}^{T_1} \frac{m_1 c_p dT}{T} = m_1 c_p \ln \frac{T_1}{T_0}$$

$$= 20 \times 4.187 \times \ln \frac{353.15}{293.15}$$

$$= 15.593 \text{ (kJ/K)}$$

混合过程造成的熵产为

$$S_{g2} = \int \frac{\delta Q_i}{T} = \int_{T_1}^{T} \frac{m_1 c_p dT}{T} + \int_{T_0}^{T} \frac{m_2 c_p dT}{T} = m_1 c_p \ln \frac{T}{T_1} + m_2 c_p \ln \frac{T}{T_0}$$

$$= 20 \times 4.187 \times \ln\frac{313.15}{353.15} + 40 \times 4.187 \times \ln\frac{313.15}{293.15}$$

$$= -10.966 + 11.053 = 0.987$$

总的熵产为

$$S_g = S_{g1} + S_{g2} = 15.593 + 0.987 = 16.580 (\text{kJ/K})$$

由于本例中无熵流（将使用电热器加热水看作水内部摩擦生热），根据式(1-52b)可知，熵产应等于热力系的熵增。熵是状态参数，它的变化只和过程始末状态有关，而和具体过程无关。因此，根据总共 60 kg 水由最初的 20 ℃ 变为最后的 40 ℃ 所引起的熵增，也可计算出总的熵产为

$$S_g = \Delta S = (m_1 + m_2) c_p \ln\frac{T}{T_0} = 60 \times 4.187 \times \ln\frac{313.15}{293.15} = 16.580 (\text{kJ/K})$$

5. 做功能力损失的计算

根据热力学第二定律的论述，一切实际过程都是不可逆过程，都伴随着熵的产生和做功能力的损失，这二者之间必然存在着内在的联系。通常取环境状态作为衡量系统做功能力大小的参考状态，即认为系统达到与环境状态相平衡时，系统不再有做功能力。做功能力损失与熵产之间的关系可表示为

$$L = T_0 S_g \tag{1-55}$$

对于孤立系统，由于 $\Delta S_{iso} = S_g$，因此

$$L_{iso} = T_0 \Delta S_{iso} \tag{1-55a}$$

式中 T_0—— 环境温度，K。

例1.5 有一汽轮机，入口侧空气参数为 $p_1 = 0.4$ MPa，温度 $T_1 = 400$ K，出口侧空气参数为 $p_2 = 0.2$ MPa，温度 $T_2 = 350$ K，已知汽轮机内气体进行的是绝热膨胀过程。求：(1) 孤立系统的熵增；(2) 做功能力的损失；(3) 汽轮机向外界输出轴功 w_s；(4) 不可逆绝热膨胀功损失。

解 (1) 取汽轮机为系统，稳态稳流：

$$dS_{CV} = 0$$

孤立系统的熵增：

$$\Delta S_{iso} = \Delta S_{CV} + \Delta S_{sur}$$

$$\Delta S_{CV} = 0 \quad (\text{稳态稳流})$$

$$\Delta S_{sur} = S_2 - S_1 = c_p \ln\frac{T_2}{T_1} - R\ln\frac{p_2}{p_1}$$

$$= 1.01\ln\frac{350}{400} - 0.287\ln\frac{0.2}{0.4} = 0.064 (\text{kJ/(kg·K)})$$

$$\Delta S_{iso} = 0.064 \text{ kJ/(kg·K)}$$

(2) 做功能力损失（基态是环境）：

$$\Delta w = T_0 \Delta S_{iso} = 19.22 \text{ kJ/kg}$$

(3) 汽轮机向外界输出的轴功：

$$w_s = h_1 - h_2 = c_p (T_1 - T_2) = 50.5 \text{ kJ/kg}$$

(4) 不可逆绝热膨胀功损失。

因为

$$T'_2 = T_1 \left(\frac{p_2}{p_1}\right)^{\frac{k-1}{k}} = 328.1 \text{ K}$$

可逆过程膨胀功：
$$w'_s = h_1 - h'_2 = c_p(T_1 - T'_2) = 72.62 \text{ kJ/kg}$$

不可逆绝热膨胀功损失： $w'_s - w_s = 22.12 \text{ kJ/kg}$

例1.6 设有一刚性容器内装有水蒸气，体积为 2 m^3，初始状态的压力 $p_1 = 100 \text{ kPa}$，温度 $t_1 = 200 \text{ ℃}$，容器外有一管道不断向该容器充水蒸气，充气参数为：压力 $p_0 = 800 \text{ kPa}$，温度 $t_0 = 300 \text{ ℃}$。最终容器内水蒸气的参数变为 $p_2 = 800 \text{ kPa}$，温度 $t_2 = 200 \text{ ℃}$，试证明：该过程不违反热力学第二定律。

证明 取容器为控制体，如图 1-16 中的虚线所示。

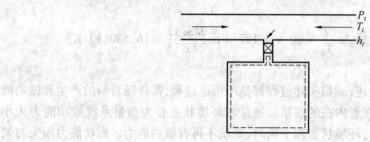

图 1-16 刚性容器等温充水蒸气过程

查水蒸气图表，得到初态状态参数 $v_1 = 2.172 \text{ m}^3/\text{kg}$、$h_1 = 2875.3 \text{ kJ/kg}$、$s_1 = 7.834 \text{ kJ/(kg·K)}$，终态状态参数 $v_2 = 0.2608 \text{ m}^3/\text{kg}$、$h_2 = 2839.84 \text{ kJ/kg}$、$s_2 = 6.8158 \text{ kJ/(kg·K)}$，充气参数 $h_i = 3056.5 \text{ kJ/kg}$、$S_i = 7.2328 \text{ kJ/(kg·K)}$。

则容器中原有蒸汽质量为
$$m_1 = \frac{V}{v_1} = \frac{2}{2.172} = 0.921 \text{ (kg)}$$

容器中终态蒸汽质量为
$$m_2 = \frac{V}{v_2} = \frac{2}{0.2608} = 7.669 \text{ (kg)}$$
$$u_1 = h_1 - p_1 v_1 = 2658.1 \text{ kJ/kg}$$
$$u_2 = h_2 - p_2 v_2 = 2630.6 \text{ kJ/kg}$$

充气质量为
$$\Delta m = 6.748 \text{ kg}$$

由能量方程得
$$m_i h_i = (m_2 u_2 - m_1 u_1) + Q_{CV}$$
$$-Q_{co} = m_i h_i - (m_2 u_2 - m_1 u_1)$$
$$= 6.748 \times 3056.5 - (7.669 \times 2630.6 - 0.921 \times 2658.1)$$
$$= -2899 \text{ (kJ)}$$

孤立系：
$$\Delta S_{iso} = \Delta S_{CV} + \Delta S_{sur}$$
$$\Delta S_{CV} = m_2 S_2 - m_1 S_1 = 7.669 \times 6.8158 - 0.921 \times 7.834 = 45.055 \text{ (kJ/K)}$$
$$\Delta S_{sur} = \frac{Q}{T_0} - m_i S_i = \frac{2899}{298} - 6.748 \times 7.2328 = -39.085 \text{ (kJ/K)}$$
$$\Delta S = 5.97 \text{ kJ/K} > 0，符合$$

另一种解法：
外控制体熵方程为

$$m_i S_i + \Delta S_g - \int_1^2 \frac{\delta Q}{T} = m_2 S_2 - m_1 S_1$$

$$\Delta S_{g,CV} = m_2 S_2 - m_1 S_1 + \frac{Q}{T_{sys}} - m_i S_i = 2.377 \text{ (kJ/K)}$$

外传热熵产为 $\Delta S_Q = -\frac{Q}{T} + \frac{Q}{T_0} = -\frac{2899}{473} + \frac{2899}{298} = 3.599 \text{ (kJ/K)}$

总熵产为 $\Delta S = \Delta S_{g,CV} + \Delta S_Q = 5.97 \text{ kJ/K} > 0$

所以符合热力学第二定律。

习　　题

1.1　经典热力学以平衡态为研究的前提，是否说对非平衡态过程在经典热力学范畴下完全不能研究？应如何处理？

1.2　工程热力学中研究气体热力过程的目的何在？研究时做了哪些假设？扼要说明准静态过程与可逆过程的区别，准平衡过程如何处理"平衡状态"与"状态变化"的矛盾。引入可逆过程概念的目的是什么？

1.3　试从热力学第二定律在热力学中居主导地位，说明工程热力学各部分内容的内在联系。

1.4　热力学引入"热力平衡状态"的概念解决了什么问题？热力平衡的充要条件是什么？写出平衡的四大判据。

1.5　第二类永动机与第一类永动机有何不同？熵增定理用 $dS_E \geq 0$ 和 $dS_{U,V} \geq 0$ 表示有何不同？对于非绝热系统，能否用熵函数来表示自发过程的方向性？

1.6　试举一个实例说明热力系在进行状态变化时对外所做功的不同方式。

1.7　温度计测温的基本原理是什么？试着自行设计一种温标。

1.8　耗散损失是否为不可逆损失？热力学中为何要引入这个概念？

1.9　为什么说公理法中熵和绝对温度的关系较之工程法更为密切？

1.10　每千克工质在开口系统及闭口系统中，从相同的状态 1 变化到相同的状态 2，而环境状态都是 p_0、T_0，问两者的最大有用功是否相同？

1.11　判断下列热力过程的可逆性，并简单说明判断依据。(1) 定质量空气的无摩擦、绝热压缩过程；(2) 温度为 273 K 蒸汽流与 300 K 水流的绝热混合过程；(3) 活塞发动机中热燃气随活塞迅速移动的膨胀过程。

1.12　在华氏温标中，计量单位为华氏度(°F)，规定冰点的温度为 32 °F，已知 1 °F = $\frac{5}{9}$ K。求：(1) 华氏温度 $t_F[°F]$ 和摄氏温度 $t_C[℃]$ 之间的换算关系式；(2) 是否存在一个摄氏温标和华氏温标的数值相同的温度？

1.13　一个弹性球，初始直径为 1 m，内装压力为 0.1 MPa 的气体。由于热量传入，球的直径增加到 1.1 m。在加热过程中球内的压力正比于球的直径，计算气体所做的功。

1.14　压力为 1.0 MPa，温度为 250 ℃ 的水蒸气以 1 350 kg/h 的速率流入膨胀器，它离开膨胀器的压力是 0.025 MPa,过程为可逆绝热,求释放的功率。

1.15 水蒸气进入汽轮机的压力是 10 MPa,温度是 400 ℃,汽轮机出口处蒸汽压力是 0.1 MPa,而熵比进口处大 0.6 kJ/(kg·K)。过程是绝热的,动能和位能的变化可以略去不计。求 1 kg 水蒸气所做的功和产生 1 000 kW 的输出功率所需要的水蒸气的质量流量。

1.16 已知气缸内气体压力为 2×10^5 Pa,弹簧刚度 $k=40$ kN/m,活塞直径 $D=0.4$ m,活塞重可忽略不计,而且活塞与缸壁间无摩擦,大气压力为 10^5 Pa。求该过程弹簧的位移及气体做的膨胀功。

1.17 设有可移动活塞的气缸中储有 0.1 MPa 的气体 0.1 m³,活塞的移动受弹簧限制,弹簧产生的作用力与弹簧的位移呈线性关系。当气体被加热时,压力达到 0.5 MPa,体积变为 0.3 m³。在过程开始时,气缸内气体的压力正好和外界大气压力相平衡,此时弹簧对活塞不产生作用力。求:(1) 写出气缸内气体压力与气体体积之间的关系式;(2) 计算气体所做的功;(3) 在气体所做的功中,大气做功多少,弹簧做功多少?

1.18 刚性容器中储有空气 2 kg,初态参数 $p_1=0.1$ MPa, $T_1=293$ K,内装搅拌器,输入轴功率 $W_s=0.2$ kW,而通过容器壁向环境放热速率为 $Q=0.1$ kW。求工作 1 h 后孤立系统的熵增。

第2章 变质量系统热力学分析

实际工程实践中的许多情况,都是伴随热力过程进行的,系统中工质的质量也在发生变化,由此引出变质量系统的概念。其中一类典型的例子就是对容器的充、放气过程;压缩机对固定容器的充灌或抽吸;液体火箭发动机气压式燃料系统中高压气体对燃料的挤压过程等。另一类典型的变质量热力过程的例子是工质在气缸中膨胀或压缩时,工质的数量同时发生变化,譬如活塞式内燃机中由于气门以及活塞环处的泄漏,导致过程中工质质量不断发生变化。

在上述这类热力过程中,每个工质微团所经历的热力变化是不尽相同的,对其进行分析需要借助变质量热力学的方法,将工质质量发生变化的系统称为变质量热力系统,这种系统所经历的状态变化过程称为变质量热力过程。与常质量系统相比较,变质量系统由于系统的工质质量随时间发生变化,因此还要考虑质量 m 和时间 t 两个参数。

变质量系统热力学是工程热力学的延伸,属宏观热力学的范畴,有关工程热力学的基本概念和许多基础知识在研究变质量系统问题时仍十分有用。由于传统热力学研究中热力系统的变化过程都是一系列平衡状态或者近似于平衡状态的准静态过程,而变质量过程则涉及瞬态工质状态的不平衡现象,有时需要依据近年来发展起来的非平衡热力学(又称不可逆过程热力学)方法进行研究分析。

本章关于变质量热力学的分析,以变质量热力系为研究对象,其内容主要包括:适应于变质量系统的热力学基本定律的表达式,变质量热力过程的参数变化规律,系统与外界进行热量、功量以及质量交换的规律,以及典型的变质量系统非稳定热力过程分析等。

2.1 变质量状态方程及参数热力性质

1. 状态方程

单相纯物质所构成的简单热力系的状态方程式为 $f(p,V,T)=0$,对于变质量系统,通常表达为

$$f(p,V,T,m)=0 \qquad (2-1)$$

若工质是理想气体,则状态方程为

$$pV = mRT$$

式中　p——压力;
　　　V——容积;
　　　T——温度;
　　　m——质量;
　　　R——气体常数。

将式 (2-1) 微分,得

$$pdV + Vdp = mRdT + RTdm$$

两边除以 mRT，即可得到状态方程的微分形式为

$$\frac{dp}{p} + \frac{dV}{V} - \frac{dm}{m} - \frac{dT}{T} = 0 \tag{2-2}$$

在研究变质量系统问题的时候，经常会用到状态方程的微分形式。

2. 热力学能和焓

理想气体的热力学能 U、焓 H 是温度的单值函数，取定值比热容，若以 0 K 时的热力学能和焓作为基点，取其值为零，则任一温度 T（K）时的热力学能和焓为

$$U = mu = mc_V T$$
$$H = mh = mc_p T$$

式中　　c_V —— 比定容热容；
　　　　c_p —— 比定压热容。

因为变质量系统中的质量 m 是变量，所以

$$dU = d(mu) = mc_V dT + c_V T dm \tag{2-3}$$
$$dH = d(mh) = mc_p dT + c_p T dm \tag{2-4}$$

3. 变质量系统热力参数基本方程

对于有两个独立变量的均匀系，由工程热力学已知其平衡态参数间有如下基本关系：

$$Tds = du + pdv \tag{a}$$

对于变质量系统，则有

$$S = ms, \quad dS = d(ms) = sdm + mds, \quad ds = \frac{dS - sdm}{m}$$

$$U = mu, \quad dU = d(mu) = udm + mdu, \quad du = \frac{dU - udm}{m}$$

$$V = mv, \quad dV = d(mv) = vdm + mdv, \quad dv = \frac{dV - vdm}{m}$$

把 ds、du、dv 代入式（a），则可得

$$TdS = dU + pdV - (u - Ts + pv)dm \tag{2-5}$$

式（2-5）就是变质量系统的基本方程。式中，S、U、V 均是描写系统性质的广延参数。式中右侧最后一项括号中

$$u - Ts + pv = h - Ts = g$$

g 是单位质量的吉布斯自由焓，在等温、等压条件下体现单元系统的热力势，表示每减少单位质量时，在可逆变化中可以对外做出的最大有用功（非膨胀功）。单位质量的吉布斯自由焓就称为单元系的化学势，用 μ 表示。若把式（2-5）表示成

$$dU = TdS - pdV + \mu dm \tag{2-6}$$

则可看成：变质量系统的热力学能变化除了由热交换、膨胀功引起外，还可以由系统质量的变化而引起。

2.2　变质量系统质量守恒方程

所谓质量守恒，是指质量既不能创生，也不能毁灭，因而质量守恒方程又称为连续性方程，

工程热力学中主要涉及一般过程的质量平衡,特别是针对开口系统的流动过程。

类似于力学中研究"变质量质点系"的方法,在研究变质量热力系时,假定:

(1) 微元工质进入系统之前和从系统离开之后,它们所发生的一切与所研究的变质量热力系统无关;

(2) 微元工质从进入系统的瞬时起,即属于系统的一部分,与其他工质一样与系统的状态同时变化。

在进行热力学和流体力学分析中,若针对同一部分定量工质进行研究,则称该固定工质的质量为控制质量,所用的分析法称为控制质量法。分析时若取一个空间体积为系统,则称此空间区域为控制体积,针对控制体积进行分析的方法就称为控制体积法。

变质量系统热力学主要研究的是变质量的开口系统,变质量热力过程中每个工质微团所经历的过程不完全相同,跟踪每个工质微团既不可能也无意义,所以研究变质量系统需要采用控制体积法。

在用控制体积法分析开口系统时,首先要取定控制面,控制体积的边界称为控制面。控制体积的形状和大小可以任意选定,控制面可以是确定的实际壁面,也可以是假想的边界。控制面的空间位置可以是固定的,也可以是运动的或有胀缩的,但应以某一坐标系为基准。以简单的蒸汽动力装置为例,如图2-1所示,虚线表示控制体积的控制面。控制体积通过控制面与外界有热量、功以及质量的交换,其中工质的参数还将随时间而变化。

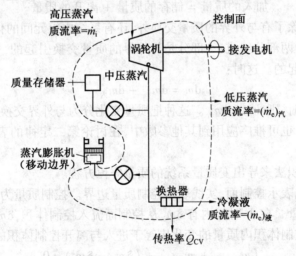

图2-1 控制体积示意图

值得注意的是,控制体积的选取带有随意性。当取图示整个虚线内物质为控制体积时,装置稳定工作时系统为常质量系统;但当取图中蒸汽膨胀机的具有移动边界的内体积为控制体积时,进排气过程中控制体积内工质的数量在变化,因而属于变质量系统。控制质量法所针对的是同一部分物质,因此,可以通过计算过程初终态系统的参数变化来计算相应的能量变化、熵变化等。

但在控制体积分析法中,由于控制体积中的工质处于不断更新中,这时以跟踪某一微元流体来度量其与周围流体的全部相互作用是不切实际的。因为每个微元流体的参数和速度都在变化,而且人们感兴趣的也不是单个微元,而是全部微元流体的平均特性。若控制体积中的工质不稳定但均匀,则可用瞬时参数来描写系统性质;若工质不均匀,则需要将控制体积划分为局部均匀的子系统。当对控制体积进行分析时,需要考虑随着质量迁移而对系统的影响。

在用控制体积法分析时认为:系统中热和功的作用发生在没有质量迁移的那部分控制面上,质量迁移和随之迁移的能量、熵等,则只发生在开口控制面上。针对选取的控制体积,若整个过程中有质量为 m_i 的物质进入控制体积,同时质量为 m_e 的物质离开控制体积,那么进、出质量之差必然增加了控制体积的质量,并将这部分质量储存于系统中,即

$$进入的质量 = 系统中储存质量的变化 + 离开的质量$$

或表示为

$$m_i = (m_2 - m_1)_{CV} + m_e$$

即

$$m_i - m_e = (m_2 - m_1)_{CV} \tag{2-7}$$

式中　　m_1——控制体积最初储存的质量;

　　　　m_2——最终储存的质量。

假定取时间 dt,在 dt 时间内进入控制体积的微元质量为 δm_i,离开的微元质量为 δm_e,则式(2-7) 又可表示为

$$\delta m_i - \delta m_e = dm_{CV} \tag{2-7a}$$

式(2-7) 即是质量守恒的一般方程式。

此方程说明控制体积总质量的改变等于与外界交换的质量,也可表示为

$$加入的质量 = 储存的质量 + 离开的质量$$

如果开口系统中除了有与外界的质量交换外,还有系统内组元间的化学反应,那么对组元来说,其质量变化可由两部分组成:一部分是与外界的质量交换引起的,另一部分则是由于体系内部发生变化而引起的。这时:

$$dm = dm_{外} + dm_{内}$$

当没有化学变化时,则 $dm = dm_{外}$。这种把质量变化分为与外界交换的外来部分和内部反应的内在部分的方法,也可推广应用到其他参数中,在讨论第二定律的表达式时,对熵也可做同样的处理。

下面就以控制体积法来导出变质量系统的质量守恒方程。

图 2-2 中的虚线表示控制面,实线表示控制质量边界。控制质量为控制体积的质量加上即将流入或流出的质量。在 dt 时间内有 δm_i 从控制面流入控制体积,δm_e 从控制体积流出。根据质量守恒原理,控制体积内质量的变化应等于进入与离开控制体积的质量之差,即

$$(m_{CV,t+dt} - m_{CV,t}) + (\delta m_e - \delta m_i) = 0$$

等式各项除以 dt,得

$$\frac{m_{CV,t+dt} - m_{CV,t}}{dt} + \frac{\delta m_e}{dt} - \frac{\delta m_i}{dt} = 0$$

则可写出以瞬时率表示的方程为

$$\frac{dm_{CV}}{dt} + \dot{m}_e - \dot{m}_i = 0 \tag{2-8}$$

式中　　$\dfrac{dm_{CV}}{dt}$——控制体积中的质量瞬时变化率;

　　　　$\dot{m}_e$——自控制体积离开的瞬时质流率,$\dfrac{dm_e}{dt} = \dot{m}_e$;

$\dot{m}_i$ —— 进入控制体积的瞬时质流率,$\dfrac{\mathrm{d}m_i}{\mathrm{d}t} = \dot{m}_i$。

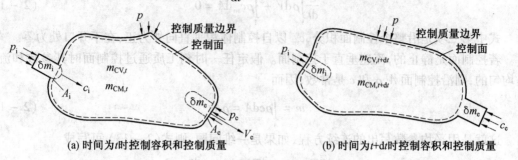

(a) 时间为t时控制容积和控制质量　　　　(b) 时间为$t+\mathrm{d}t$时控制容积和控制质量

图 2-2　控制体积法推导变质量系统质量守恒方程

实际上,控制体积通常不只有一个入口和出口,那么

$$\frac{\mathrm{d}m_{CV}}{\mathrm{d}t} + \sum \dot{m}_e - \sum \dot{m}_i = 0 \qquad (2-9)$$

在任一瞬时,若控制体积内的状态不均匀,则可以将控制体积任意划分为可作为均匀系处理的许多小区域$\mathrm{d}V$,使每一个$\mathrm{d}V$的密度是均匀的,因而$\mathrm{d}V$的质量为$\rho\mathrm{d}V$,ρ为局部密度。在任一瞬时控制体积的质量为

$$m_{CV} = \int_V \rho \mathrm{d}V \qquad (2-10)$$

如果工质流过开口界面,其参数和流速也不均匀,那么在这种复杂的情况下,气流方向也可能不垂直于开口界面,而且控制面本身也可能运动。

如图 2-3 所示,控制面以速度c_{CS}运动,其开口界面面积为A,工质流过时速度不均匀。假设取一微元截面$\mathrm{d}V$,此微元区域的状态和速度c是均匀的。流体通过控制面A的速度为c_r,其垂直分速度为c_m,于是通过$\mathrm{d}A$的瞬时流率可用下式求出:

$$\delta\dot{m} = \rho c_m \mathrm{d}A \qquad (2-11)$$

式中　ρ —— 局部密度。

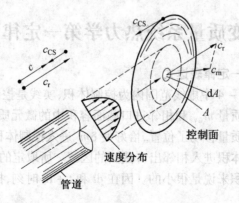

图 2-3　流经运动控制界面的不均匀流动

通过控制面A的总质量流率为

$$\dot{m} = \int_A \delta\dot{m} = \int_A \rho c_m \mathrm{d}A \qquad (2-11\mathrm{a})$$

因而,当考虑控制体积中开口界面的参数不均匀时,质量守恒方程可写成

$$\frac{\mathrm{d}}{\mathrm{d}t}\int_V \rho \mathrm{d}V + \int_A \rho c_\mathrm{rn} \mathrm{d}A = 0 \tag{2-12}$$

式中第二项是沿整个控制面积分,c_rn以自控制体积垂直向外为正,在不开口处为零。

若控制面是静止的,流速垂直于控制面。假定任一时刻工质通过控制面时其参数和流速是均匀的,则沿控制面 A、ρ 和 c 是常数,因而

$$\dot{m} = \int_A \rho c \mathrm{d}A = \rho A c \tag{2-13}$$

这就是用平均参数写出的连续方程,如果是一维问题,则式(2-13)可写成

$$\frac{\mathrm{d}\dot{m}}{\mathrm{d}x}\mathrm{d}x = -\frac{\partial m}{\partial t} = -A\mathrm{d}x\frac{\partial \rho}{\partial t}$$

或

$$\frac{\mathrm{d}\dot{m}}{\mathrm{d}x} = -A\frac{\partial \rho}{\partial t} \tag{2-14}$$

式中 x——沿气流方向的轴向坐标,因而又可写为

$$\frac{\mathrm{d}\dot{m}}{\mathrm{d}x}\mathrm{d}x = -A\left[\left(\frac{\partial \rho}{\partial p}\right)_T \frac{\mathrm{d}p}{\mathrm{d}t} + \left(\frac{\partial \rho}{\partial T}\right)_p \frac{\mathrm{d}T}{\mathrm{d}t}\right] \tag{2-14a}$$

式(2-14a)表示通过微元控制体积质量流率的变化与控制体积中密度变化之间的关系,对理想气体和实际气体都适用。

对于理想气体:

$$\left(\frac{\partial \rho}{\partial p}\right)_T = \frac{1}{RT} \quad \left(\frac{\partial \rho}{\partial T}\right)_p = -\frac{p}{RT^2}$$

则式(2-14a)可写成

$$\frac{\mathrm{d}\dot{m}}{\mathrm{d}x} = -\frac{A}{RT}\left(\frac{\mathrm{d}p}{\mathrm{d}t} + \frac{p}{T}\frac{\mathrm{d}T}{\mathrm{d}t}\right) \tag{2-15}$$

式(2-15)表示理想气体质量流率与状态参数的关系。

2.3 变质量系统热力学第一定律表达式

1. 控制体积热力学第一定律表达式

首先取控制质量,图2-4中虚线范围内为控制体积,实线是控制质量边界。在时间 t 时,控制质量是控制体积中的质量 m_CV 和相邻进口截面容积中的微元质量 δm_i 之和。在 $t+\mathrm{d}t$ 时刻,控制面发生位移,控制质量移动了位置,恰好使 δm_i 进入控制体积。而与此同时,控制质量的一部分 δm_e 被推出控制体积进入相邻出口截面的区域。所取定的 δm_i、δm_e 的质量与容积相对于控制体积的质量与容积来说是很小的。因在 $\mathrm{d}t$ 和 $t+\mathrm{d}t$ 时刻,控制质量相等,所有质量平衡式为

$$m_{\mathrm{CV},t} + \delta m_\mathrm{i} = m_{\mathrm{CV},t+\mathrm{d}t} + \delta m_\mathrm{e} \tag{2-16}$$

控制质量的能量平衡式为

$$\delta Q = \mathrm{d}E_\mathrm{CM} + \delta W \tag{2-17}$$

在 $\mathrm{d}t$ 时间内控制质量储存能的增量 $\mathrm{d}E_\mathrm{CM}$ 为

第2章 变质量系统热力学分析

$$dE_{CM} = (E_{t+dt} - E_t)_{CV} + (e_e \delta m_e - e_i \delta m_i)$$

或

$$dE_{CM} = dE_{CV} + (e_e \delta m_e - e_i \delta m_i) \qquad (2-18)$$

式中 e_i、e_e——流入、流出的单位质量工质本身具有的能量。

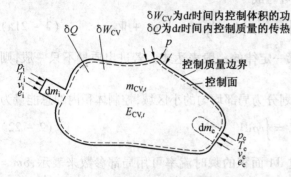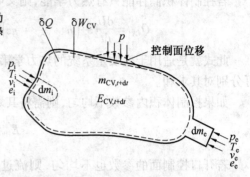

图 2-4 控制体积法热力学第一定律分析

控制质量所做的功包括两部分:一部分是控制体积所做的功,另一部分是 δm_i、δm_e 穿越界面时的流动功。控制体积的功包括各种形式的广义功,如轴功、电功、磁功等(详见第1章)。通常在没有外力场同时控制面又为刚性时,就只有轴功。但是当 δm_i、δm_e 穿越开口控制面时,就存在垂直作用于该开口控制面上的压力做流动功,表现为当 $p_i v_i \delta m_i$ 穿越控制面时,其后面的流体像活塞似的把它推进控制体积,外界对它做了 $p_i v_i \delta m_i$ 的功。同样当 δm_e 流体流出控制体积时,它本身好似活塞推开了挡在外面的流体,流体对外做了 $p_e v_e \delta m_e$ 的功,这种功就称流动功。流进、流出的总流动功为二者之和。于是,在时间 dt 内控制质量的总功为

$$\delta W = \delta W_{CV} + (pv\delta m)_e - (pv\delta m)_i \qquad (2-19)$$

把式(2-18)、式(2-19)代入式(2-17),得

$$\delta Q = dE_{CV} + (e+pv)_e \delta m_e - (e+pv)_i \delta m_i + \delta W_{CV} \qquad (2-20)$$

式中 e——单位质量工质本身具有的储存能,即

$$e = u + \frac{c^2}{2} + gz$$

u——单位质量工质的热力学能;

pv——对控制质量来说是流动功,对控制体积来说就是工质携带的能量,依据式(1-44)和式(2-20)可写为

$$\delta Q = dE_{CV} + \left(h + \frac{c^2}{2} + gz\right)_e \delta m_e - \left(h + \frac{c^2}{2} + gz\right)_i \delta m_i + \delta W_{CV} \qquad (2-20a)$$

忽略迁移质量的动能、位能时,式(2-20a)简化为

$$\delta Q = dE_{CV} + h_e \delta m_e - h_i \delta m_i + \delta W_{CV} \qquad (2-20b)$$

将式(2-20a)除以 dt,得

$$\frac{\delta Q}{dt} = \frac{dE_{CV}}{dt} + \left(h + \frac{c^2}{2} + gz\right)_e \frac{\delta m_e}{dt} - \left(h + \frac{c^2}{2} + gz\right)_i \frac{\delta m_i}{dt} + \frac{\delta W_{CV}}{dt}$$

当 $dt \to 0$ 时，$(dQ/dt) = \dot{Q}_{CV}$，上式可写成以率表示的形式为

$$\dot{Q}_{CV} = \frac{dE_{CV}}{dt} + \left(h + \frac{c^2}{2} + gz\right)_e \dot{m}_e - \left(h + \frac{c^2}{2} + gz\right)_i \dot{m}_i + \dot{W}_{CV} \qquad (2-21)$$

若控制体积储存能只有热力学能，则又可写成

$$\dot{Q}_{CV} = \frac{dU}{dt} + \left(h + \frac{c^2}{2} + gz\right)_e \dot{m}_e - \left(h + \frac{c^2}{2} + gz\right)_i \dot{m}_i + \dot{W}_{CV} \qquad (2-21a)$$

此式就是适用于变质量系统的热力学第一定律的一般表达式。若进出质量不只一股，则可分别对其求和。

如果控制体积内参数不均匀，则需将其划分为局部均匀的小区域，控制体积内的总能量为

$$E_{CV} = \int_V e\rho dV \qquad (2-22)$$

若开口控制面的参数也不均匀，则流过 dA 面积的瞬时流率可用局部参数来表示，$\delta \dot{m} = \rho c_m dA$。总质量流率应对开口截面 A 积分得

$$\dot{m} = \int_A \delta \dot{m} = \int_A \rho c_m dA \qquad (2-22a)$$

用局部参数来表示，式(2-21a) 可写成

$$\dot{Q}_{CV} = \frac{d}{dt}\int_V e\rho dV + \int_A \left(h + \frac{c^2}{2} + gz\right)\rho c_m dA + \dot{W}_{CV} \qquad (2-23)$$

这就是用局部参数表示的控制体积第一定律表达式。该式对不稳定、不均匀、变质量、变体积的系统均适用。

2. 稳态稳定流动过程

如果流体在流道内的流动情况不随时间而变，且各点的状态参数也不随时间而变，则这种流动称为稳态稳定流动。工程应用中的大多数情况均为稳态稳定流动。因为是稳态，所以控制体积内任一点参数不随时间而变，因而

$$\frac{dm_{CV}}{dt} = \frac{d}{dt}\int_V \rho dV = 0$$

$$\frac{dE_{CV}}{dt} = \frac{d}{dt}\int_V e\rho dV = 0$$

又因为是稳态稳流，所以通过开口界面的质流率不变，开口界面上的参数不变，通过控制面的热流率、功率不变。则相应于式(2-8) 中的各项均与时间无关。在这种情况下连续方程式为

$$\dot{m}_i = \dot{m}_e = \dot{m} \qquad (2-24)$$

于是，第一定律表达式(2-21) 可写为

$$\dot{Q}_{CV} + \dot{m}\left(h + \frac{c^2}{2} + gz\right)_i = \dot{m}\left(h + \frac{c^2}{2} + gz\right)_e + \dot{W}_{CV}$$

或

$$\frac{\dot{Q}_{CV}}{\dot{m}} + \left(h + \frac{c^2}{2} + gz\right)_i = \left(h + \frac{c^2}{2} + gz\right)_e + \frac{\dot{W}_{CV}}{\dot{m}} \qquad (2-25)$$

式中

$$\frac{\dot{Q}_{CV}}{\dot{m}} = \dot{q}$$

$$\frac{\dot{W}_{CV}}{\dot{m}} = w$$

式(2-25)变为

$$q = (h_e - h_i) + \frac{c_e^2 - c_i^2}{2} + g(z_e - z_i) + w \tag{2-25a}$$

式中 下标 e、i —— 出口和进口截面的状态。

在给定的时间间隔里,进入控制体积的质量和从控制体积离开的质量只是数值上相等,而不是同一部分物质。这一方程只适用于控制体积的分析。

3. 均态、不稳定流动过程

工程上也有些过程不属于稳定流动,例如对刚性容器的充气和从刚性容器的放气这些典型的变质量过程。在这些过程中控制体积内的状态随时间而变,其质量流率也随时间而变。虽然这种情况是不稳定流动,但是在任一瞬时控制体积内的参数仍可看作是均匀的。这时式(2-25)可写成

$$\dot{Q}_{CV} + \dot{m}_i \left(h + \frac{c^2}{2} + gz \right)_i = \dot{m}_e \left(h + \frac{c^2}{2} + gz \right)_e + \frac{d}{dt} \left[m \left(u + \frac{c^2}{2} + gz \right) \right]_{CV} + \dot{W}_{CV} \tag{2-26}$$

把式中各项对整个时间 t 积分,则可写出均态不稳流过程的第一定律表达式:

$$Q_{CV} + m_i \left(h + \frac{c^2}{2} + gz \right)_i$$
$$= m_e \left(h + \frac{c^2}{2} + gz \right)_e + \left[m_2 \left(u_2 + \frac{c_2^2}{2} + gz_2 \right) - m_1 \left(u_1 + \frac{c_1^2}{2} + gz_1 \right) \right]_{CV} + W_{CV} \tag{2-26a}$$

当流进、流出工质及控制体积中工质的动能和位能差变化忽略不计时,则式(2-26a)又可简化为

$$Q_{CV} + m_i h_i = m_e h_e + (m_2 u_2 - m_1 u_1)_{CV} + W_{CV} \tag{2-26b}$$

对多股流动:

$$Q_{CV} + \sum m_i h_i = \sum m_e h_e + (m_2 u_2 - m_1 u_1)_{CV} + W_{CV} \tag{2-26c}$$

2.4 变质量系统热力学第二定律表达式

1. 控制体积第二定律表达式的导出

用控制体积法导出控制体积第二定律表达式(熵方程)可采取与第一定律表达式同样的导出步骤。仍是先取控制质量,如图 2-5 所示,控制质量为控制体积中的质量与在 dt 时间内流入控制体积的质量 δm_i,或流出控制体积的质量 δm_e 之和。

因而,在时间 t 时控制质量的熵为

$$S_1 = S_{CV,t} + s_1 \delta m_i \tag{2-27}$$

在时间 $t + dt$ 时控制质量的熵为

$$S_2 = S_{CV,t+dt} + s_2 \delta m_e$$

在 dt 时间内控制质量熵的变化为

$$dS = (S_{t+dt} - S_t)_{CV} + (s_e \delta m_e - s_i \delta m_i) \qquad (2-28)$$

又可写为

$$dS = dS_{CV} + (s_e \delta m_e - s_i \delta m_i) \qquad (2-28a)$$

式(2-28a)右边第二项表示由于有工质流进、流出控制体积而引起的熵流。将等式两边除以 dt,得

$$\frac{dS}{dt} = \frac{dS_{CV}}{dt} + s_e \frac{\delta m_e}{dt} - s_i \frac{\delta m_i}{dt} \qquad (2-28b)$$

又可以写成

$$\frac{dS}{dt} = \frac{dS_{CV}}{dt} + s_e \dot{m}_e - s_i \dot{m}_i \qquad (2-28c)$$

由热力学第二定律,$dS \geq \frac{\delta Q}{T}$,$\delta Q$ 是在均匀温度 T 下吸入,而现在沿有热交换的整个控制边界上,温度是不均匀的,因而需沿有热量进出而没有质量进出的整个边界,对局部 $\frac{\delta Q}{T}$ 积分,得

$$\frac{\delta Q}{T} = \int_A \left(\frac{\delta Q/A}{T}\right) dA$$

因而

$$dS \geq \int_A \left(\frac{\delta Q/A}{T}\right) dA$$

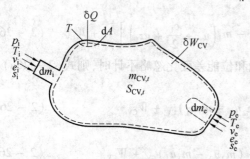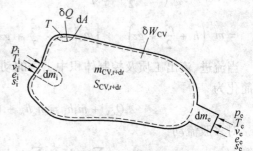

$m_{CV,t}$为时间t时控制体积的质量
$S_{CV,t}$为时间t时控制体积的熵
$m_{CV,t}+dm_i$为时间t时控制质量
$S_{CV,t}+s_i dm_i$为时间t时控制体积的熵

$m_{CV,t+dt}$为时间$t+dt$时控制体积的质量
$S_{CV,t+dt}$为时间$t+dt$时控制体积的熵
$m_{CV,t+dt}+dm_e$为时间$t+dt$时的控制质量
$S_{CV,t+dt}+s_e dm_e$为时间$t+dt$时控制质量的熵

图 2-5 控制体积热力学第二定律分析

就是说

$$dS_{CV} + (s_e \delta m_e - s_i \delta m_i) \geq \int_A \frac{\delta Q/A}{T} dA$$

将上式除以 dt,得

$$\frac{dS_{CV}}{dt} + s_e \frac{\delta m_e}{dt} - s_i \frac{\delta m_i}{dt} \geq \frac{1}{dt} \int_A \frac{\delta Q/A}{T} dA$$

则可写出以熵变率表示的熵方程为

$$\frac{dS_{CV}}{dt} + s_e \dot{m}_e - s_i \dot{m}_i \geq \int_A \frac{\dot{Q}/A}{T} dA \tag{2-29}$$

若进、出质量不只一股,则

$$\frac{dS_{CV}}{dt} + \sum s_e \dot{m}_e - \sum s_i \dot{m}_i \geq \int_A \frac{\dot{Q}/A}{T} dA \tag{2-29a}$$

式中 $\dfrac{dS_{CV}}{dt}$ —— 控制体积内熵的变化率;

$\sum s_e \dot{m}_e - \sum s_i \dot{m}_i$ —— 由于质量进出而引起的净熵流;

$\int_A \dfrac{\dot{Q}/A}{T} dA$ —— 由热流引起的熵流。

式(2-29)的等号适用于可逆过程,不等号适用于不可逆过程。

若控制体积内参数不均匀,可划分成局部均匀的小区域,则任一瞬时控制体积的总熵为

$$S_{CV} = \int_V s\rho dV \tag{a}$$

和讨论能量方程一样,若开口控制面参数不均匀,则通过的熵流为

$$\int_A s\delta\dot{m} = \int_A s\rho c_m dA \tag{b}$$

把式(a)和式(b)代入式(2-29a),则

$$\frac{d}{dt}\int_V s\rho dV + \int_A s\rho c_m dA \geq \int_A \frac{\dot{Q}/A}{T} dA \tag{2-30}$$

不等式(2-30)两边相差的部分,就是由于过程不可逆而引起的熵增,或称熵产,表示为

$$dS = \frac{d}{dt}\int_V s\rho dV + \int_A s\rho c_m dA - \int_A \frac{\dot{Q}/A}{T} dA \tag{2-31}$$

式(2-31)就是以局部参数表示的第二定律表达式。若各股质流是不同的物质,而且质量是变化的,则计算中所用的熵应为绝对值。

2. 稳态、稳定流动过程

第二定律熵方程用于稳态稳流过程时,按前面讲的定义,控制体积内任意点上单位质量的熵不随时间而变,即

$$\frac{dS_{CV}}{dt} = \frac{d}{dt}\int_V s\rho dV = 0$$

因而

$$\sum s_e \dot{m}_e - \sum s_i \dot{m}_i \geq \int_A \frac{\dot{Q}/A}{T} dA$$

$$dS = \sum s_e \dot{m}_e - \sum s_i \dot{m}_i - \int_A \frac{\dot{Q}/A}{T} dA \tag{2-32}$$

式中质量流率、传热率以及状态参数均不随时间而变。若流入、流出控制体积只有一股质

流,且流率相等,则

$$\dot{m}(s_e - s_i) \geq \int_A \frac{\dot{Q}/A}{T} dA \qquad (2-32a)$$

若过程为绝热,则

$$s_e \geq s_i \qquad (2-32b)$$

式(2-32b)中的等号适用于可逆绝热过程,不等号适用于不可逆绝热过程。

3. 均态、不稳定流动过程

假定控制体积中工质参数可随时间改变,但任一瞬时是均匀的,则式(2-29a)可写为

$$\frac{d}{dt}(ms)_{CV} + \sum s_e \dot{m}_e - \sum s_i \dot{m}_i \geq \int_A \frac{\dot{Q}/A}{T} dA \qquad (2-33)$$

若对整个时间间隔 t 积分,则又可写出

$$(m_2 s_2 - m_1 s_1)_{CV} + \sum m_e s_e - \sum m_i s_i \geq \int_0^t \int_A \frac{\dot{Q}/A}{T} dA dt \qquad (2-33a)$$

因为任一瞬时控制体积的温度是均匀的,因而上式右边的积分可简化为

$$\int_0^t \left(\int_A \frac{\dot{Q}/A}{T} dA \right) dt = \int_0^t \left(\frac{1}{T} \int_A \frac{\dot{Q}}{A} dA \right) dt = \int_0^t \frac{\dot{Q}}{T} dt$$

于是,式(2-33a)又可写为

$$(m_2 s_2 - m_1 s_1)_{CV} + \sum m_e s_e - \sum m_i s_i \geq \int_0^t \frac{\dot{Q}}{T} dt \qquad (2-33b)$$

同时

$$\Delta S = (m_2 s_2 - m_1 s_1)_{CV} + \sum m_e s_e - \sum m_i s_i - \int_0^t \frac{\dot{Q}}{T} dt \qquad (2-34)$$

4. 控制体积熵增原理

对于控制质量来说,当它进行热力过程时,系统熵的变化为

$$dS_{CM} \geq \frac{\delta Q}{T}$$

同时引起外界的熵变化为

$$dS_{sur} = -\frac{\delta Q}{T_0}$$

式中 T_0 —— 环境温度。

对于包括系统和与系统交换热量的外界所构成的孤立系统来说,有

$$dS_{CM} + dS_{sur} \geq \frac{\delta Q}{T} - \frac{\delta Q}{T_0} \geq \delta Q \left(\frac{1}{T} - \frac{1}{T_0} \right) \qquad (2-35)$$

如 $\delta Q > 0$,则 $T_0 > T$,因而

$$dS_{CM} + dS_{sur} \geq 0$$

若 $\delta Q < 0$,则 $T > T_0$,仍为

$$dS_{CM} + dS_{sur} \geq 0$$

孤立系统的熵只能增加,不能减少,在可逆情况下等于零,这就是如式(1-53)所示的孤

立系统熵增原理。

对于控制体积来说,如果除了和外界有热交换外,还有质量交换,这些都导致系统和外界间有熵流。

因外界与系统有热交换和质量交换,所以外界也发生了熵的变化。若外界温度为 T_0,则外界环境的熵变化可写为

$$\frac{\mathrm{d}S_\mathrm{sur}}{\mathrm{d}t} = \sum s_\mathrm{e}\dot{m}_\mathrm{e} - \sum s_\mathrm{i}\dot{m}_\mathrm{i} - \frac{\dot{Q}}{T_0} \tag{2-36}$$

把式(2-29)和式(2-36)相加,得

$$\frac{\mathrm{d}S_\mathrm{CV}}{\mathrm{d}t} + \frac{\mathrm{d}S_\mathrm{sur}}{\mathrm{d}t} \geqslant \int_A \frac{\dot{Q}/A}{T}\mathrm{d}A - \frac{\dot{Q}}{T_0} \tag{2-37}$$

式(2-37)的右侧恒为正,因为当 $T < T_0$ 时,$\dot{Q} > 0$;当 $T > T_0$ 时,$\dot{Q} < 0$,因而

$$\frac{\mathrm{d}S_\mathrm{CV}}{\mathrm{d}t} + \frac{\mathrm{d}S_\mathrm{sur}}{\mathrm{d}t} \geqslant 0 \tag{2-38}$$

这就是控制体积熵增原理的一般表达式。

5. 变质量系统过程方程的一般表达式

利用状态方程和能量方程,可推导出适用于理想气体变质量过程方程的一般表达式。前已指出,对于变质量系统,状态方程表示了四个参数间的函数关系,可以写成以下形式:

$$F(p,V,s,m) = 0$$

或

$$p = f(s,m,V)$$

写成微分形式为

$$\mathrm{d}p = \left(\frac{\partial p}{\partial S}\right)_{V,m}\mathrm{d}s + \left(\frac{\partial p}{\partial V}\right)_{m,s}\mathrm{d}V + \left(\frac{\partial p}{\partial m}\right)_{V,s}\mathrm{d}m \tag{2-39}$$

式中三个偏导数可分别求出如下:

(1) 对于 V、m 不变过程,基本关系式(2-39)可简化为

$$\mathrm{d}U = T\mathrm{d}s$$

由理想气体状态方程:

$$\mathrm{d}T = \mathrm{d}\frac{pV}{mR} = \frac{V}{mR}\mathrm{d}p$$

而

$$\mathrm{d}U = mc_V\mathrm{d}T$$

因而

$$c_V m \frac{V}{mR}\mathrm{d}p = T\mathrm{d}s$$

故

$$\left(\frac{\partial p}{\partial s}\right)_{V,m} = \frac{p}{mc_V} \tag{2-40}$$

(2) 对于 S、m 不变过程,基本关系式(2-39)可简化为

$$\mathrm{d}U = -p\mathrm{d}V$$

则

$$c_V m \mathrm{d}\left(\frac{pV}{mR}\right) = c_V m \frac{1}{mR}(p\mathrm{d}V + V\mathrm{d}p) = -p\mathrm{d}V$$

因而

$$\left(\frac{\partial p}{\partial V}\right)_{m,s} = -k\frac{p}{V} \tag{2-41}$$

其中
$$k = \frac{c_p}{c_V}$$

(3) 对于 S、V 不变过程,基本关系式(2-39)可简化为
$$dU = (h - Ts)dm$$

则
$$c_V mdT + c_V Tdm = (h - Ts)dm$$

而
$$dT = d\left(\frac{pV}{mR}\right) = \frac{V}{R}\frac{mdp - pdm}{m^2}$$

故
$$\left(\frac{\partial p}{\partial m}\right)_{V,s} = \frac{p}{m}\left(k - \frac{s}{c_V}\right) \tag{2-42}$$

将式(2-40)~式(2-42)代入式(2-39),则可得
$$dp = \frac{p}{mc_V}dS - k\frac{p}{V}dV + \left(k - \frac{s}{c_V}\right)\frac{p}{m}dm$$

将 $dS = sdm + mds$ 代入上式,整理后得
$$\frac{dp}{p} = \frac{ds}{c_V} - k\frac{dV}{V} + k\frac{dm}{m}$$

将上式积分,得
$$\frac{pV^k}{m^k}e^{\frac{-s}{c_V}} = 常数 \tag{2-43a}$$

或
$$\frac{p_2 V_2^k}{m_2^k}e^{\frac{-s_2}{c_V}} = \frac{p_1 V_1^k}{m_1^k}e^{\frac{-s_1}{c_V}} \tag{2-43b}$$

或写成
$$\ln\frac{p_2}{p_1} + k\ln\frac{V_2}{V_1} - k\ln\frac{m_2}{m_1} - \frac{s_2 - s_1}{c_V} = 0 \tag{2-43c}$$

式(2-43c)就是过程方程的一般表达式,它所表示的函数关系为 $f(p,V,m,s) = 0$。

2.5 典型变质量系统非稳定热力过程

工程上有许多变质量非稳定流动热力过程,如向钢瓶内充入氧气或自压缩气瓶放出空气启动柴油机等。以容器壁面为控制面的热力系统,在进行过程时工质的数量会发生变化,变化的大小和快慢将直接影响到压力、温度等其他参数的变化情况,这种有工质质量变化的压缩过程,在参数间关系以及功量和传热量的计算上与常质量系统有较大的差别。

分析非稳态系统热力过程的基本任务是:确定过程中系统状态参数之间的关系,计算系统与外界交换的热量、功量和质量。只是在分析变质量系统时,应注意变质量系统与外界除了有功量及热量的交换外,还有质量的交换。本节通过几个充、放气典型示例介绍研究非稳态流动问题的一般方法。

根据变质量系统的热力学第一律一般表达式(2-21),有
$$\dot{Q}_{CV} = \frac{dE_{CV}}{dt} + \left(h + \frac{c^2}{2} + gz\right)\dot{m}_e - \left(h + \frac{c^2}{2} + gz\right)\dot{m}_i + \dot{W}_{CV}$$

若系统忽略了动位能,且流动中控制体积内各处状态随时变化,则称为瞬变流动能量平衡方程,即

$$\delta \dot{Q} = \frac{dU_{CV}}{dt} + \delta \dot{W}_{net} + (h)_{out} \dot{m}_{out} - (h)_{in} \dot{m}_{in} \qquad (2-44)$$

式中各项均随时间变化。因此,需对瞬变流动进行分析,并联系实际给出理想化的条件,才能将经典热力学的方法付诸具体应用。

从热力学观点看,进口截面和出口截面是有区别的。进口截面可以假定流体在穿越界面前的状态是恒定的,穿越界面后再参与控制体积内物质的变化。但在出口截面,因是瞬变流动,流体穿越边界前状态总是变化的,而且这种变化一直要延续到流体流出所研究的开口系统之后,因而不能像进口截面那样,把出口截面的参数也理想化为恒定不变。因此,研究流入和流出或充气和放气,要作为两种不同情况分别加以处理。研究充气问题时,假定充气量相对来说很小,不致影响高压气源气体的状态,而以输气管恒定不变的参数作为进口参数。至于出口参数变化带来的困难,可以在后面分析控制体积内状态变化时一并考虑。

瞬变流动中,控制体积内流体的状态总是不断变化的,但如果并不要求研究充气或放气过程的细节,只需要知道经 t 时间后控制体积内状态变化的结果,那么就可假定开口系统的初终状态均为平衡状态,而在平衡状态下,单相物系状态参数之间有确定的关系,由状态方程(2-2)表示为

$$\frac{dp}{p} + \frac{dV}{V} = \frac{dm}{m} + \frac{dT}{T}$$

研究热力过程的主要目的是找出过程中系统参数的变化规律,以及系统与外界相互作用的情况,如功、热量及质量交换等。对于一个热力系统,一般存在六个未知量有待求解,分别为 p、V、T、m、δQ 和 δW。通常可以利用的基本方程是:质量平衡方程、状态方程、能量方程及功的计算式,因此系统有三个自由度,求解时需要再给定两个附加条件才能确定过程中参数间的单值关系。我们要讨论的问题如下:

(1) 充气与放气应作为两种不同情况单独处理,且充气与放气不是同时进行的。
(2) 只分析计算充气或放气瞬变流动的结果,不研究过程随时间进行的细节。
(3) 将气体看作理想气体,并采用理想气体定值比热容分析计算。

1. 刚性容器的充气过程

对刚性容器充气,控制体积不变,考虑无限快和无限慢充气的两种极限情况。无限快充气时,系统来不及和外界换热,接近绝热充气;无限慢充气时,系统和外界随时保持热平衡,接近等温充气。其他过程随充气的具体情况,结合前面积分式进行分析计算。

(1) 绝热充气。

图 2-6 所示为输气管线向容器(容积 V 不变)的充气过程。取容器内容积为控制体积,已知充气前的参数为 p_1、T_1、m_1,高压管线中的气体参数为 p_0、T_0 和 h_0,打开阀门,管线中气体瞬间流入容器,使系统来不及与外界换热即关闭阀门,此时容器内的气体参数为 p_2、T_2、m_2。假定容器内原有气体与输气管线内气体是同一种气体,两个补充条件是:$\delta Q = 0$,$dV = 0$。

取系统:设储气罐为开口系统,针对充气过程,根据式(2-44) 列开口系统能量方程为

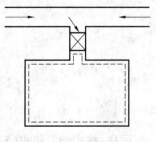

图 2-6 绝热充气

$$\delta \dot{Q} = \frac{dU_{CV}}{d\tau} + \delta \dot{W}_{net} + h_{out}m_{out} - h_{in}m_{in} \quad (1)$$

因为刚性容器的容积 V 不变,又因绝热充气,且忽略充入气体的动能和位能,则方程可简化为

$$m_0 h_0 - m_2 u_2 + m_1 u_1 = 0 \quad (2)$$

式中

$$m_0 = m_2 - m_1, \quad u_1 = c_V T_1, \quad u_2 = c_V T_2, \quad h_0 = c_p T_0$$

所以对式(2)取全微分并简化,得

$$\frac{dm}{m} = \frac{du}{h_0 - u} = \frac{dT}{kT_0 - T} \quad (3)$$

又因为

$$dU_{CV} - h_0 dm = 0$$

即

$$m du + u dm - h_0 dm = 0 \quad (4)$$

由理想气体状态方程(2-2)得

$$\frac{dp}{p} = \frac{dm}{m} + \frac{dT}{T} \quad (5)$$

将式(3)和式(5)联立,得

$$\frac{dp}{p} = \frac{kT_0}{(kT_0 - T)T} dT$$

这就是充气过程中容器中压力变化与温度变化的微分关系。因管线的容积相对充灌容器的容积 V 来说足够大,也就是说,在充气过程中,管线中的气体参数保持不变。这时,充气前后容器中的压力与温度的关系为

$$\int_1^2 \frac{dp}{p} = \int_1^2 \frac{kT_0}{(kT_0 - T)T} dT$$

积分得

$$\ln \frac{p_2}{p_1} = -\left(\ln \frac{kT_0 - T_2}{T_2} - \ln \frac{kT_0 - T_1}{T_1} \right)$$
$$= \ln \left(\frac{kT_0 - T_1}{T_1} \cdot \frac{T_2}{kT_0 - T_2} \right)$$

所以

$$\frac{p_2}{p_1} = \frac{T_2}{T_1} \left(\frac{kT_0 - T_1}{kT_0 - T_2} \right)$$

或

$$T_2 = T_1 \frac{k}{\frac{T_1}{T_0} + \left(k - \frac{T_1}{T_0} \right) \frac{p_1}{p_2}} \quad (2-45)$$

同样,将式(3)和式(5)联立得

$$\frac{dm}{m} = \frac{T}{kT_0} \frac{dp}{p}$$

将 $m = \dfrac{pV}{RT}$ 代入上式,得

$$\Delta m = m_2 - m_1 = \dfrac{V}{kRT_0}(p_2 - p_1) \tag{2-46}$$

若 $T_2 > T_1$,则由式(2-45)得

$$k > \dfrac{T_1}{T_0} + \left(k - \dfrac{T_1}{T_0}\right)\dfrac{p_1}{p_2}$$

又因为充气后 $\qquad\qquad\qquad p_2 > p_1$

所以 $\qquad\qquad\qquad\qquad k > \dfrac{T_1}{T_0}$

即 $\qquad\qquad\qquad\qquad T_1 < kT_0$

结果分析:

① 若充气前容器并非真空,充入的气体与原气体混合。如原有气体的温度 $T_1 < kT_0$,表明充气混合后温度将增加,即 $T_2 > T_1$,表明刚性容器内的绝热充气过程是升温过程;反之,如 $T_1 > kT_0$,则充气后温度降低,$T_2 < T_1$,表明刚性容器内的绝热充气过程是降温过程。

② 如果充气前容器是真空的,$m = 0$,$\mathrm{d}m = \mathrm{d}m_0$,则由式(4)得

$$-m_0 \mathrm{d}h_0 + m\mathrm{d}u + u\mathrm{d}m = 0$$

得 $\qquad\qquad\qquad\qquad u = \mathrm{d}h_0$

即 $\qquad\qquad\qquad\qquad c_V T_2 = c_p T_0$

则 $\qquad\qquad\qquad\qquad T_2 = kT_0$

表明:向真空的刚性容器绝热充气后,温度将增加 k 倍,即 $T_2 = kT_0$,这也是充气过程气体温度可能达到的最高值。

③ 由式(2-46)可知,充气量与充气压力呈线性关系,其斜率与容积的大小成正比,但与容器中原有气体的状态无关。

(2) 等温充气。

与绝热充气的条件不同,当充气过程进行得相当缓慢时,系统与外界有充分的热交换条件,从而可以保证容器中的气体温度不变,并等于外界温度,即已知 $\mathrm{d}T = 0$、$T_1 = T_2 = T_{\mathrm{sur}}$、$p_1$、$p_2$、$p_0$ 及 T_0,求热量 Q 及充气量 Δm。

因为刚性容器等温充气的补充条件 $\mathrm{d}V = 0$,$\mathrm{d}T = 0$,所以状态方程的微分式(2-2)应为

$$\dfrac{\mathrm{d}p}{p} = \dfrac{\mathrm{d}m}{m} \tag{a}$$

即 $\qquad\qquad\qquad \mathrm{d}m = \dfrac{m}{p}\mathrm{d}p = \dfrac{V}{RT_{\mathrm{sur}}}\mathrm{d}p$

将上式积分可求得

$$\Delta m = m_2 - m_1 = \dfrac{V}{RT_{\mathrm{sur}}}(p_2 - p_1) \tag{2-47}$$

由能量方程(2-44)得

$$\delta Q = \mathrm{d}U - h_0 \delta m_0 \tag{b}$$

因为 $\qquad \mathrm{d}U = \mathrm{d}(um) = m\mathrm{d}u + u\mathrm{d}m = mc_V\mathrm{d}T + c_V T\mathrm{d}m$

$$\delta m_0 = \mathrm{d}m$$

所以
$$dT = 0$$
$$dU = c_V T dm$$

将上式代入式(b)得
$$\delta Q = c_V T dm - c_p T_0 dm \tag{c}$$

将 $T = \dfrac{pT}{mR}$, $c_V = \dfrac{R}{k-1}$ 代入式(c),并联立式(a)消除 $\dfrac{dm}{m}$ 项,得

$$\delta Q = \frac{V}{k-1}\left(1 - k\frac{T_0}{T_{\mathrm{sur}}}\right) dp$$

积分得

$$Q = \frac{V}{k-1}\left(1 - k\frac{T_0}{T_{\mathrm{sur}}}\right)(p_2 - p_1) \tag{2-48}$$

结果分析:

① 若 $kT_0 > T_{\mathrm{sur}}$,即充气前,容器内温度低于 k 倍的充气温度,则充气过程 $Q < 0$,为放热过程。

② 若 $kT_0 < T_{\mathrm{sur}}$,即充气前,容器内温度高于 k 倍的充气温度,则充气过程 $Q > 0$,为吸热过程。

③ 若 $kT_0 = T_{\mathrm{sur}}$,有充气过程 $Q = 0$,表示充气过程系统与外界绝热。

④ 若 $T_0 = T_{\mathrm{sur}}$,则 $Q = -(p_2 - p_1)V$。

2. 刚性容器的放气过程

从表面上看,放气过程似乎是充气过程的逆过程,但从热力学角度看,两者有很大不同。根据放气过程的无限快和无限慢的两个极限过程,有绝热放气和等温放气两种极限情况,下面分别讨论。

(1) 绝热放气。

已知容器的体积 V,容器中储有高压气体,放气前的温度 T_1 和压力 p_1,打开阀门,高压气体向外界的低压空间排放。假定放气时容器和阀门是绝热的,放气后的气体参数为 p_2、T_2、m_2。

因为 $dV = 0$,所以此时状态方程的微分式变成

$$\frac{dm}{m} = \frac{dp}{p} - \frac{dT}{T} \tag{a}$$

能量方程为

$$h_0 \delta m_0 + m du + u dm = 0$$

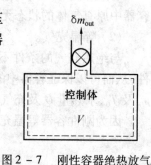

图 2-7 刚性容器绝热放气

对于理想气体,$\delta m_0 = -dm$,将 $T_0 = T$ 代入式(b)并整理得

$$c_p T dm = c_V m dT + c_V T dm \tag{c}$$

将式(a)和式(c)联立,消去 m,可得

$$\frac{dT}{T} = \frac{k-1}{k}\frac{dp}{p} \tag{d}$$

式(d)两边分别积分得

$$T_2 = T_1 \left(\frac{p_2}{p_1}\right)^{\frac{k-1}{k}} \tag{2-49}$$

式(2-49)与理想气体可逆绝热过程的计算表达式相同,表明式(2-49)可适用于两个

不同的适用条件,即:
① 闭口系统的可逆绝热过程;
② 开口系统的不可逆绝热放气过程。

上述结论说明,应用工程热力学中的诸多公式,必须了解其各自的适用条件,若适用条件不同,公式不同。即使是式(2-49)同一公式,在不同的使用条件下,反映的也是不同的热力过程。

如用式(a)和式(c)消去$\dfrac{dT}{T}$,有

$$\frac{dm}{m} = \frac{1}{k}\frac{dp}{p}$$

因为 $m = \dfrac{pV}{RT}$,代入上式积分后可求得

$$dm = \frac{V}{kRT}dp$$

上式两边同除以 dt,得

$$\frac{dm}{dt} = \frac{V}{kRT}\frac{dp}{dt}$$

积分后得

$$\Delta m = \frac{p_1 V}{RT_1}\left[1 - \left(\frac{p_2}{p_1}\right)^{\frac{1}{k}}\right] \tag{2-50}$$

从式(2-50)可以看出,放出气体的质量不仅与压力变化速率有关,而且与当时系统所处的温度有关。由前面的讨论已经知道,放气过程中气体的温度不断下降。因此,如果系统内的压力是随时间线性变化的,则放气的质量将不是定值,而是在开始时放气量少,后来越来越大。

(2) 等温放气。

如果放气过程中容器系统与外界有相当好的传热条件,以致可保持放气时容器中气体温度不变,这种放气就是等温放气过程。与绝热放气不同,等温放气的条件是:$dT = 0$,$T_1 = T_2 = T_{sur}$ 及 $\delta Q \neq 0$。求 Q 和 Δm。

因为 $dV = 0$,$dT = 0$,所以状态方程的微分式(2-2)应为

$$\frac{dp}{p} = \frac{dm}{m}$$

即

$$dm = \frac{m}{p}dp = \frac{V}{RT_{sur}}dp$$

积分后得

$$\Delta m = m_2 - m_1 = \frac{V}{RT_{sur}}(p_2 - p_1) \tag{2-51}$$

能量方程为

$$\delta Q = h_0 dm_0 + d(mu)_{CV}$$

又因为是放气过程,有

$$dm_0 = -dm,\ h_0 = h$$

所以
$$\delta Q = u\mathrm{d}m + m\mathrm{d}u - h\mathrm{d}m = c_V T\mathrm{d}m + c_V m\mathrm{d}T - c_p T\mathrm{d}m$$
又因为 $\mathrm{d}T = 0$,所以
$$\delta Q = c_V T\mathrm{d}m - c_p T\mathrm{d}m = -RT\mathrm{d}m$$
积分后得
$$Q = -RT(m_2 - m_1) = -RT\left(\frac{p_2 V}{RT} - \frac{p_1 V}{RT}\right) = -(p_2 - p_1)V \qquad (2-52)$$

可以得出如下结论:

(1) 由式(2-51)可知,放出气体的质量与容器系统放气前后压差、容器容积成线性正比,与容器温度(也是环境温度)成反比。

(2) 由式(2-52)可知,刚性容器等温放气过程的吸热量取决于放气前后的压力差,而不是取决于压力比。传热量与放气质量一样,与容器中放气前后压差成线性正比关系。

式(2-52)这一结果也可从熵变导出,因为放气是等温的,则
$$Q = \int_1^2 T\mathrm{d}S = T\int_1^2 \mathrm{d}S$$
而
$$\mathrm{d}S = \left(\frac{\partial S}{\partial m}\right)_{T,V}\mathrm{d}m + \left(\frac{\partial S}{\partial V}\right)_{m,T}\mathrm{d}V + \left(\frac{\partial S}{\partial T}\right)_{m,V}\mathrm{d}T$$
对于刚性容器的等温放气过程,$\mathrm{d}V = 0, \mathrm{d}T = 0$,因而
$$Q = T\int_{m_1}^{m_2}\left(\frac{\partial S}{\partial m}\right)_{T,V}\mathrm{d}m$$
$$= T\int_{m_1}^{m_2} m\left(\frac{\partial s}{\partial p}\right)_{T,m}\left(\frac{\partial p}{\partial m}\right)_{T,V}\mathrm{d}m$$
对于理想气体
$$\left(\frac{\partial s}{\partial p}\right)_{T,m} = -\frac{v}{T} \quad \text{且} \quad \left(\frac{\partial p}{\partial m}\right)_{T,V} = \frac{RT}{V}$$
因此
$$Q = T\int_{m_1}^{m_2} m\left(-\frac{v}{T}\right)\left(\frac{RT}{V}\right)\mathrm{d}m$$
$$= -RT(m_2 - m_1)$$
$$= -RT\left(\frac{p_2 V}{RT} - \frac{p_1 V}{RT}\right)$$
$$= -V(p_2 - p_1)$$

(3) 刚性容器绝热放气的最大理论功。

容器内放气过程气体参数的变化规律,还涉及排出气体能量的利用问题。显然,如果放气是通过一只普通的阀门或者小孔,那么这种节流过程必然导致热力学损耗。但如果让这股高压气体通过一只理想的喷管排出,就可以获得一股高速的气流,这股气流若冲击叶轮,就可以对外做机械功。那么需要研究的热力学基本问题就变为:在给定的容器容积及其气体初参数的条件下,理论上可能产生的最大动能(或机械功);反之,给定所需产生的动能(或机械功),确定容器的最小容积。

如图 2-8 所示情况,刚性绝热容器(容积 V)中装有初参数为 p_1、T_1 的气体,经由一只理想喷管向外界放出,喷管出口截面上的参数用下标"e"表示。取容器和喷管所围的空间为控制体积,由能量方程(2-44)可得

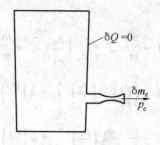

图 2-8 刚性容器经喷管放气

$$\delta Q = \mathrm{d}U + \left(h_e + \frac{c_e^2}{2}\right)\delta m_e + \delta W$$

因为 $\delta Q = 0, \delta W = 0, \delta m_e = -\mathrm{d}m$,故

$$\mathrm{d}U = \left(h_e + \frac{c_e^2}{2}\right)\mathrm{d}m$$

或

$$U_2 - U_1 = \int_1^2 h_e \mathrm{d}m - \int_1^2 \frac{c_e^2}{2}\delta m_e$$

用 E_k 代表放气过程中排出气体的总动能,即 $E_k = \int_1^2 \frac{c_e^2}{2}\delta m_e$,则

$$m_2 u_2 - m_1 u_1 = \int_1^2 h_e \mathrm{d}m - E_k \tag{a}$$

为了获得理论上的最大动能,过程应该是可逆的。前面已推得容器内参数的变化为

$$\frac{T}{T_1} = \left(\frac{p}{p_1}\right)^{\frac{k-1}{k}}$$

喷管中经可逆绝热过程,参数的变化为

$$\frac{T}{T_e} = \left(\frac{p}{p_e}\right)^{\frac{k-1}{k}}$$

式中 T、p—— 容器中气体的瞬时温度和压力。

由以上两式进一步可得

$$T_e = T_1 \left(\frac{p_e}{p_1}\right)^{\frac{k-1}{k}}$$

因为 p_e 等于大气压力,而大气压力 p_0 和温度都是不变的,并且容器中气体的初参数 p_1 和 T_1 也是已知的。所以,尽管放气过程中容器内的压力和温度(也就是喷管的入口参数)不断降低,但由于喷管出口的温度和压力不变,因而排出气体的焓 h_e 也保持不变。于是,式(a)成为

$$E_k = m_1 u_1 - m_2 u_2 - h_e(m_1 - m_2)$$

对于理想气体

$$E_k = m_1 c_V T_1 - m_2 c_V T_2 - (m_1 - m_2) c_p T_1 \left(\frac{p_0}{p_1}\right)^{\frac{k-1}{k}}$$

由式(2-49)可知,放气过程中容器内工质的质量变化为

$$m_2 = m_1 \left(\frac{p_2}{p_1}\right)^{\frac{1}{k}}$$

代入上式得

$$E_k = m_1 c_V T_1 \left[1 - \frac{m_2}{m_1}\frac{T_2}{T_1} - \frac{c_p}{c_V}\left(\frac{p_0}{p_1}\right)^{\frac{k-1}{k}} + \frac{m_2}{m_1}\frac{c_p}{c_V}\left(\frac{p_0}{p_1}\right)^{\frac{k-1}{k}}\right]$$

$$= m_1 c_V T_1 \left[1 - \left(\frac{p_2}{p_1}\right)^{\frac{1}{k}}\left(\frac{p_2}{p_1}\right)^{\frac{k-1}{k}} - k\left(\frac{p_0}{p_1}\right)^{\frac{k-1}{k}} + \left(\frac{p_2}{p_1}\right)^{\frac{1}{k}} k \left(\frac{p_0}{p_1}\right)^{\frac{k-1}{k}}\right]$$

$$= m_1 c_V T_1 \left[1 - \frac{p_2}{p_1} - k\left(\frac{p_0}{p_1}\right)^{\frac{k-1}{k}} + k \left(\frac{p_2}{p_1}\right)^{\frac{1}{k}}\left(\frac{p_0}{p_1}\right)^{\frac{k-1}{k}}\right] \quad (2-53)$$

由式(2-50)可见,当已知 T_1、p_1、V 和 p_0(大气压力)时,若指定容器内的最终压力 p_2 就可以求出可能获得的理论动能(即理论功);反之,指定了容器内的最终压力 p_2 和所需的理论功,也可以求出 m_1。m_1 求出后,就可以根据 $V = \dfrac{m_1 R T_1}{p_1}$ 求出所必需的最小容积。至于实际功当然比所求出的理论功要小,这只需考虑用一个参数 η 来修正它。

为了充分利用放气的能量以获得最大的理论功或最大的理论动能,必须让容器内的压力降到与大气压力相等,即 $p_2 = p_0$。因此

$$(E_k)_{\max} = m_1 c_V T_1 \left[1 - \frac{p_0}{p_1} - k\left(\frac{p_0}{p_1}\right)^{\frac{k-1}{k}} + k \left(\frac{p_0}{p_1}\right)^{\frac{1}{k}}\left(\frac{p_0}{p_1}\right)^{\frac{k-1}{k}}\right]$$

$$= m_1 c_V T_1 \left[1 + (k-1)\frac{p_0}{p_1} - k \left(\frac{p_0}{p_1}\right)^{\frac{k-1}{k}}\right] \quad (2-53\text{a})$$

需要指出,式(2-53)和式(2-53a)只适用于理想气体。

例 2.1 一个 $V = 0.6 \text{ m}^3$ 的钢筒内空气的初态为 $p_1 = 0.146 \text{ MPa}$,$t_1 = 32 \text{ ℃}$。已知外界环境压力、温度分别为 $p_0 = 0.101\ 3 \text{ MPa}$,$t_0 = 32 \text{ ℃}$。

(1) 开大阀门迅速放气,筒内空气快速降低到 $p_2 = 0.12 \text{ MPa}$ 时关闭阀门,求终温 T_2 和放气量 m_out。

(2) 钢筒缓缓地漏气,筒内空气温度与环境温度时刻相同,求压力降低到 $p_2 = 0.12 \text{ MPa}$ 时的放气量 m_out 和吸热量 Q。

解 (1) 取筒内体积为控制体积。快速放气近似为绝热,绝热放气过程中容器内气体的温度按定熵过程变化,即

$$T_2 = \left(\frac{p_2}{p_1}\right)^{\frac{k-1}{k}} T_1 = \left(\frac{0.12}{0.146}\right)^{\frac{1.4-1}{1.4}} \times (32 + 273.15) = 288.4 \text{(K)}$$

初态时 $\quad m_1 = \dfrac{p_1 V}{R T_1} = \dfrac{0.146 \times 10^6 \times 0.6}{287 \times 305} = 1 \text{(kg)}$

终态时 $\quad m_2 = \dfrac{p_2 V}{R T_2} = \dfrac{0.12 \times 10^6 \times 0.6}{287 \times 288.4} = 0.869\ 9 \text{(kg)}$

放气量 $\quad m_\text{out} = m_1 - m_2 = 1 - 0.869\ 9 = 0.130\ 1 \text{(kg)}$

(2) 按题意 $T_2 = T_0 = T_1 = 305 \text{ K}$,属于定温放气过程,$m_1 = 1 \text{ kg}$。

终态时 $m_2 = \dfrac{p_2 V}{R T_2} = \dfrac{0.12 \times 10^6 \times 0.6}{287 \times 305} = 0.8225 \text{(kg)}$

放气量 $m_{\text{out}} = m_1 - m_2 = 1 - 0.8225 = 0.1775 \text{(kg)}$

取筒内的体积为控制体积，不对外做功，$\delta w_i = 0$；只有放气，$\delta m_{\text{in}} = 0$；控制体积的储存能只有热力学能 U。其能量方程为

$$\delta Q = \mathrm{d}U + h_{\text{out}} m_{\text{out}}$$

对上式积分，对于理想气体有

$$\begin{aligned}
Q &= m_2 c_V T_2 - m_1 c_V T_1 + c_p T_{\text{out}} m_{\text{out}} \\
&= -c_V T_1 (m_1 - m_2) + c_p T_1 (m_1 - m_2) \\
&= R T_1 (m_1 - m_2) \\
&= 287 \times 305 \times 0.1775 = 15.54 \text{(kJ)}
\end{aligned}$$

非稳态流动问题也可用控制质量分析法求解。取初态筒内气体的质量 m_1 为控制质量，终态如 2-7 图所示，$m_2 + m_{\text{out}} = m_1$。根据热力学第一定律解析式有

$$\begin{aligned}
Q &= \Delta U + W = U_2 + U_{\text{out}} - U_1 + p_0 \Delta V \\
&= (m_2 + m_{\text{out}}) c_V T_2 - m_1 c_V T_1 + p_0 \dfrac{m_{\text{out}} R T_{\text{out}}}{p_0}
\end{aligned}$$

由于 $T_2 = T_0 = T_1 = T_{\text{out}} = 305 \text{ K}$

故 $Q = R T_1 (m_1 - m_2) = 15.54 \text{ kJ}$

3. 有边界功的绝热充气过程

(1) 非定容绝热充气过程。

如图 2-9 所示，在充气过程中活塞向上移动，控制体积的体积大小发生变化，对外做功，这里讨论的情况是活塞上承受一个固定不变的压力 p_w（活塞本身的质量可以忽略）。它和刚性容器绝热充气的区别在于：控制体积的体积要改变，即 $\mathrm{d}V \neq 0$，因而 $\mathrm{d}W_{\text{net}} \neq 0$。

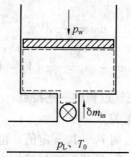

图 2-9 非定容绝热充气

已知气体初态参数为 V_1、T_1 及 p_w，终态参数为 V_2，求终态 T_2 及充气量 Δm。

因为 $\mathrm{d}p = 0$，所以状态方程(2-2)的微分式为

$$\dfrac{\mathrm{d}m}{m} = \dfrac{\mathrm{d}V}{V} - \dfrac{\mathrm{d}T}{T} \tag{1}$$

此时能量方程为

$$p \mathrm{d}V - h_0 \delta m_1 + m \mathrm{d}u + u \mathrm{d}m = 0$$

将上式两边同除以 $c_V m T$，并将 $\delta m_1 = \mathrm{d}m$ 及 $c_V = \dfrac{R}{k-1}$ 代入上式，整理得

$$\left(k\frac{T_0}{T} - 1\right)\frac{\mathrm{d}m}{m} = \frac{\mathrm{d}T}{T} + (k-1)\frac{\mathrm{d}V}{V} \tag{2}$$

将式(1)代入式(2),消去 $\frac{\mathrm{d}m}{m}$,得

$$\frac{\mathrm{d}V}{V} = \frac{T_0}{T_0 - T}\frac{\mathrm{d}T}{T}$$

考虑输气管线的容量相对比较大,则管线所供气体的参数可以保持不变。这时,充气前后气缸内气体参数的变化规律为

$$\int_1^2 \frac{\mathrm{d}V}{V} = \int_1^2 \frac{T_0}{(T_0 - T)T}\mathrm{d}T$$

积分后得

$$\ln\frac{V_2}{V_1} = -\left(\ln\frac{T_0 - T_2}{T_2} - \ln\frac{T_0 - T_1}{T_1}\right)$$

$$= \ln\left(\frac{T_0 - T_1}{T_1}\frac{T_2}{T_0 - T_2}\right)$$

所以

$$\frac{V_2}{V_1} = \frac{T_2}{T_1}\left(\frac{T_0 - T_1}{T_0 - T_2}\right)$$

或整理成

$$T_2 = T_1 \frac{1}{\frac{T_1}{T_0} + \left(1 - \frac{T_1}{T_0}\right)\frac{V_1}{V_2}} \tag{2-54}$$

如用式(1)和式(2)消去 $\frac{\mathrm{d}T}{T}$,则

$$\mathrm{d}m = \frac{p}{RT_0}\mathrm{d}V$$

即

$$\Delta m = m_2 - m_1 = \frac{p}{RT_0}(V_2 - V_1) \tag{2-55}$$

从以上推导过程总结定压绝热充气过程的一些特点:

① 缸内气体的温度变化与压力无关。

② 若初态为 $V_1 = 0$,或者 $T_1 = T_0$,则 $T_2 = T_0 =$ 定值。也就是说,在这种条件下的定压绝热充气过程也是定温的。从物理意义上看,这说明输气管线对充入气体所做的推进功恰好等于系统对活塞做的膨胀功。

③ 过程前后的温度是升高还是降低取决于 T_1 和 T_0 的大小。

④ 充气量与容积变化呈线性关系。

(2) 非定压绝热充气。

考虑如图 2-10 所示情况,一个容积为 V 的绝热容器与输气管线相连。容器被一绝热的隔板分成两部分,在充气阀门打开前,隔板处于最低位置。容器中气体的压力为 p_1,温度为 T_{B1}。打开充气阀门后,高压气体充入容器,容器中隔板向上移动。在不考虑隔板本身的质量及摩擦时,需找出充气结束时隔板的位置以及上下两部分气体的参数。

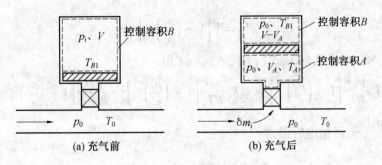

图 2-10 非定压的绝热充气

如图 2-10 所示,取两个控制体积:控制体积 A 和控制体积 B。很显然,控制体积 B 是一个定工质质量的热力系统,在整个充气过程中它经过一个定质量系统的绝热过程。但是,控制体积 A 则是一个变质量热力系统。在充气过程中,控制体积 A 的容积发生变化,并且对外做功。控制体积 A 和 B 的压力时时相等,但在过程中这个压力是变化着的。

对于控制体积 B,因为是常质量系统的绝热压缩过程,其参数间的关系和功的计算式为

$$\frac{V - V_A}{V} = \left(\frac{p_1}{p_0}\right)^{\frac{1}{k}} \tag{a}$$

$$\frac{T_{B2}}{T_{B1}} = \left(\frac{p_0}{p_1}\right)^{\frac{k-1}{k}} \tag{b}$$

$$W_B = \int_V^{V-V_A} p_B \mathrm{d}V_B = \frac{p_1 V}{k-1}\left[1 - \left(\frac{p_0}{p_1}\right)^{\frac{k-1}{k}}\right] \tag{c}$$

式中 V_A —— 充气结束后控制体积 A 的容积。

充气前控制体积 B 的压力为 p_1,温度为 T_{B1},容积为 V;充气结束后压力达到 p_0,温度为 T_{B2},容积变为 $V - V_A$。对于控制体积 A 的情况,首先列出其能量方程,因为是绝热充气,$\delta Q = 0$,$\mathrm{d}m = \delta m_i$,故

$$h_0 \mathrm{d}m = \mathrm{d}U + \delta W$$

或

$$\int_1^2 h_0 \mathrm{d}m = \int_1^2 \mathrm{d}U + W$$

$$h_0 m_2 - h_0 m_1 = U_2 - U_1 + W \tag{d}$$

其中,$W = \int_1^2 p_A \mathrm{d}V_A$。因为 $p_A = p_B$,$\mathrm{d}V_A = -\mathrm{d}V_B$,也就是说,在数值上控制体积 A 所做的功等于控制体积 B 所承受的压缩功。由式(c)得

$$W = \int_0^{V_A} p_A \mathrm{d}V_A = -W_B = -\frac{p_1 V}{k-1}\left[1 - \left(\frac{p_0}{p_1}\right)^{\frac{k-1}{k}}\right] \tag{e}$$

另外,因为控制体积 A 在充气前 $V = 0$,故 $m_1 = 0$,$U = 0$。另外,充气完毕时控制容器 A 中的气体温度为 T_A,则这时的充气量和热力学能为

$$m_A = \frac{p_0 V_A}{R T_A}, \quad U_2 = c_V T_A m_A \tag{f}$$

其中,V_A 由式(a)确定,即

$$V_A = V\left[1 - \left(\frac{p_1}{p_0}\right)^{\frac{1}{k}}\right] \tag{2-56}$$

将式(2-56)以及式(d)、式(e)代入式(d)得

$$c_p T_0 \frac{p_0 V}{RT_A}\left[1 - \left(\frac{p_1}{p_0}\right)^{\frac{1}{k}}\right] = c_V T_A \frac{p_0 V}{RT_A}\left[1 - \left(\frac{p_1}{p_0}\right)^{\frac{1}{k}}\right] - \frac{p_1 V}{k-1}\left[1 - \left(\frac{p_1}{p_0}\right)^{\frac{k-1}{k}}\right]$$

两边除以 $\dfrac{p_0 V c_V}{R}$，经整理后得

$$\frac{kT_0}{T_A}\left[1 - \left(\frac{p_1}{p_0}\right)^{\frac{1}{k}}\right] = 1 - \frac{p_1}{p_0}$$

即

$$T_A = \frac{kT_0\left[1 - \left(\frac{p_1}{p_0}\right)^{\frac{1}{k}}\right]}{1 - \left(\frac{p_1}{p_0}\right)} \tag{2-57}$$

充气量为

$$m_A = \frac{p_0 V_A}{RT_A} = \frac{p_0 V}{kRT_0}\left(1 - \frac{p_1}{p_0}\right) \tag{2-58}$$

因为 p_1/p_0 总是小于 1，则由式(2-57)知，T_A 必大于 T_0。

读者可根据式(2-57)和式(2-58)自行分析其结论。

总结：非稳态系统多为变质量系统，对控制体积写出以微分形式表达的能量平衡一般化关系式，结合质量平衡方程和气体的特性方程，最终确定控制体积中参数的变化规律以及通过控制面与外界交换的热量和功量，是求解非稳态流动问题广泛采用的方法。有时对非稳态问题用控制质量法也很方便。例如，刚性容器中气体的放气过程，取放气前气体质量为控制质量（放气后则为控制体积内的质量与流出的气体质量之和）。针对控制质量写出定质量系能量方程及其他相关方程，最终也可得到控制体积的参数变化规律及能量关系。两种方法所得结果是一致的，可以灵活选用。

习 题

2.1 瞬变流动中控制体积内状态随时间变化的问题，在平衡状态热力学中是怎样处理的？放气时出口参数的不恒定问题，又是如何处理的？

2.2 刚性容器绝热充气能用控制质量法分析吗？刚性容器绝热放气也能用控制质量法分析吗？为什么？

2.3 为什么变质量系统刚性容器不可逆绝热放气过程的温度方程式与常质量系统可逆绝热过程的过程方程式相同？

2.4 刚性容器绝热放气时，容器内发生的可逆绝热过程是否表明容器内的总熵不变？若是熵减少了，是否和熵增原理相违背？如何解释？

2.5 设计一个方案，在放气过程中可有轴功输出。

2.6 以稳定气流对绝热刚性容器充气，有无不可逆损失？应如何计算？

2.7　一个与外界绝热的均匀金属棒,初始时一端温度为 T_1,另一端温度为 T_2,$T_1 > T_2$。当达到均匀的终温 $T_f = \dfrac{T_1 + T_2}{2}$ 后,试证不可逆损失为

$$W_{\text{loss}} = T_u \Delta S_{\text{ad}} = T_u c_p \left(1 + \ln T_f + \frac{T_2}{T_1 - T_2} \ln T_2 - \frac{T_2}{T_1 - T_2} \ln T_1 \right)$$

式中　c_p——金属棒的比定压热容。

2.8　透热可变形的容器内有 $p_1 = 0.8$ MPa,$t_1 = 27$ ℃ 的空气 8 m³,由于容器泄漏,容器内压力降至 0.75 MPa,温度保持不变,容器内空气质量减少 10 kg。设容器无热阻,大气压力 $p_0 = 0.1$ MPa,温度为 $t_0 = 27$ ℃,求过程中的换热量。空气作为理想气体,$R = 287$ J/(kg·K),$c_p = 1\,005$ J/(kg·K)。

2.9　$V = 0.028\,3$ m³ 刚性绝热容器中空气初态 $p_1 = 0.1$ MPa,$t_1 = 37$ ℃,现流入 $p_{\text{in}} = 0.2$ MPa,$t_{\text{in}} = 72$ ℃ 的空气,质量流量 $q_{m,\text{in}} = 0.45$ kg/min,与容器内空气均匀混合,即每一时刻各处的 p、T 相同,同时,容器另一端有空气流出,控制阀门,使流出与流入的质量流率相同,且维持恒定,即 $q_{m,\text{out}} = q_{m,\text{in}} = q_m$。若不计进、出口气流的动能差和位能差,试确定容器内空气的温度、压力与时间 τ 之间的函数关系:$T = f_T(\tau)$,$p = f_p(\tau)$。

2.10　体积为 0.6 m³ 的钢筒内空气的初态 $p_1 = 0.146$ MPa,$t_1 = 32$ ℃。已知外界环境压力、温度分别为 $p_0 = 0.101\,3$ MPa,$t_0 = 32$ ℃。(1) 开打阀门迅速放气,筒内空气快速降低到 $p_2 = 0.12$ MPa 时关闭阀门,求终温 T_2 和放气量 m_{out};(2) 钢筒缓缓地漏气,筒内空气温度和环境温度时刻相同,求压力降低到 $p_2 = 0.12$ MPa 时的放气量 m_{out} 和吸热量 Q。

2.11　活塞式压气机的吸气过程可简化为输气管道向一个绝热的气缸活塞充气,边界发生移动的定压绝热充气过程。初始时,活塞处于平衡状态,上侧承受固定压力 p_w,气缸体积为 V_1,空气温度为 T_1,打开阀门充气,活塞上升,气缸体积增大到 V_2 后关闭阀门。设充气过程中输气管内参数为 T_L、V_L,且保持恒定。试证明 $T_2 = \dfrac{1}{\dfrac{V_1}{V_2} + \dfrac{T_1}{T_L}\left(1 - \dfrac{V_1}{V_2}\right)} T_1$,并比较 T_2、T_1 的大小。

2.12　某干管内气体的参数为 $p_L = 4$ MPa,$T_L = 300$ K,有体积为 1 m³ 的刚性容器与干管通过阀门相连。充气前容器内气体的 $T_1 = 290$ K,$p_1 = 0.1$ MPa,打开阀门对容器充气,直至 $p_2 = 4$ MPa。

(1) 若充气较慢,求充气量 Δm 和热量 Q。

(2) 若充气较快,求充气后的终温 T_2 和充气量 Δm。(按理想气体处理,$k = 1.4$,$R = 0.286$ kJ/(kg·K))。

(3) 若充气前容器为真空,试重复上述计算。

2.13　压力千斤顶活塞上重物施加的压力为 $p_w = 0.4$ MPa,气缸内气体的初态为 $T_1 = 300$ K,$V_1 = 0.6$ m³。充气后,$V_2 = 1$ m³。如输入的气体温度为 $T_0 = 320$ K,求充气量 m 和充气后的终温 T_2。

2.14　一个体积为 0.3 m³ 的刚性容器,其中充有某种理想气体,气体压力为 0.1 MPa,现用真空泵对容器进行抽真空,抽气的体积速率 V 恒定为 0.014 m³/min,假定容器中气体温度保持不变。试求:(1) 需抽多少时间能使容器中压力降为 0.035 MPa?(2) 容器与环境之间传热的方向与大小?

2.15 某内燃机,膨胀过程终了时气缸内气体的压力为 $p_1 = 0.4$ MPa,温度为 $t_1 = 500$ ℃,气缸内的体积为 0.2 m³。若用脉冲透平增压,求放气时可能利用的最大动能。假定大气的压力 $p_0 = 0.1$ MPa,工质具有空气的性质。

2.16 一压缩空气瓶,盛有压力为 3.5 MPa、温度为 16 ℃ 的压缩空气。开启气瓶阀门,让压缩空气驱动一个小空气涡轮机,该涡轮机用作事故情况下备用发电机的启动器。假定涡轮机中的膨胀过程是可逆绝热的,涡轮机出口压力为 0.1 MPa,气瓶中的压力允许降到 0.35 MPa。试问如果要求在 30 s 内涡轮机的平均功率为 4 kW,则气瓶的体积应该为多大?

2.17 一个活塞-汽缸装置,用一阀门与输气管连接,管中空气状态恒定为 0.6 MPa、100 ℃。充气前气缸容积为 0.01 m³,缸内空气温度为 40 ℃,压力为 0.1 MPa。如气缸内压力保持不变,求开启阀门后气缸容积达到 0.02 m³ 时,缸内气体的温度及充入的气量。

2.18 设有一容器为 0.1 m³ 的氧气瓶从储氧桶充氧。储氧桶中氧气的压力为 $p_0 = 5$ MPa,温度为 $t_0 = 27$ ℃。充氧前氧气瓶中的压力为 $p_1 = 0.5$ MPa,温度为 $t_1 = 27$ ℃。迅速打开阀门,当氧气瓶中压力升高到与储氧桶压力相等时迅速关闭阀门。设在充氧过程中,储氧桶内氧气的状态不变,试求:

(1) 当阀门关闭时,氧气瓶中氧气的温度和充入氧气的质量。
(2) 氧气瓶在大气中放久之后,瓶中氧气的压力为多少?
(3) 假如充氧过程极为缓慢,充氧结果有何不同?(大气环境温度为 27 ℃,取定比热容计算)。

第 3 章　热力系统可用能分析

热力学第一定律指出能量不能产生也不会消失,各种形式的能量可以相互转换,但是经验指出,符合热力学第一定律的能量转换过程不一定都能实现。能量的转换过程具有方向性与不可逆性,功可以自发变热,而热不能自发变功,由此总结得出热力学第二定律。所以在工程应用中,热力学第二定律对于涉及能量转换和利用具有特殊意义。通过分析系统的熵产,可以了解过程的不可逆程度,指导确定和改进能量的转换过程。但由于熵概念比较抽象,20 世纪 50 年代,著名学者 Rant Z 提出采用一个带有能量因次的新的热力学参数——㶲,并提出了确定物质流值的计算原则,可以从能量质的角度来评价一个设备或热力过程的完善程度。

本章从能量转换的可利用角度,探讨能量不同质类型,介绍㶲的定义、不同形式㶲的表达式,以及㶲方程的建立和合理用能的原则,并通过工程算例对各种热力系统进行㶲分析,指明正确节能的方向。

3.1　能量转换的规律和限度

1. 能量转换的规律

能量是物质运动的量度,由于物质的运动有多种形式,如机械运动、热运动、电磁运动、化学变化及核裂变或聚变等,因而能量也就有相应不同形态的机械能、热能、电磁能、化学能及核能等。而且这几种形态的能量之间,可以遵循能量守恒及转换规律来进行相互转换,若涉及热能转换,就具体表现为热力学第一定律,即不同形态的能量转换时,能量的总量保持不变。

但是在环境参与和限制下,不是任意形态的能量都能全部无条件地转换成任意其他形态的能量。例如,要将热能连续全部转换成其他形态的能量(如机械能、电能、化学能等)是不可能的。热力学第二定律揭示了不同形态能量转换过程的方向性或不可逆性,其实质在于热能属粒子无序运动的能量,而其他形态的能量都属于有序运动的能量。不同形态有序能互相转换,都不受热力学第二定律的限制,即可连续地全部转换。但若牵涉无序能(热能、热量)和有序能间的转换及无序能的传递时,就一定要受热力学第二定律的限制。依据热力学第二定律,在环境条件下,同样数量较高温度的热能比处较低温度的热能,在理论上能转换为功(机械能)的部分更多,温度相差越大,能转换为功的部分相差也越大。因此同样是热能,其质量(做功能力)也有高低。

综上所述,基于环境条件下,能量在转换利用时,具有"量的守恒性"和"质的差异性"两重属性。也就是说,能量不但有数量之分,而且有质量之分。对于 1 kJ 的功和 1 kJ 的热,从热力学第一定律来看,它们的数量是相等的,但从热力学第二定律考察,它们的质量或做功能力是不相等的,功的质量高于热。能量质的指标是根据它的做功能力来判断的。

根据能量转换的能力,将能量分为三种不同质的类型:

(1) 可完全转换的能量。这种能量理论上可以百分之百地转换为其他形式的能量,这种能量的量和质完全统一,它的转换能力不受约束,如机械能、电能等。

(2) 可部分转换的能量。这种能量的量和质不完全统一,它的转换能力受热力学第二定律约束,如热量、热力学能等。

(3) 不能转换的能量。这种能量只有量没有质,如环境状态下的热力学能。

由于能量的转换与环境条件及过程特性有关,为了衡量能量的最大转换能力,规定环境状态作为基态(其能质为零),而转换过程应为没有热力学损失的可逆过程。

能量的这两重性质,若对其进行正确评价,就必须将能量的量和质结合起来,但在已有的热力学参数中,焓和热力学能只能反映能量的量,熵虽然与能量的质密切相关,但却不能反映能量的量,下面我们从能量转换能力的角度,推导出一个能同时反映能量质和量的物理量。

2. 能量转换的限度

首先考察热量转变为功的限度。当热源温度为 T,环境温度为 T_0 时,从卡诺定理可知,其热效率最高为

$$\eta_t = \frac{w_{\max}}{q} = 1 - \frac{T_0}{T}$$

或

$$w_{\max} = \left(1 - \frac{T_0}{T}\right) q$$

上式的结论具有普遍意义,表明:

(1) 即使是在最理想的卡诺循环过程中,从热源吸取的热量 q 也不能全部转换为功。

(2) 热量转变为功的最大限度,即最大值 $w_{\max}$。

再比如,系统热力学能转换为功时也有一定的限度。考虑闭口系统经绝热过程,由初态 $1(p_1,v_1)$ 变化到终态 $2(p_2,v_2)$。当初态为一给定值时,其终态点 2 是不能随意给出的。据闭口系的熵方程,需满足 $s_2 \geq s_1$。

这一限制表明可逆绝热过程终态点 2 必须落在过初态点 1 的定熵线之上,如图 3-1 所示。若使绝热膨胀后的状态点落到状态点 $2'(s_2' < s_1)$ 是不可能的,原因是这将导致绝热系的熵减少。所以通过 1 的等熵线与通过 v_2 的垂线交点,即等熵膨胀到 v_2 是可能到达压力最低的状态,过程最大的热力学能降落只能达到 $u_1 - u_0$,其中 u_0 是由 p_0 和 v_2 确定的系统状态的热力学能值。也就是说,系统热力学能不可能以任意大小的数值转换为功。考虑到系统膨胀排斥大气耗功不能做有用功输出,故其有用功最大值为

$$w_{\max} = u_1 - u_0 - p_0(v_2 - v_1)$$

相反,任意数量的功总是可以借助于不可逆耗散过程全部转换为热力学能。

上述讨论表明能量转换的非对称性,机械能和电能可以不受到限制地转换为热力学能和热量,但热量和热力学能不能全部转换为功,即使是可逆过程,也只能达到如上所指的转换的最大限度。

3. 环境状态下的能量

一切排放到环境中的能量是不可能积聚起来重新转化为有用功的,因此在环境中积聚的能量无法被利用。例如,全球海水的质量约为 1.42×10^{21} kg,如使海洋里的海水温度降低 3.36×10^{-6} K,则所获得的能量相当于全世界一年的用电量。但是这种能量转换的结果将使

孤立系统的熵减小,是违背热力学第二定律的,因此这种转化是绝对不可能的。

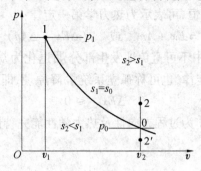

图 3-1 可逆绝热过程

环境介质的热力学能以及由环境介质吸收的热量,其自身将完全丧失转化为机械能的能力。系统达到与环境介质的温度和压力相同的状态时,系统与环境介质处于相互热力平衡状态,与环境平衡的状态称为"死态",在这种状态下,系统的热力学能也完全丧失转变为机械能的能力。因此,各种形式能量中可转变为功的部分,其计算都以环境状态为基点。

由于环境介质可以看作无限大的系统,从而可认为它永远处于平衡状态,即将环境介质作为一个无限蓄热系统而参与一切热力过程,它能吸收热量或放出热量而不改变其强度参数。

3.2 㶲 和 怃

1. 㶲和怃的概念

各种形态的能量,转换为"完全转换能"(如机械能、电能等)的能力(或称做功能力)是不同的,能量一旦转换成"完全转换能"(或有用功)后,它的"量"和"质"就相统一。如果以"做功能力"作为一种尺度,就能够统一评价各种形态能量的"质"了。但是受热力学第二定律制约的能量,其做功能力还与环境条件和转换过程的性质(是否可逆)有关。为了有共同的比较基础,还必须附加两个约束条件:一个是以给定的环境为基准;另一个是以可逆条件下最大限度为前提。

按照能量的特征及约束条件,定义㶲和怃的概念为:系统由任意状态可逆转变到与环境状态相平衡时,能最大限度转换为功的那部分能量称为㶲(Exergy);不能转换为功的那部分能量称为怃(Anergy)。

可见㶲是一种能量,具有能量的量纲和属性,但它与传统习惯上的能量含义并不完全相同。一般来说,能量的量与质是不统一的,而㶲却代表能量中量和质的统一。也就是说,㶲这一物理量提供了正确评价不同形态的能量价值的统一标尺。

显然,用㶲的概念来表示3.1节中能量的三种不同质的分类:

第一种可完全转换的能量将全部是㶲,表示为:$En = Ex$;

第二种可部分转换的能量包括㶲与怃,表示为:$En = Ex + An$;

第三种不能转换的能量将全部为怃,表示为:$En = An$。

即   能量 = 㶲 + 怃

或 $En = Ex + An$

应用㶲与㷻的概念,可将能量转换规律表述为:

(1)㶲与㷻的总能量守恒,可表示为热力学第一定律:

$$En = Ex + An \quad \text{或} \quad (\Delta Ex + \Delta An)_{\text{iso}} = 0$$

(2)一切实际热力过程中不可避免地发生部分㶲退化为㷻,称为㶲损失,而㷻不能再转化为㶲,可表示热力学第二定律,也可称孤立系统㶲降原理,即

$$\Delta Ex_{\text{iso}} \leq 0$$

由此可见,㶲与熵都可作为过程方向性及热力学性能完善性的判据。

2. 热量㶲和冷量㶲

(1)热量㶲。

当热源温度 T 高于环境温度 T_0 时,从热源取得热量 Q,通过可逆热机可对外界做出的最大功称为热量㶲。

如图 3-2 所示,可逆循环做的最大功为

$$Ex_Q = \int_Q \delta W_{\max} = \int_Q \left(1 - \frac{T_0}{T}\right) \delta Q = Q - T_0 S_f \tag{3-1}$$

式中 S_f ——随热流携带的熵流,$S_f = \int_Q \frac{\delta Q}{T}$。

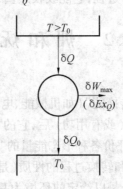

图 3-2 卡诺循环

热量㶲除与热量有关外,还与温度有关,在环境温度 T_0 一定时,T 越高,转换能力越强,热量中的㶲值越高。

上述分析也说明,以热量形式传递的能量,其最大值还取决于环境介质的状态,T_0 越高,热量转成其他形式能量的能力越弱,相应的热量㷻就越大。

热量㷻为

$$An_Q = Q - Ex_Q = T_0 S_f \tag{3-2}$$

式(3.2)表明,在 T_0 一定的情况下,热量㷻与熵流成正比。㷻是不可用能(或无效能),因此,熵从能量转换的角度可以理解为不可用能的度量。对系统加热,既增加了系统的可用能,也增加了系统的不可用能。

单位质量物质的热量㶲与热量㷻在 $T-s$ 图上表示,如图 3-3 所示。

(2)冷量㶲。

当系统温度 T 低于环境温度 T_0 时,从制冷角度理解,按逆循环进行,从冷源系统获取冷量 Q_0,外界消耗一定量的功,将 Q_0 连同消耗的功一起转移到环境中去。在可逆条件下,外界消耗

的最小功即为冷量㶲。反之,如果低于环境温度的系统吸收冷量 Q_0,向外界提供冷量㶲,即可以用它做出有用功。

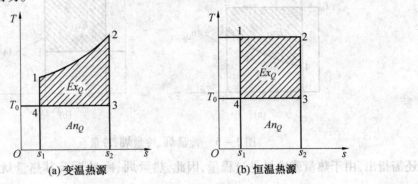

(a) 变温热源　　　　　　　(b) 恒温热源

图 3-3　热量㶲和冷量㶲

如图 3-4 所示,逆卡诺循环制冷系数 ε_c 为

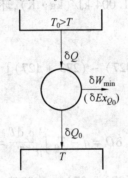

图 3-4　逆卡诺循环

$$\varepsilon_c = \frac{\delta Q_0}{\delta W_{\min}} = \frac{T}{T_0 - T}$$

即

$$\delta Ex_{Q_0} = \delta W_{\min} = \frac{T_0 - T}{T}\delta Q_0 = \left(\frac{T_0}{T} - 1\right)\delta Q_0$$

或

$$Ex_{Q_0} = T_0 S_f - Q_0 \tag{3-3}$$

式中　S_f——冷量携带的熵流,$S_f = \int_{Q_0} \frac{\delta Q_0}{T}$。

冷量㶲:由热力学第一定律,$Q = Q_0 + Ex_{Q_0} = T_0 S_f$,该能量是为获取制冷量 Q_0 而必须传给环境的能量,此能量不能再转化为㶲,称为冷量㷻。即

$$An_{Q_0} = T_0 S_f \tag{3-4}$$

单位质量工质的冷量、冷量㶲与冷量㷻在 T-s 图上表示,如图 3-5 所示。

由 T-s 图可见,系统温度越低,冷量㶲越大,即外界消耗的功越多。工程上冷库在满足工艺要求的低温度条件下,为节约能源尽量不要使系统在更低的低温下运行。同时要重视回收利用低温物质具有的㶲值。

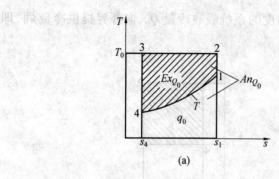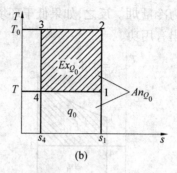

图 3-5 冷量㶲、冷量㶲、冷量

还需指出,由于热量或冷量是过程量,因此,热量㶲、冷量㶲及其热量㶲和冷量㶲都是过程量。

例 3.1 将 0.1 MPa 和 127 ℃ 的 1 kg 空气可逆定压加热到 427 ℃,求所加入热量中的㶲和㶲。空气的平均比定压热容 $c_p = 1.004$ kJ/(kg·K),环境温度为 27 ℃。

解 空气的吸热量为

$$q = c_p(T_2 - T_1)$$
$$= 1.004 \times [(273 + 427) - (273 + 127)] = 301.2 \text{(kJ/kg)}$$

方法一:

热量㶲为

$$ex_q = \int\left(1 - \frac{T_0}{T}\right)\delta Q = q - T_0\int_1^2\frac{c_p dT}{T} = q - T_0 c_p \ln\frac{T_2}{T_1}$$
$$= 301.2 - (273 + 27) \times 1.004\ln\frac{273 + 427}{273 + 127} = 301.2 - 168.6$$
$$= 132.6 \text{(kJ/kg)}$$

热量㷳为

$$an_q = q - ex_q = 301.2 - 132.6 = 168.6 \text{(kJ/kg)}$$

方法二:

热量㷳为

$$an_q = T_0 \times \Delta s = T_0 \times c_p \ln\frac{T_2}{T_1}$$
$$= (273 + 27) \times 1.004\ln\frac{273 + 427}{273 + 127}$$
$$= 300 \times 0.5619 = 168.6 \text{(kJ/kg)}$$

热量㶲为

$$ex_q = q - an_q = 301.2 - 168.6 = 132.6 \text{(kJ/kg)}$$

例 3.2 在某一低温装置中将空气自 0.6 MPa 和 27 ℃ 定压预冷至 -100 ℃,试求 1 kg 空气的冷量㶲和冷量㷳。空气的平均比定压热容为 1.01 kJ/(kg·K),设环境温度为 27 ℃。

解 从空气中取出的冷量为

$$q' = c_p(T_2 - T_1) = 1.01 \times [(273 - 100) - (273 + 27)]$$
$$= -127 \text{(kJ/kg)}$$

方法一：

空气放出的冷量㶲为

$$ex_{q'} = \int_0^{q'} \left(1 - \frac{T_0}{T}\right) \delta q' = q' - T_0 \int_1^2 \frac{c_p \mathrm{d}T}{T} = q' - T_0 c_p \ln \frac{T_2}{T_1}$$

$$= (-127) - 300 \times 1.0 \ln \frac{173}{300}$$

$$= 38.1 \, (\mathrm{kJ/kg})$$

冷量㷻为

$$an_{q'} = q' - ex_{q'} = -127 - 38.1 = -165.1 \, (\mathrm{kJ/kg})$$

方法二：

冷量㷻为

$$an_{q'} = T_0 \times \Delta s = T_0 \times c_p \ln \frac{T_2}{T_1} = 300 \times 1.0 \ln \frac{173}{300}$$

$$= -165.1 \, (\mathrm{kJ/kg})$$

冷量㷻为

$$an_{q'} = q' - ex_{q'} = -127 - (-165.1) = 38.1 \, (\mathrm{kJ/kg})$$

3. 热力学能㶲

当闭口系统所处状态不同于环境状态时，系统都具有做功能力，即有㶲值。闭口系统从给定状态(p, T)可逆地过渡到与环境状态(p_0, T_0)相平衡时，系统对外所做最大有用功称为热力学能㶲。

如图3-6所示，设系统状态高于环境状态，为了保证系统与环境之间实现可逆换热条件，系统必须首先进行绝热膨胀，当系统温度达到与环境温度相等时，才能进行可逆换热，因此，系统可逆过渡到环境状态，首先经历一个定熵（可逆绝热）过程，然后是定温过程。

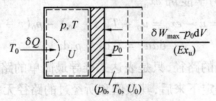

图3-6 热力学能㶲

考虑到系统膨胀时对环境做功$p_0 \mathrm{d}V$不能被有效利用，故最大有用功（即热力学能㶲）为

$$\delta W_{\max, u} = \mathrm{d}Ex_u = \delta W_{\max} - p_0 \mathrm{d}V$$

按热力学第一定律：

$$\delta Q = \mathrm{d}U + \delta W_{\max} = \mathrm{d}U + p_0 \mathrm{d}V + \delta W_{\max, u} \tag{a}$$

按热力学第二定律：由闭口系统与环境组成的孤立系统，进行可逆过程其熵增为零，即

$$\mathrm{d}S_{\mathrm{iso}} = \mathrm{d}S + \mathrm{d}S_{\mathrm{sur}} = 0$$

$$\delta Q_{\mathrm{sur}} = T_0 \mathrm{d}S_{\mathrm{sur}} = -T_0 \mathrm{d}S$$

而

$$\delta Q_{\mathrm{sur}} + \delta Q = 0$$

由此可得出

$$\delta Q = T_0 dS \tag{b}$$

合并式(a)和式(b),并由初态(p,T)积分至终态(p_0,T_0),得

$$T_0(S_0 - S) = (U_0 - U) + p_0(V_0 - V) + W_{\max,u}$$

写成

$$Ex_u = W_{\max,u} = (U - U_0) - T_0(S - S_0) + p_0(V - V_0) \tag{3-5}$$

当环境状态一定时,热力学能㶲仅取决于系统状态,因此,热力学能㶲是状态参数。

热力学能㶲的微分形式为

$$dEx_u = dU - T_0 dS + p_0 dV \tag{3-5a}$$

单位质量热力学能㶲的微分形式为

$$dex_u = du - T_0 ds + p_0 dv \tag{3-5b}$$

热力学能㶲表示在$p-v$图、$T-s$图上,如图3-7所示。图中,A点是系统所处初状态(p,T),O点是环境状态(p_0,T_0)。

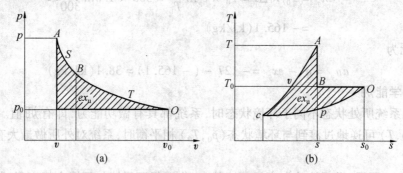

图3-7 热力学能㶲$p-v$图、$T-s$图

系统首先进行可逆绝热过程$(A-B)$,然后进行可逆定温过程$(B-O)$过渡到环境状态。图中带有斜影线的面积为热力学能㶲ex_u。

热力学能㷒为

$$an_u = u - ex_u = u_0 + T_0(s - s_0) - p_0(v - v_0) \tag{3-6a}$$

或

$$dan_u = T_0 ds - p_0 dv \tag{3-6b}$$

注意:选择先绝热后等温的路径,只是表达式推导最简单的路径,由于热力学能㶲是状态参数,当状态的初点和终点确定下来后,其数值和所经过的路径无关。

4. 焓㶲

开口系统稳态稳流工质的总能量包括焓、宏观动能和位能,其中动能和位能属于机械能,本身便是焓㶲,为确定流动工质的焓㶲,故不考虑工质动能、位能及其变化。

如图3-8所示,忽略动能、位能变化。工质流从初态(p,T)可逆过渡到环境状态(p_0,T_0),单位质量工质焓降$(h-h_0)$可能做出的最大技术功便是工质流的焓㶲。

同样,为了使系统与环境之间进行可逆换热,工质首先必须进行一个可逆绝热过程,温度达到T_0,然后再与环境进行定温换热。总之,过程仍然是先定熵,后定温。

按热力学第一定律:

$$\delta q = dh + \delta w_{\max,t} \tag{a}$$

按热力学第二定律:

$$\delta q = T_0 ds \tag{b}$$

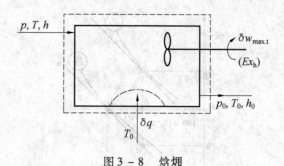

图 3 - 8 焓㶲

合并式(a)和式(b),并从工质流初态(p,T)积分至环境状态(p_0,T_0),得焓㶲为

$$ex_h = w_{max,t} = h - h_0 - T_0(s - s_0) \tag{3-7}$$

微分形式为 $dex_h = dh - T_0 ds$

当环境状态一定时,焓㶲为状态参数,工程上遇到的大多数是稳态稳流工况,因此,式(3-7)有着广泛的应用。

焓㶲在$p-v$图与$T-s$图上表示,如图3-9所示。图中,1为工质流的初态(p,T),0为环境状态(p_0,T_0),1-2为定熵线,2-0为定温线,5-0为定焓线(h_0),5-1为定压线。图中阴影面积所示焓㶲。

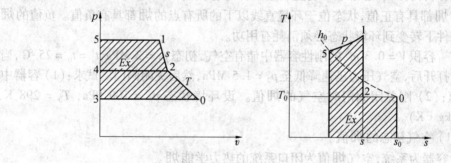

图 3 - 9 焓㶲 $p-v$ 图、$T-s$ 图

稳态稳流工质所带的能量(焓)中,不能转换为有用功(㶲)的那部分能量即为焓㷝:

$$an_h = h - ex_h = h_0 + T_0(s - s_0) \tag{3-8a}$$

或 $$dan_h = T_0 ds \tag{3-8b}$$

稳定物流的焓㶲也可以在$h-s$图上用相应的线段表示。如图3-10所示,点1表示给定状态,点0表示环境状态。过点0作环境压力定压线的切线$0b$,切线$0b$称为环境直线。环境直线与水平线的交角为α,在可逆等压过程中,由于$dh = Tds$,因此,$\left(\frac{\partial h}{\partial s}\right)_p = T$,故环境直线在0点的斜率为

$$\tan\alpha = \left(\frac{\partial h}{\partial s}\right)_{p_0} = T_0$$

过给定状态点1作垂直线与环境直线相交于点a,线段$1a$是线段$1b$和线段ba之和,即有

$$\overline{1a} = \overline{1b} + \overline{ba} = \overline{1b} + \overline{0b}\tan\alpha$$

而

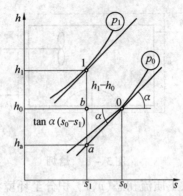

图 3-10 稳态稳流焓㶲的 $T-s$ 图

$$\overline{1b} = h_1 - h_0, \quad \overline{0b} = s_0 - s_1$$

所以

$$\overline{1a} = h_1 - h_0 + T_0(s_0 - s_1) = h_1 - h_0 - T_0(s_1 - s_0) = ex_h$$

因此,在 $h-s$ 图上过任一给定状态作 s 轴的垂直线,其与环境直线交点之间的线段长度就是给定状态下稳定物流的焓㶲值。

由以上分析可知,状态位于环境直线上的稳态稳流的㶲都是零;状态位于环境直线以上的所有点的㶲都具有正值,状态位于环境直线以下的所有点的㶲都具有负值。负值的㶲意味着在环境条件下转变到环境状态必须消耗有用功。

例 3.3 容积 $V = 0.3 \text{ m}^3$ 的刚性容器中储有空气,初态 $p_1 = 3 \text{ MPa}, t_1 = t_0 = 25$ ℃,当连接容器的阀门打开后,空气压力迅速降低至 $p_2 = 1.5 \text{ MPa}$,然后关闭阀门。试求:(1) 容器中空气初态的㶲值;(2) 刚关闭阀门时空气的㶲值。设环境状态 $p_0 = 100 \text{ kPa}, T_0 = 298 \text{ K}, c_V = 0.717 \text{ kJ/(kg·K)}$。

解 (1) 空气初态的㶲值。

取刚性容器为系统,空气㶲值为闭口系统的热力学能㶲。

容器中的空气初态质量为

$$m_1 = \frac{p_1 V}{R T_1} = \frac{3\,000 \times 0.3}{0.287 \times 298} = 10.523 \text{ (kg)}$$

初态空气比体积为

$$v_1 = \frac{V}{m_1} = \frac{0.3}{10.523} = 0.028\,5 \text{ (m}^3/\text{kg)}$$

环境状态空气比体积为

$$v_0 = \frac{R T_0}{p_0} = \frac{0.287 \times 298}{100} = 0.855\,3 \text{ (m}^3/\text{kg)}$$

空气初态㶲值为

$$Ex_1 = m_1 ex_1$$

$$Ex_1 = m_1 [(u_1 - u_0) + p_0(v_1 - v_0) - T_0(s_1 - s_0)]$$

$$= m_1 \left[c_V (T_1 - T_0) + p_0(v_1 - v_0) - T_0 \left(c_p \ln \frac{T_1}{T_0} - R \ln \frac{p_1}{p_0} \right) \right]$$

$$= 10.523 \left[0 + 100 \times (0.028\,5 - 0.855\,3) - 298 \left(0 - 0.287 \ln \frac{3}{0.1} \right) \right] = 2\,191 \text{ (kJ)}$$

(2) 刚关闭阀门时空气的㶲值。

迅速排气可理想化为可逆绝热过程,空气终态温度为

$$T_2 = T_1 \left(\frac{p_2}{p_1}\right)^{\frac{k-1}{k}} = 298 \times \left(\frac{1.5}{3}\right)^{\frac{1.4-1}{1.4}} = 244.4 (K)$$

终态比体积为

$$v_2 = \frac{RT_2}{p_2} = \frac{0.287 \times 244.4}{1500} = 0.0468 (m^3/kg)$$

终态空气质量为

$$m_2 = \frac{V}{v_2} = \frac{0.3}{0.0468} = 6.41 (kg)$$

终态㶲值为

$$Ex_2 = m_2 ex_2$$

$$Ex_2 = 6.41 \left[0.717 \times (244.4 - 298) + 100 \times (0.0468 - 0.8553) - 298 \left(1.004 \ln \frac{244.4}{298} - 0.287 \ln \frac{1.5}{0.1}\right) \right] = 1101 (kJ)$$

例 3.4 质量流量为 $\dot{m} = 12.5$ kg/s 的烟气,定压地流过换热器,温度从 300 ℃ 降低至 200 ℃。设烟气比定压热容 $c_p = 1.09$ kJ/(kg·K),环境温度 $t_0 = 25$ ℃。试求烟气流过换热器前、后的㶲值。

解 烟气稳态稳流通过换热器,烟气的㶲值为焓㶲。

流进换热器前的㶲值为

$$Ex_1 = \dot{m} ex_1$$

$$Ex_1 = \dot{m}[(h_1 - h_0) - T_0(s_1 - s_0)] = \dot{m}\left[c_p(T_1 - T_0) - T_0\left(c_p \ln \frac{T_1}{T_0}\right)\right]$$

$$= 12.5 \left[1.09 \times (573 - 298) - 298 \times \left(1.09 \ln \frac{573}{298}\right)\right]$$

$$= 1092.4 (kW)$$

通过换热器后的㶲值为

$$Ex_2 = \dot{m} ex_2$$

$$Ex_2 = 12.5 \times \left[1.09 \times (473 - 298) - 298 \times \left(1.09 \ln \frac{473}{298}\right)\right] = 508.5 (kW)$$

例 3.5 如图 3-11 所示,设气缸内气体压力高于环境压力,温度与环境气体相等,即 ($T_1 = T_0, p_1 > p_0$,系统与环境仅有压差,没有温差),过程开始时,气体从 1 点推动活塞移动,经过可逆等温膨胀到图示 0 点位置,缸内压力与外界平衡,气体状态随之保持稳定,求过程中系统对外所做的功(包括克服环境压力的推动功和提升重物 G 的功)。

随着过程的进行,缸内气体的压力逐渐减小,工质质量的可用性也逐渐降低,但由于过程可逆,减少的可用能没有损耗,而是用来提升重物,因此,提升重物所做的功就是工质气体的可用能,对应于途中封闭曲线所围的面积。

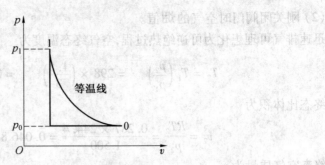

图 3-11 系统与环境只有压差,没有温差

依据式(3-5),可以计算工质气体可用能的大小。

$$W = \Delta U - T_0 \Delta S + p_0 \Delta V$$

可逆等温过程

$$\Delta U = c_V(T - T_0) = 0$$

所以

$$W = -T_0 \Delta S + p_0 \Delta V$$

$$\Delta S = c_p \ln \frac{T}{T_1} = -R \ln \frac{p}{p_0}$$

若等温 $dT = 0$,则

$$\Delta S = -R \ln \frac{p}{p_0}$$

$$-T_0 \Delta S = RT_0 \ln \frac{p}{p_0}$$

$$p_0 \Delta V = p_0 V_0 \left(\frac{V}{V_0} - 1 \right) = RT_0 \left(\frac{p}{p_0} - 1 \right)$$

所以

$$W = RT_0 \left(\ln \frac{p}{p_0} + \frac{p_0}{p} - 1 \right)$$

例 3.6 考虑图 3-12 所示的情况。设气缸内储有高温气体,$T_1 > T_0$,$p_1 = p_0$(即系统与环境仅有温差,没有压差),从点 1 状态出发,经绝热膨胀到状态 2,再经过等温压缩,到与环境状态相平衡的状态点 0,系统所经历的过程可逆,封闭曲线围成的面积为系统对外输出的净功,同时也是初始状态系统能量的可用能。

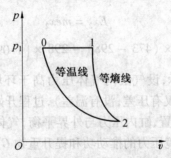

图 3-12 系统与环境只有温差,没有压差

可计算工质气体可用能大小:

$$W = \Delta U - T_0 \Delta S + p_0 \Delta V$$

$$\Delta U = c_V(T - T_0) = c_V T_0\left(\frac{T}{T_0} - 1\right)$$

$$\Delta S = \int_{T_1}^{T_2} c_p \frac{\mathrm{d}T}{T} - R\ln\frac{p}{p_0}$$

等压过程：$\mathrm{d}p = 0, p = p_0$，取比热容为定值，则

$$\Delta S = \int_{T_1}^{T_2} c_p \frac{\mathrm{d}T}{T} = c_p \ln\frac{T}{T_0}$$

$$p_0 \Delta V = p_0(V - V_0) = RT_0\left(\frac{T}{T_0} - 1\right)$$

$$W = c_V T_0\left(\frac{T}{T_0} - 1\right) - c_p T_0 \ln\frac{T}{T_0} + RT_0\left(\frac{T}{T_0} - 1\right) = c_p T_0\left(\frac{T}{T_0} - \ln\frac{T}{T_0} - 1\right)$$

由以上两个例子可见，系统之所以能够与环境相互作用，对外输出净功，归根结底是由于系统工质能量具有可用性，或者说具有功能力，反映到具体情况是系统与外界间存在温差或压差，系统与外界达到平衡时，虽然系统仍有一定的能量，但此时能量的品质为零，也就没有做功能力。因此，能量的量与质存在着辩证的关系，能量的质好，量大，做功能力就强；有量无质不会做功，质和量之间关键是能量的质，质好时(有压差或温差)系统才能做功。

不可逆过程存在着工质做功能力的损失，实际所做的功应小于系统的可用能，而可逆过程的功应等于系统的可用能。

$$W_{\mathrm{irr}} < W_{\max} = \Delta U - T_0 \Delta S + p_0 \Delta V$$
$$W_{\mathrm{re}} = W_{\max} = \Delta U - T_0 \Delta S + p_0 \Delta V$$

3.3 㶲方程

对能量系统列㶲平衡方程，目的是求㶲损失，即可用能损失。

采用类似于建立能量方程和熵方程的方法建立㶲方程，并将㶲损失列入方程中，其一般形式为

输入㶲 - 输出㶲 - 㶲损失 = 系统㶲增

或

㶲损失 = 输入㶲 - 输出㶲 - 系统㶲增

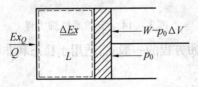

图 3 - 13 闭口系统㶲方程

1. 闭口系统㶲方程

如图 3 - 13 所示，取气缸中气体作系统，气体由初态(p_1, T_1)膨胀到终态(p_2, T_2)，系统与外界有热量和功量交换，输入系统㶲为热量㶲Ex_Q，输出㶲为$(W - p_0\Delta V)$，其中$p_0\Delta V$是系统对环境做功，不能被有效利用。

按㶲方程的一般形式可写成：

$$L = Ex_Q - (W - p_0\Delta V) - \Delta Ex \qquad (3-9)$$

式中　　L——㶲损失；

　　　　ΔEx——系统㶲变，即
$$-\Delta Ex = (U_1 - U_2) - T_0(S_1 - S_2) + p_0(V_1 - V_2) \tag{a}$$

　　　　Ex_Q——热量㶲，即
$$Ex_Q = Q - T_0 S_f \tag{b}$$
$$Q = (U_2 - U_1) + W \tag{c}$$

将式(a)、式(b)、式(c)代入式(3-9)，经整理而得
$$L = T_0[(S_2 - S_1) - S_f] = T_0 S_g \tag{3-10}$$

式(3-10)表明：闭口系统内不可逆过程造成的㶲损失等于环境温度(T_0)与系统熵产之乘积。该式与由熵产求做功能力损失的式(1-55)相同，说明熵法和㶲法分析结果的一致性。

2. 开口系统㶲方程

如图3-14所示，控制体输入㶲：包括随质流进入控制体传递的㶲$(ex_1 + \frac{1}{2}c_1^2 + gz_1)\delta m_1$和热量㶲$\delta Ex_Q$。输出㶲：包括离开控制体质流的㶲$(ex_2 + \frac{1}{2}c_2^2 + gz_2)\delta m_2$和输出功$\delta W_s$。

对于微元热力过程，按㶲方程的一般形式可写成：

控制体㶲增：
$$dEx_{CV} = \delta Ex_Q - \left[\left(ex_2 + \frac{1}{2}c_2^2 + gz_2\right)\delta m_2 - \left(ex_1 + \frac{1}{2}c_1^2 + gz_1\right)\delta m_1\right] - \delta W_s - \delta L \tag{3-11}$$

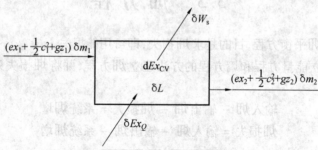

图3-14　开口系统㶲方程

式(3-11)为开口系统㶲方程的一般式，适用于稳态和非稳态过程。

对于稳态稳流：
$$dEx_{CV} = 0, \text{且} \ \delta m_1 = \delta m_2 = \delta m$$

于是可整理得单位质量工质有限过程的㶲方程：
$$ex_q - (ex_2 - ex_1) - \frac{1}{2}(c_2^2 - c_1^2) - g(z_1 - z_2) - w_s - l = 0$$

或
$$ex_q - \Delta ex = \frac{1}{2}\Delta c^2 + g\Delta z + w_s + l \tag{3-11a}$$

式(3-11a)方程左侧为热量㶲与工质㶲降之和，右侧为技术功与㶲损失之和。

当忽略动能、位能变化时：

$$ex_q - \Delta ex = w_s + l$$

或

$$\begin{aligned}l &= ex_q - \Delta ex - w_s = (q - T_0 s_f) - (\Delta h - T_0 \Delta s) - w_s\\&= q - (\Delta h + w_s) + T_0(\Delta s - s_f)\\&= T_0(\Delta s - s_f) = T_0 s_g\end{aligned} \quad (3-11\text{b})$$

式(3 – 11b) 表明,开口系统㶲损失仍然等于环境温度(T_0)与熵产(s_g)之乘积。

3. 孤立系统㶲方程

取闭口系统与开口系统进行㶲分析所求得的㶲损失,仅是系统内部不可逆造成的可用能损失,不包括系统外部的㶲损失。欲求整个装置或全过程的㶲损失时,应取孤立系统进行㶲分析。孤立系统没有㶲的输入与输出,按㶲方程的一般形式可表示为

$$L_{\text{iso}} = -\Delta Ex_{\text{iso}} = -\sum_{i=1}^{n}\Delta Ex_i \quad (3-12)$$

式中 $-\Delta Ex_i$——组成孤立系统的任一子系统的㶲降。

式(3 – 12) 表明孤立系统的不可逆损失(㶲损失)等于所有子系统㶲降之和。

孤立系统㶲损失也可以通过孤立系统熵增进行计算(参见式(1 – 35a)):

$$L_{\text{iso}} = T_0 \Delta S_{\text{iso}}$$

由于㶲损失 $L_{\text{iso}} \geq 0$,可逆时等于零,不可逆时大于零。因此,孤立系统㶲变 $\Delta Ex_{\text{iso}} \leq 0$,可逆时㶲不变,不可逆时㶲减小。一切实际过程都是不可逆过程,所以孤立系统的㶲只能减少,这就是孤立系统的㶲降原理。实际过程中能量数量总是守恒的,而㶲却不断地减少,节能实为节㶲。用能时要尽量减少㶲的损失,充分发挥㶲的效益。

进行系统或装置的㶲分析时,有时不仅需要知道㶲损失的大小,还要弄清它们的分布位置与产生的原因。这就需要在总㶲损失的基础上,再进一步确定局部㶲损失。

任意一个系统,往往包含若干环节或部件,除了可以通过对整个系统列出㶲平衡方程计算总㶲损失外,也可以对其中每一个环节或部件列出㶲平衡方程求出相应的局部㶲损失。整个系统的总㶲损失与各个环节或部件的局部㶲损失有一定的关联。

设整个系统由A、B、C三个部件组成,如图3 – 15所示,第一种工质稳定地串联A、B、C三个部件,第二种工质稳定地并联A、B、C三个部件。若对以虚线为边界的总系统列㶲平衡式,则

$$L = (Ex_1 - Ex_2) + (Ex_3 - Ex_4) \quad (3-13)$$

若对时A、B、C三个部件分别列㶲平衡式,可得

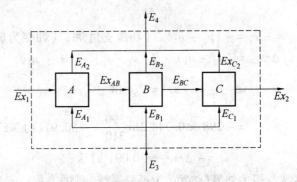

图3 – 15 总㶲损失与局部㶲损失的关系

$$L_A = (Ex_1 - Ex_{AB}) + (Ex_{A_1} - Ex_{A_2}) \qquad (a)$$

$$L_B = (Ex_{AB} - Ex_{BC}) + (Ex_{B_1} - Ex_{B_2}) \qquad (b)$$

$$L_C = (Ex_{BC} - Ex_2) + (Ex_{C_1} - Ex_{C_2}) \qquad (c)$$

联立式(3-13)、式(a)、式(b)和式(c),可得

$$L = L_A + L_B + L_C$$

推广到一般情况,得

$$L = \sum L_i = T_0 \sum \Delta S_g \qquad (3-14)$$

式(3-14)表明:整个系统的总㶲损失等于各部件或各环节局部㶲损失的总和。进行㶲分析时,往往不满足于计算出整个系统的总㶲损失,因为它只能指出总损失的大小,而不能深入揭示损失的分布与损失的成因,也无法找到整个系统中的主要矛盾和薄弱环节。为此通常将整个系统划分成若干个子系统或若干个环节,分别确定它们的㶲损失,以便为有效地改进系统,减少不可逆性提供依据。显然,子系统或子过程划分得越细,分析也就越深入。

例 3.7 为使刚性容器内的 1 kg 氮气,从 $T_1 = 310$ K 升高至 $T_2 = 390$ K,可采用下列两种方案:其一,采用叶轮搅拌的方法;其二,采用从 $T = 450$ K 的热源对容器加热的方法。已知氮气的初压 $p_1 = 200$ kPa,比定容热容 $c_V = 0.744\,2$ kJ/(kg·K),环境温度 $T_0 = 298$ K。试从热力学观点分析两种方案之优劣。

解 取刚性容器为热力系统。

(1) 按热力学第一定律分析,列能量方程。

方案一:$q = 0$,加入轴功等于氮气热力学能的增加:

$$w_s = u_2 - u_1$$

方案二:$w = 0$,加入热量等于氮气热力学能的增加:

$$q = u_2 - u_1$$

两种方案中 N_2 的初、终态均相同,加入能量的数量相等,即 $q = w_s$,因此,依据热力学第一定律分析,不能区别两种方案之优劣。

(2) 按热力学第二定律分析,采用㶲分析法。

方案一:取刚性容器及相关外界(功源)为孤立系统,列㶲方程:

$$\Delta ex_{iso} = \Delta ex_{N_2} + \Delta ex_{功源}$$

式中

$$\Delta ex_{N_2} = (u_2 - u_1) + p_0(v_2 - v_1) - T_0(s_2 - s_1)$$

对于刚性容器:$v_2 = v_1$

$$\Delta ex_{功源} = -w_s = -(u_2 - u_1) \quad (功源支付㶲,其㶲变为负值)$$

$$\Delta ex_{iso} = (u_2 - u_1) - T_0(s_2 - s_1) - (u_2 - u_1)$$

$$= -T_0(s_2 - s_1) = T_0 c_V \ln \frac{T_2}{T_1}$$

$$= -298 \times 0.744\,2 \ln \frac{390}{310} = -50.91 \,(\text{kJ/kg})$$

即㶲损失为

$$l_1 = -\Delta ex_{iso} = 50\,091 \text{ kJ/kg}$$

方案二:取刚性容器及相关外界(热源)为孤立系统,列㶲方程:

$$\Delta ex_{iso} = \Delta ex_{N_2} + \Delta ex_{热源}$$

式中

$$\Delta ex_{N_2} = (u_2 - u_1) + p_0(v_2 - v_1) - T_0(s_2 - s_1)$$

$$\Delta ex_{热源} = -ex_q = -(q - T_0\Delta s_f) = -(u_2 - u_1) + T_0\frac{q}{T}$$

因而可得

$$\Delta ex_{iso} = (u_2 - u_1) - T_0(s_2 - s_1) - (u_2 - u_1) + T_0\frac{q}{T}$$

$$= -T_0(s_2 - s_1) + T_0\frac{q}{T}$$

$$= -50.91 + 298 \times \frac{0.7442 \times (390 - 310)}{450}$$

$$= -11.48 (\text{kJ/kg})$$

即㶲损失为 $l_2 = -\Delta ex_{iso} = 11.48 \text{ kJ/kg}$

㶲分析表明方案二的㶲损失小于方案一,且由计算公式可见㶲损失与热源温度 T 有关,T 越高,即传热温差越大,㶲损失也越大,但总比方案一好。热力学第二定律分析的结果表明,将功转换成热加以利用,不是用能的好办法。

例 3.8 1 kg 氮气由初态 $p_1 = 0.45$ MPa,$t_1 = 37$ ℃,经绝热节流压力变化到 $p_2 = 0.11$ MPa。环境温度 $t_0 = 17$ ℃。求:(1) 节流过程的㶲损失;(2) 氮气在相同的初终态之间变化可得到的最大有用功;(3) 在同样的初、终压力之间进行可逆定温膨胀时的最大有用功。

解 $p_1 = 0.45$ MPa,$T_1 = 37 + 273 = 310$ (K),$T_0 = 17 + 273 = 290$ (K),$p_2 = 0.11$ MPa。

(1) 氮气按理性气体处理,绝热节流过程节流前后焓值相等,即 $h_2 = h_1$,所以 $T_2 = T_1 = 310$ K。根据稳定流动系统㶲平衡方程可知㶲损失为

$$l = ex_q + ex_1 - ex_2 - w_u$$

过程绝热,$ex_q = 0$,不对外做功,$w_u = 0$,不计气体动能,$ex = ex_h$,故

$$l = ex_1 - ex_2 = h_1 - h_2 - T_0(s_1 - s_2) = T_0(s_2 - s_1)$$

$$= T_0\left(c_p\ln\frac{T_2}{T_1} - R\ln\frac{p_2}{p_1}\right)$$

$$= -T_0 R\ln\frac{p_2}{p_1}$$

$$= -290 \times 0.297 \times \ln\frac{0.11}{0.45} = 121.34 (\text{kJ/kg})$$

(2) 根据㶲的物理意义,气体在节流前后状态之间最大有用功即为焓㶲差:

$$w_{u,\max,1-2} = ex_1 - ex_2 = 121.34 \text{ kJ/kg}$$

(3) 由 0.45 MPa、310 K 变化到 0.11 MPa、310 K 的理想气体可逆定温膨胀是吸热过程,对外做膨胀功。由第一定律能量方程可知,吸热量等于过程功

$$q = w = -RT\ln\frac{p_2}{p_1}$$

$$= -310 \times 0.297 \times \ln\frac{0.11}{0.45} = 129.7 (\text{kJ/kg})$$

既然是可逆的定温过程,必然有温度为 T 的热源供给系统热量,而不是从环境吸热($T \neq T_0$)。

$$w_{1-2,\max} = ex_q + ex_1 - ex_2$$
$$= \int_1^2 \left(1 - \frac{T_0}{T_1}\right) \delta q + ex_{h_1} - ex_{h_2}$$
$$= ex_{h_1} - ex_{h_2} + \left(1 - \frac{T_0}{T_1}\right) q$$
$$= 121.34 + \left(1 - \frac{290}{310}\right) \times 129.71$$
$$= 121.34 + 8.37$$
$$= 129.71 (\text{kJ/kg})$$

其中，$\int_1^2 \left(1 - \frac{T_0}{T_1}\right) \delta q = 8.37$ kJ/kg，是可逆等温过程中系统从热源吸热 129.71 kJ/kg 中的热量㶲。

3.4 㶲分析及合理用能

1. 㶲效率

正如一切不可逆过程要产生熵产一样，一切不可逆过程都会造成㶲损失。二者从不同角度揭示不可逆过程中能质的退化、贬值。利用熵分析法和㶲分析法所得结果是一致的。

在㶲分析中广泛的使用㶲效率 η_{ex} 的概念，定义如下：

$$\eta_{\text{ex}} = \frac{Ex_{\text{g}}}{Ex_{\text{p}}} \tag{3-15}$$

式中　Ex_{g}——可有效利用的㶲；

　　　Ex_{p}——消耗的㶲。

任何不可逆过程都要引起㶲损失，但是系统或过程必须遵守㶲平衡的原则，所以可有效能利用的㶲与消耗的㶲之差即为系统或设备中进行不可逆过程所引起的㶲损失。

根据热力学第二定律，任何系统或过程的㶲效率不可能大于1，对于理想的可逆过程，由于㶲损失等于零，故㶲效率等于1，即 $\eta_{\text{ex}} = 1$（可逆过程），对于不可逆过程 $\eta_{\text{ex}} < 1$。

㶲效率反映㶲的利用程度，它从能量的质或级位来评价一个设备或热力过程的完善程度，所以它是评价各种实际过程热力学完善程度的统一标准。

2. 㶲分析与能量分析的比较

下面以稳态稳流系统为例，说明对能量系统进行用能分析时，能量分析法与㶲分析法的区别。图3-16(a)表示控制体输入能量(En_1)和输出能量(En_2, W_s, Q)的数量关系；图3-16(b)表示对应于图(a)各项能量的㶲值。输出项中除对外做功 W_s 为有效利用能量外，其余各项均作为控制体的能量或㶲的损失。两种分析列于表3.1中。

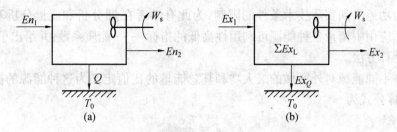

图 3-16 能量分析和㶲分析的流程图

表 3-1 能量分析和㶲分析

依据	能量分析	㶲分析
	热力学第一定律	热力学第一、二定律
能量守恒方程	$En_1 = W_s + Q + En_2$	$Ex_1 = W_s + Ex_2 + Ex_Q + \sum L$
能量利用率	$\eta_t = \dfrac{W_s}{En_1} = 1 - \dfrac{Q}{En_1} - \dfrac{En_2}{En_1}$	$\eta_{ex} = \dfrac{W_s}{Ex_1} = 1 - \dfrac{Ex_Q}{Ex_1} - \dfrac{Ex_2}{Ex_1} - \dfrac{\sum L}{Ex}$
能量损失率	$\phi_t = 1 - \eta_t = \dfrac{Q}{En_1} + \dfrac{En_2}{En_1}$	$\phi_{ex} = 1 - \dfrac{W_s}{Ex_1} = \dfrac{Ex_Q}{Ex_1} + \dfrac{Ex_2}{Ex_1} + \dfrac{\sum L}{Ex}$

从表 3-1 中对比的结果可见:

(1) 两种分析方法的依据不同:能量分析法依据热力学第一定律;㶲分析法同时结合了热力学第一定律与热力学第二定律。

(2) 在列能量守恒方程和能量利用效率中的各项时,由于能量分析法中包括功量、热量等能量的数量平衡或比值,因此反映的是不同质能量数量平衡或比值。而在㶲分析法中,由于各项均选取了可用能部分,因此在表达式中反映的是同质能量数量平衡或比值。

(3) 从能量利用率和能量损失率来看:能量分析法仅能反映系统的能量数量损失,而㶲分析法除考虑控制体输入与输出的可用能外,还考虑了控制体内各种不可逆因素造成的㶲损失 $\sum L_i$,然后建立起它们之间的平衡关系。

(4) 尽管能量分析法存在一定的缺陷,但是,它能确定系统能量的外部损失,为节能指明一定方向,同时,能量分析也为㶲分析提供能量平衡的依据。

(5) 㶲分析法可以依据各设备的㶲损失占投入总㶲的比例大小,科学地诊断出整个装置节能的薄弱环节。这说明㶲分析比能量分析更全面,更能深刻指示能量损耗的本质,找出各种损失的部位、大小及原因,根据㶲损失的原因可以指导探求节能的正确措施,对节能潜力做出正确的判断。

综上分析可见,就能量转换分析而言,由于能量平衡不能真实地反映能量利用的完善性,而通过㶲分析才能揭示能量利用不合理的症结所在,指明减少损失的方向与途径。所以㶲分析法比能量平衡分析法具有更大的优越性。因此,对用能系统做全面的能量分析和㶲分析,可以获得提高用能效率和节能的有效途径。

3. 能质系数

㶲分析方法和能级分析法只是在理论上对能量的合理利用做出指导,在实际应用中,热能能否转化为功还受到实际技术条件的限制,为此有学者在㶲分析和能量分析基础上,提出了一个在实际应用中衡量各种能源可利用性高低的指标——能质系数,并给出了各种能源的能质系数的计算方法。

该方法将不同能源对外所做的最大功和其总能量的比值定义为这种能源的能质系数,用 λ 表示,其计算公式为

$$\lambda = \frac{Ex}{En} \tag{3-16}$$

式中　　En——该种形式能源的总能量,kJ;

Ex——总能量中可以转化为功的部分,即这种能源所拥有的㶲的数量,kJ。

电能和机械能是最高品位的能源,可以完全转化为功,其能质系数 λ 为 1,其他能源形式的能质系数需要根据其对外做功的能力分别确定。

4. 合理用㶲

用能过程中有大量的㶲退化为炻。如采暖工程从热力学角度看很简单,所需能量中大部分为炻,可从两种途径中获得炻:一是可通过建立热泵系统从环境或废热中取得;二是利用燃料燃烧和发电等不可逆过程中㶲转化成的炻。现以电能采暖为例,对这种用能系统进行分析。

如图 3-17 所示,某电能采暖系统,设外界温度 $T_0 = 273$ K,室内维持温度 $T = 293$ K,需要用电炉向室内供热 Q,由于电能可完全转换为热量,其能量效率 $\eta = 100\%$。单从数量上看,电能完全转化为热量,已无节能潜力可挖,但若从能量质的方面来分析,从左边供给方提供的是电能为

$$En = Ex$$

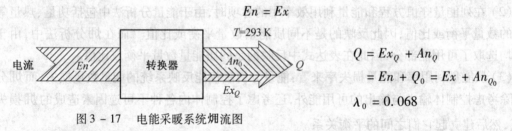

$$Q = Ex_Q + An_Q$$
$$= En + Q_0 = Ex + An_{Q_0}$$
$$\lambda_0 = 0.068$$

图 3-17　电能采暖系统㶲流图

供能方的能质系数为

$$\lambda_{\text{gong}} = \frac{Ex}{En} = 1$$

从右侧为用能方,用的热能为

$$En = Q = Ex_Q + An_Q$$

而热能中可用能,即热量㶲为

$$Ex_Q = \left(1 - \frac{T_0}{T}\right) Q$$

则用能方的能质系数为

$$\lambda_{\text{yong}} = \frac{Ex_Q}{Q} = 1 - \frac{T_0}{T} = 1 - \frac{273}{293} = 0.068$$

$$\lambda_{\text{yong}} \neq \lambda_{\text{gong}}$$

效率：
$$\eta_{ex} = \frac{Ex_Q}{Ex} = 0.068$$

供能能质与用能能质差为
$$\Delta\lambda = \lambda_{gong} - \lambda_{yong} = 0.932$$

供能方是电能，其能质系数等于1（高级能量），而用能方用的是热能 Q，其能质系数仅为0.068，即供能与用能的能质相差0.932。也就是说，电能通过电炉转换为热量后，其绝大部分（占93.2%）的㶲要退化为没有任何做功能力的炕。这是能量使用上的极大浪费。使可用能的利用效率非常低，能质不匹配，大量的可用能在用能过程的转换中被损失掉。这种浪费不是数量上而是能量的质量（做功能力）使用上的浪费，即将高质能用在了低质能用户上。这种大材小用的情况，若仅就数量分析往往是令人满意的。但若从质的方面考虑，则十分不合理。类似的浪费现象还有用高压蒸汽供低压动力使用，以及用高温水与低温水兑成温水使用等。这些都属于数量上匹配，而质量上不匹配的情况。

若改用热泵采暖，其他条件同上。

图 3-18 所示为热泵供暖系统，是将电源和环境一并作为供能系统，用能系统中能量是仍以热量的形式，此时若在理想情况下，用能方的热量㶲在数值上恰等于供能方从环境中提取的热量㶲，那么能源供给方的折合能质系数的能质系数为

$$\lambda' = \frac{Ex}{En + Q_0} = \frac{Ex_Q}{Q} = 0.068$$

与用能方的能质系数相等，此时㶲效率（理想情况）为

$$\eta_{ex} = \frac{Ex_Q}{Ex} = 1$$

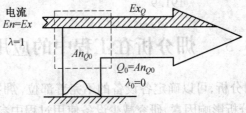

图 3-18 热泵采暖系统㶲流图

当然实际情况有损失，要低得多。

以上分析可以得出合理用㶲的方向：必须使用能方的能质系数与供能的能质系数匹配，即

$$\lambda_{gong} = \lambda_{yong} \quad (3-17)$$

综上，合理用能（用㶲）的原则为：

(1) 用能系统应与供能系统能质匹配，减少供能与用能的能质差，合理地使用㶲。

(2) 能量需要逐级串联，分级使用总能系统，使㶲在向炕的退化过程中，充分发挥作用。

(3) 炕可以作为能量的稀释剂。

上述原则说明：对于热能的利用，考虑到热能作为低质能，其供能过程应尽量利用低质能与之匹配，避免大材小用。如果供能方只能提供优质能，那么可以选择炕作为该优质能的稀

释剂。总之,合理的使用能,就是要使用能方的能质系数与供能的能质系数匹配,或减少二者之间的差值。

例 3.9 压气机空气入口处温度 $t_1 = 17\ ℃$,压力 $p_1 = 100\ \text{kPa}$,经不可逆绝热压缩至 $p_2 = 400\ \text{kPa}$,$t_2 = 207\ ℃$,设外界环境参数 $t_0 = 17\ ℃$,$p_0 = 100\ \text{kPa}$,空气比定压热容 $c_p = 1.01\ \text{kJ/(kg·K)}$。试求:空气压缩过程的㶲损失和压气机的㶲效率。

解 取压气机为控制体,整个压气过程为稳态稳流工况。

列能量方程:压气机轴功为
$$w_s = h_2 - h_1 = c_p(t_2 - t_1) = 1.01(207 - 17) = 191.9\ (\text{kJ/kg})$$

列㶲方程:
$$ex_1 + w_s - ex_2 - l = \Delta ex_{CV}$$

稳态稳流工况:
$$\Delta ex_{CV} = 0$$

㶲损失:
$$\begin{aligned} l &= ex_1 - ex_2 + w_s \\ &= (h_1 - h_2) - T_0(s_1 - s_2) + h_2 - h_1 \\ &= T_0(s_2 - s_1) = T_0\left(c_p \ln\frac{T_2}{T_1} - R\ln\frac{p_2}{p_1}\right) \\ &= 290 \times \left(1.011 \times \frac{480}{290} - 0.287 \times \frac{40}{100}\right) \\ &= 32.2\ (\text{kJ/kg}) \end{aligned}$$

㶲效率:
$$\begin{aligned} \eta_{ex} &= \frac{ex_2 - ex_1}{w_s} = \frac{(h_2 - h_1) - T_0(s_2 - s_1)}{h_2 - h_1} \\ &= 1 - \frac{T_0(s_2 - s_1)}{h_2 - h_1} \\ &= 1 - \frac{32.2}{191.9} = 83.2\% \end{aligned}$$

3.5 㶲分析在工程中的应用

通过对热工设备的㶲分析,可以确定各设备的不完善部位,㶲损失、㶲损失系数或㶲损率的分布情况,进而可以分析影响因素,研究减少设备使用过程中参数的不可逆性,以及减小㶲损失的可能性,挖掘节能潜力,提高装置的热经济性。

3.5.1 蒸汽动力循环的㶲分析

蒸汽动力循环是以水蒸气作为工质,使热能变为机械能的动力装置,在整个电力工业中,除少量水力发电、核电站外,最主要的是火力发电。火力发电厂是能源大户,所以电厂节能显得十分重要。

提高电厂工作效率,降低煤耗提高能源利用率是一个必须长期认真研究的课题,电厂节能是多方面的,而热力系统节能是电厂节能的重要内容之一。它主要着眼于优化和完善热力系统及其设备,针对存在的问题,探讨各种改进措施,预测可能的节能潜力以实现节能目标,通过对蒸汽动力循环装置的㶲分析可以达到这一目标。

最简单的蒸汽动力循环是朗肯循环,按朗肯循环工作的装置如图 3-19 所示,它是由锅炉、汽轮机、凝汽器和给水泵四个主要设备组成。其工作原理图如图3-19(a)所示。水先经给水泵,绝热加压送入锅炉,在锅炉中水被定压加热汽化、形成高温高压的过热蒸汽,过热蒸汽在汽轮机中绝热膨胀做功、变为低温、低压的乏汽,最后排入凝汽器内定压凝结为冷凝水,重新经水泵将冷凝水送入锅炉进行新的循环。

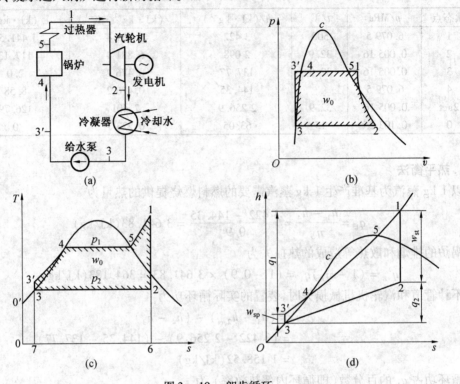

图3-19 朗肯循环

为研究方便,将朗肯循环理想化为两个定压过程和两个可逆绝热过程。

图3-19(b)、(c)、(d)为朗肯循环的 $p-v$、$T-s$ 和 $h-s$ 示意图。图中:

$3'-4-5-1$ 水在蒸汽锅炉中定压加热变为过热水蒸气;

$1-2$ 过热水蒸气在汽轮机内可逆绝热膨胀;

$2-3$ 湿蒸汽在凝汽器内定压(也是定温)冷却,同时凝结放热;

$3-3'$ 凝结水在水泵中可逆绝热压缩。

由于水的压缩性很小,水在经过水泵可逆绝热压缩后温度升高极小,在 $T-s$ 图上,一般可以认为点 $3'$ 与点 3 重合,$3'-4$ 与下界线的 $3-4$ 线段重合。于是,简单蒸汽动力装置的朗肯循环在 $T-s$ 图上可表示为 $1-2-3-4-5-1$。下面以该蒸汽动力循环为例进行㶲分析,以找出系统中各装置用能的不合理之处。

例3.10 已知参数如下:锅炉出口蒸汽压力为 $p_1 = 6$ MPa,蒸汽温度为 $t_1 = 500$ ℃;汽轮机出口蒸汽压力为 $p_2 = 0.005$ MPa;环境温度为 $T_0 = 288$ K,环境压力为 $p_0 = 0.1$ MPa;锅炉内烟气最高温度值 $T_{max} = 1700$ K,锅炉效率 $\eta_B = 0.90$;汽轮机相对内效率 $\eta_{ri} = 0.88$;燃料(煤)的热值 $q_h = 29\,300$ kJ/kg。忽略管道的阻力损失、汽轮机机械损失和发电机损失等。图中"0"点表示压力为 p_0、温度为 T_0 的过冷水状态。

解 根据已知数据,从水和水蒸气图表中查出各点有关参数,并列于参数表3-2中。

$$e = (h - h_0) - T_0(s - s_0)$$

下面的计算是以1 kg 蒸汽作为计算基准。为了分析比较,分别采用热平衡法、以烟气㶲为基准的和以燃料化学㶲为基准的㶲平衡法,来评价循环的优劣,依次分析、计算参数见表3-2。

表3-2 水和水蒸气参数表

状态点	p/MPa	t/℃	h/(kJ·kg^{-1})	s/(kJ·kg^{-1}·K^{-1})	e/(kJ·kg^{-1})
1	6.079 5	500	3 422	6.881 4	1 441.53
2	0.005 16	32.9	2 098	6.881 4	117.13
3	0.005 16	32.9	137.77	0.476 2	2.0
4	6.079 5		144.35	0.476 2	8.58
2act	0.005 16	32.9	2 256.9	7.401	126.79
0	0.103 25	15	63.05	0.223 7	0

1. 热平衡法

以 1 kg 蒸汽为基准产生 1 kg 蒸汽需要的燃料燃烧提供的热量为

$$q_1 = \frac{h_1 - h_4}{\eta_B} = \frac{3422 - 144.35}{0.9} = 3641.83 (\text{kJ/kg})$$

锅炉的排烟和散热等造成的热损失为

$$q'_B = (1 - \eta_B)q_1 = (1 - 0.9) \times 3641.83 = 364.183 (\text{kJ/kg})$$

不计管道和汽轮机机械损失时,装置的实际循环功为

$$w' = (h_1 - h_{2\text{act}}) - (h_4 - h_3)$$
$$= (3422 - 2256.9) - (144.35 - 137.77)$$
$$= 1158.52 (\text{kJ/kg})$$

循环功占 q_1 的百分数(即循环内部热效率)为

$$\eta'_t = \frac{w'}{q_1} = \frac{1158.52}{3641.83} \times 100\% = 31.81\%$$

冷凝器中冷却水带走的热量 q_2(冷凝器损失)为

$$q_2 = h_{2\text{act}} - h_3 = 2256.9 - 137.77 = 2119.13 (\text{kJ/kg})$$

冷凝器损失占 q_1 的百分数为

$$\frac{q_2}{q_1} = \frac{2119.3}{3641.83} \times 100\% = 58.19\%$$

有关计算结果列于热流图3-20和表3-3中。

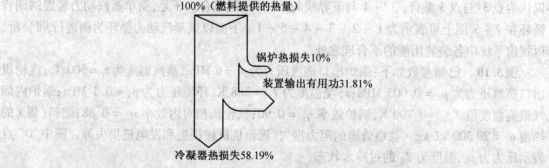

图3-20 热流图

第3章 热力系统可用能分析

表3-3 计算结果比较

名称	数值/(kJ·kg⁻¹) 㶲平衡法 Ⅰ	数值/(kJ·kg⁻¹) 㶲平衡法 Ⅱ	数值/(kJ·kg⁻¹) 热平衡法	相对百分率/% 㶲平衡法 Ⅰ	相对百分率/% 㶲平衡法 Ⅱ	相对百分率/% 热平衡法
一、燃料提供热量	3 641.83	3 641.83	3 641.83			100
烟气㶲值	2 365.85			100	64.96	
燃料化学㶲		3 641.83			100	
二、损失						
1. 锅炉损失			364.18			10
(1) 不可逆燃烧损失		1 275.98			35.04	
(2) 存在温差传热、散热、排烟等损失	932.9	932.9		39.43	25.61	
2. 汽轮机内部损失	149.64	149.64		6.32	4.11	
3. 冷凝器损失	124.79	124.79	2 119.13	5.27	3.42	58.19
三、净输出有用功	1 158.52	1 158.52	1 158.52	48.97	31.81	31.81

2. 以烟气㶲为基准的㶲平衡法

(1) 1 kg 烟气的焓㶲 $e'x_g$。

$$e'x_g = h_{1g} - h_{0g} - T_0(s_{1g} - s_{0g})$$

将烟气在锅炉中燃烧过程,看成在环境压力 $p_0 = p_{1g}$ 定压下进行,并且将烟气近似当作空气看待。这样,由已知 $T_{max} = 1\ 700$ K 和环境温度 $T_0 = 288$ K 时的烟气熵 s_{1g}、s_{0g} 以及焓 h_{1g}、h_{0g} 可以从烟气热力性质表中查得:当 $T_{0g} = 288$ K 时,$h_{0g} = 288.15$ kJ/kg;当 $T_{1g} = 1\ 700$ K 时,$h_{1g} = 1\ 880.1$ kJ/kg,从而求得

$$s_{1g} - s_{0g} = s_1^0 - s_0^0 - R\ln\frac{p_{1g}}{p_0} = s_1^0 - s_0^0$$
$$= 8.597\ 8 - 6.661\ 2 = 1.936\ 6(\text{kJ}/(\text{kg}\cdot\text{K}))$$

所以

$$ex'_g = h_{1g} - h_{0g} - T_0(s_{1g} - s_{0g})$$
$$= 1\ 880.1 - 288.15 - 28 \times 1.936\ 6$$
$$= 1\ 034.13(\text{kJ/kg})$$

(2) 以 1 kg 蒸汽计的锅炉中烟气的焓㶲 ex_g。

1 kg 燃料在锅炉中完全燃烧释放出的热量等于燃料的热值 q_h。

1 kg 燃料由于存在不完全燃烧热损失,放出的热量小于 q_h,假定 $q_h\eta_{cb}(\eta_{cb} < 1)$,这份热量完全用于加热烟气,提高其㶲值。

1 kg 燃料由于不完全燃烧放出热量 $q_h\eta_{cb}$,其中 $q_h\eta_{cb} \cdot \eta_B$ 是用来加热蒸汽。如果 1 kg 燃料产生 m kg 蒸汽,那么

$$m = q_h \cdot \eta_{cb} \cdot \eta_B/(h_1 - h_4)$$
$$= \frac{29\ 300 \times 0.9 \times \eta_{ch}}{3\ 422 - 144.35} = 8.045\eta_{ch}(\text{kg})$$

1 kg 燃料产生的烟气具有的总㶲值为

$$Ex_g = \frac{q_h \eta_{ch}}{h_{1g} - h_{0g}} ex'_g = \frac{29\,300.3\eta_{ch}}{1\,880.1 - 288.15} \times 1\,043.13 = 19\,033.3\eta_{ch}(\text{kJ})$$

所以，1 kg 蒸汽相对应的锅炉中的烟气的总㶲值为

$$ex_g = \frac{Ex_g}{m} = \frac{19\,033.3\eta_{ch}}{8.045\eta_{ch}} = 2\,365.35(\text{kJ/kg})$$

也可用 ex_g 的另一种计算方法：

对 1 kg 蒸汽而言，由热源（锅炉中烟气）传出的热量 q_1 中所含有的热量㶲 e_q，即为 ex_g，

$$ex_g = ex_q = \left(1 - \frac{T_0}{\overline{T}_{1g}}\right) \times q_1$$

式中，$\overline{T}_{1g}$ 烟气的平均温度为

$$\overline{T}_{1g} = \frac{h_{1g} - h_{0g}}{s_{1g} - s_{0g}} = \frac{1\,880.1 - 288.15}{1.936\,6} = 821.92(\text{K})$$

故

$$ex_g = 3\,642 \times \left(1 - \frac{288}{821.92}\right) = 2\,365.84(\text{kJ/kg})$$

两种算法结果基本相同。

(3) 锅炉。

如图 3-21 所示，按㶲平衡得㶲损失 $e_{1,B}$ 为

$$e_{1,B} = ex_g + e_4 - e_1 = 2\,365.85 + 8.58 - 1\,441.53 = 932.9(\text{kJ/kg})$$

这是锅炉中由于散热和存在有限温差传热引起的㶲损失。

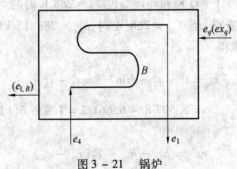

图 3-21 锅炉

锅炉的㶲损失系数为

$$\xi_B = \frac{e_{1,B}}{ex_g} \times 100\% = \frac{932.9}{2\,365.85} \times 100\% = 39.43\%$$

锅炉的㶲效率为

$$\eta_{e,B} = \frac{e_1}{ex_g + e_4} \times 100\% = \frac{1\,441.53}{8.58 + 2\,365.85} \times 100\% = 60.71\%$$

(4) 汽轮机。

如图 3-22 所示，按㶲平衡得到㶲损失 $e_{1,T}$（在不计机械损失时）为

$$e_{1,T} = e_1 - (e_{2\text{act}} + w)$$

而

$$w = h_1 - h_{2\text{act}} = 3\,422 - 2\,256.9 = 1\,165.1(\text{kJ/kg})$$

故汽轮机由于工质的黏性摩擦和涡流引起的㶲损失为

第3章 热力系统可用能分析

$$e_{1,T} = 1\,441.53 - (126.79 + 1\,165.1) = 149.64(\text{kJ/kg})$$

汽轮机的㶲损失系数为

$$\xi_T = \frac{e_{1,T}}{ex_g} = \frac{149.64}{2\,365.85} \times 100\% = 6.32\%$$

汽轮机的㶲效率为

$$\eta_{e,T} = \frac{w}{e_1 - e_{2_{act}}} = \frac{1\,165.1}{1\,441.53 - 126.79} \times 100\% = 88.62\%$$

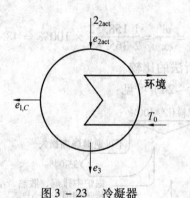

图 3-22 汽轮机

(5) 冷凝器。

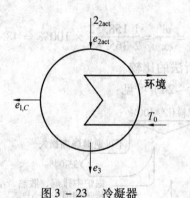

图 3-23 冷凝器

如图 3-23 所示,按㶲平衡得到㶲损失为

$$e_{1,C} = e_{2act} - e_3 = 126.79 - 2.0 = 124.79(\text{kJ/kg})$$

㶲损失系数为

$$\xi_C = \frac{e_{1,C}}{ex_g} = \frac{124.79}{2\,365.85} \times 100\% = 5.27\%$$

㶲效率为

$$\eta_{e,C} = \frac{e_3}{e_{2act}} = \frac{2}{126.79} \times 100\% = 1.58\%$$

(6) 水泵。

由于水泵本身耗功很小,在此不再考虑不可逆损失,故㶲损失为零,而水泵消耗的有用功(水泵机械㶲)

$$w_p = h_4 - h_3 = 144.35 - 137.77 = 6.58(\text{kJ/kg})$$

而 w_p 占烟气㶲的百分数为

$$\xi_p = \frac{w_p}{ex_g} = \frac{6.57}{2\,365.85} \times 100\% = 0.278\%$$

而冷凝水占烟气㶲的百分数为

$$\frac{e_3}{ex_g} = \frac{2.0}{2\,365.85} \times 100\% = 0.085\%$$

因此水泵机械㶲加上冷凝水㶲等于进入锅炉给水的㶲 e_4，这样给水㶲占烟气的百分数为

$$\frac{e_4}{ex_g} = \frac{6.58 + 2}{2\,365.85} \times 100\% = 0.363\%$$

（7）整个蒸汽动力装置总的㶲损失。

$$e_1 = e_{1,B} + e_{1,T} + e_{1,C}$$
$$= 932.9 + 149.64 + 124.79 = 1\,207.33(\text{kJ/kg})$$

整个装置㶲平衡验证：

$$ex_g - (w' + e_1) = ex_g - [(w - w_p) + e_1]$$
$$= 2\,365.85 - (1\,158.85 + 1\,207.33) = 0$$

计算合理。

整个装置㶲效率为

$$\eta_{\text{ex}} = \frac{w'}{ex_g} = \frac{1\,158.52}{2\,365.85} \times 100\% = 48.97\%$$

（8）热平衡和㶲平衡分析法的比较。

由热流图和㶲流图（图 3-24）可见：

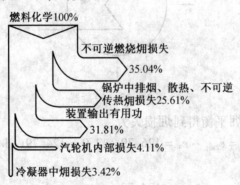

图 3-24 㶲流图

① 在锅炉中，锅炉效率为 90% 时，排烟及散热损失仅占 10%，似乎不大，但㶲分析得出㶲损失系数却高达 39.43%。锅炉的㶲损失是由于排烟及散热、有限温差传热两方面的不可逆因素引起的，尤其是后者，烟气与水蒸气的温差很大，造成锅炉㶲损失相当大。因此，高温烟气传给低温水蒸气的热量、数量未变，但做功能力即"质量""品位"降低了。为此要提高水蒸气的最高温度和平均吸热温度。

② 冷凝器中乏汽放给冷却水的热量很大，占烟气提供热量的 58.19%，但㶲损失系数仅为 5.27%，冷凝器中的㶲损失包括冷却水带走的㶲及乏汽与冷却水间温差传热引起的㶲损失两部分。这时冷却水带走的热量虽然很大，但冷却吸热后温升不高（故需要很大的流量），冷却水带走的㶲值不大，实际上该㶲在冷凝器外部的不可逆性称为外部㶲损失。由于乏汽与冷却水平均温差不大，因此两者损失都很小。总之，冷凝器中热量损失大，但做功能力损失却不

③汽轮机的不可逆膨胀引起的㶲损失占6.3%,但在热流图上这一不可逆损失无法表示,因为这一损失又以热能的形式存在于蒸汽中,随着蒸汽进入冷凝器向冷却水放热,在冷源损失中一起反映出来,由此可见,提高汽轮机相对内效率可减少㶲损失。

显见,热流图(热平衡法)虽能从数量上反映能量利用和损失情况,但不能说明造成损失的原因;而㶲流图(㶲平衡法)却能具体地表明各种循环不可逆因素造成损失的程度,如上所述,在此例中说明了要尽可能提高蒸汽的平均吸热温度以减少传热温差,这是提高装置㶲效率的关键所在。

3.5.2 蒸汽压缩制冷循环㶲分析

蒸汽压缩制冷装置系统图及其 $T-s$ 图如图3-25和图3-26所示。该装置考虑了压缩机的不可逆损失,以及蒸发器和冷凝器中存在有限温差传热的不可逆影响。在图3-26中,T_0 和 T_r 分别表示环境(冷却水)和冷藏室中的温度。

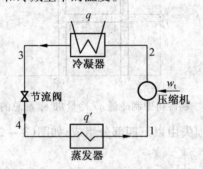

图3-25 蒸汽压缩制冷装置系统图

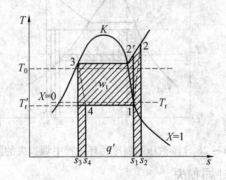

图3-26 蒸汽压缩制冷 $T-s$ 图

根据已有知识,建立冷量 q'、拖动压缩机的功率 w_t 及排给环境热量的计算式分别为

冷量: $$q' = h_1 - h_4 = h''_1 - h'_2$$

功率: $$w_t = h_2 - h_1 = \frac{1}{\eta_{c,s}}(h_{2'} - h''_1)$$

排热量: $$q = h_2 - h_3 = h_2 - h'_2$$
$$w_t = q - q'$$

式中 $\eta_{c,s}$ ——压缩机绝热效率;

h_1、h''_1——对应压力为 p_1 的饱和蒸汽比焓；

h_3、h'_2——对应压力为 p_2 的饱和液体比焓；

$h_4 = h_3 = h'_2$。

循环的㶲效率为

$$\eta_e = \frac{e_{q'}}{w} = \frac{e_{q'}}{q'} \times \frac{q'}{w} = \frac{T_0 - T_r}{T_r}\varepsilon$$

循环的总比㶲损失为

$$e_1 = w - e_{q'} = w - \frac{T_0 - T_r}{T_r}q'$$

并可用图 3-27 中的小黑点所表示的面积描述。

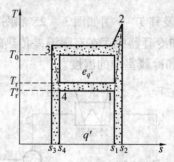

图 3-27 制冷机中制冷量 q'、冷量㶲 $e_{q'}$ 和总的㶲损失 e_1

蒸汽压缩制冷循环的㶲损失由以下四部分组成，如图(3-28)所示。

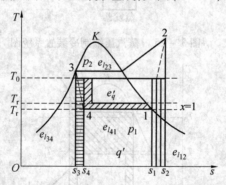

图 3-28 蒸汽压缩制冷循环过程中㶲损失的图示法

（1）不可逆绝热压缩时㶲损失。

$$e_{l_{12}} = T_0(s_2 - s_1)$$

（2）冷凝器中不可逆㶲损失。由于冷却水的㶲是不能加以利用的（即外部损失），因此冷凝器的不可逆㶲损失应为

$$e_{l_{23}} = e_2 - e_3 = h_2 - h_3 - T_0(s_2 - s_3)$$

这个㶲损失可用凝结压力 p_2 的定压线和 $T = T_0$ 等温线之间的横坐标 s_2、s_3 所限制的面积来表示。

（3）绝热节流的㶲损失。

$$e_{l_{34}} = T_0(s_4 - s_3)$$

(4) 在蒸发器中,由于 q' 是从冷藏室的温度 T_r 下不可逆地传递到蒸发温度 T'_r 的,因此是在 $T_r > T'_r$ 的有限温差下的传热过程,同样有㶲转化为㷲,在这里的㶲损失为

$$e_{l_{41}} = e_4 - e_1 - e_{q'}$$

制冷剂㶲的减少为

$$e_4 - e_1 = h_4 - h_1 - T_0(s_4 - s_1) = T_0(s_1 - s_4) - q'$$

而

$$e'_q = (T_0 - T_r)\frac{q}{T_r}$$

3.5.3 热泵循环㶲分析

图 3-29 和图 3-30 所示为热泵的工作系统图及其㶲流图。

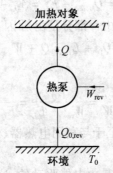

图 3-29 可逆热泵系统图

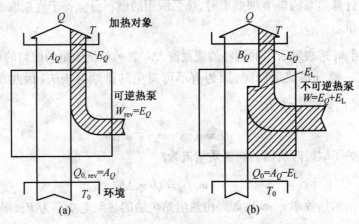

图 3-30 可逆热泵和不可逆热泵能流和㶲流图

若热泵工作过程为可逆,那么从环境吸取的热量为 $Q_{0,\mathrm{rev}}$,而放给加热对象的热量为

$$Q = Q_{0,\mathrm{rev}} + Q_{\mathrm{rev}}$$

由环境引出的热量 $Q_{0,\mathrm{rev}}$ 值为

$$Q_{0,\mathrm{rev}} = A_Q = \frac{T_0}{T}Q \tag{a}$$

供给热量所需要的㶲 E_Q 等于热泵的最小拖动功率 W_{rev},即

$$W_{\mathrm{rev}} = E_Q = \left(1 - \frac{T_0}{T}\right)Q$$

可见,热泵将以有用功的形式加入的㶲,与从环境以热量形式取出的热量炕相统一,而且将是式(a)这部分热量在 $T > T_0$ 的情况下供给加热对象。

实际的热泵工作过程是不可逆的,如图 3-30(b) 所示,为了补偿㶲的损失 E_L,以便维持与可逆时供给相同的热量 Q 与 E_Q,在热泵中应输入较大的推动功,其值为

$$W = W_{rev} + E_L = E_Q + E_L$$

其中损失的㶲流

$$E_L = W - W_{rev}$$

转化为炕,因此,在这种情况下,以热量的形式从环境中取出的热流就比可逆的情况下取出的热量要少,即

$$Q_0 = Q_{0,rev} - E_L = A_Q - E_L$$

所以为了供给加热对象所需的 A_Q,其中一部分是由㶲因不可逆产生的,因为

$$A_Q = Q_0 + E_L = Q + W - W_{rev}$$

所以不可逆热泵的㶲效率

$$\eta_Q = \frac{E_Q}{W} = \frac{E_Q}{W_{rev} + E_L} = \frac{E_Q}{E_Q + E_L}$$

热泵的利用与投资的费用有关,至于与利用电热器、炉子直接加热等供热源的经济比较,可参考有关书籍。

例 3.11 现有某取暖用的热泵,是由电能驱动的,这种热能是由热电站从燃料的化学能中取得的。使计算热泵的最小㶲效率时,热泵所用的燃料量应等于直接取暖(用炉子)所用同样燃料的燃料量。

解 现用 $\dot{m}_f$ 来表示所用的燃料的质量流,Δh 表示单位质量的燃料的热值。在直接用炉子取暖时仅有一部分热值用取暖,因为有不可避免的排烟等损失,因此在炉子的燃烧效率 $\eta_f < 1$ 时,供给的热流 $\dot{Q}$ 应为

$$\dot{Q} = \eta_f \times (\dot{m}_f)_{fh} \times \Delta h$$

直接采取炉子取暖时所需的燃料质量流为

$$(\dot{m}_f)_{fh} = \dot{Q}/\eta_f \Delta h$$

因为热电站的热效率 $\eta < 1$,如果由热电站供给的热泵电功率为 P_w,则

$$P_w = \eta_f \times (\dot{m}_f)_{wp} \times \Delta h$$

又为了供给温度为 T 的热流 $\dot{Q}$,这时热泵需要的电功率应为

$$P_w = \frac{E_Q}{\eta_e} = \frac{1}{\eta_e}\left(1 - \frac{T_0}{T}\right)\dot{Q}$$

所以,若热电站供电给热泵,则

$$\frac{\dot{Q}}{\eta_e}\left(1 - \frac{T_0}{T}\right) = \eta(\dot{m}_f)_{wp} \times \Delta h$$

其中,为了供给热流 $\dot{Q}$,热电站所需要的燃料为

$$(\dot{m}_f)_{wp} = \left(1 - \frac{T_0}{T}\right)\dot{Q}\frac{1}{\eta_e \eta \times \Delta h}$$

按题中要求满足：

$$(\dot{m}_f)_{wp} \leq (\dot{m}_f)_{fh}$$

即

$$\left(1 - \frac{T_0}{T}\right)\dot{Q}\frac{1}{\eta_e \eta \times \Delta h} \leq \frac{\dot{Q}}{\eta_f \Delta h}$$

由此得到热泵㶲效率应为

$$\eta_e \geq \left(1 - \frac{T_0}{T}\right)\frac{\eta_f}{\eta}$$

习　题

3.1　认为能量的特性不但有数量的一面，还有质量的一面，有没有什么前提条件？为什么？

3.2　试用 $h-p$ 图，论证绝热系统的焓转变为功的程度是怎样受热力学第二定律和环境状态制约的（提示：$h-p$ 图上定熵线的斜率 $(\partial h/\partial p)_s = v$）。

3.3　试证：温差换热的不可逆性损失并不取决于温差 $\Delta T(\Delta T = T_m - T_n)$ 本身，而取决于相对换热温差 $\dfrac{\Delta T}{T_0 + \Delta T}$，其中，$T_m$ 为高温物体放热的平均温度，T_0 为底温物体吸热的平均温度，ΔT 为高温物体散热与低温物体吸热的温度差。

3.4　每千克工质在开口系统及闭口系统中，从相同的状态1变化到相同的状态2，而环境状态都是 p_0、T_0，问两者的最大有用功是否相同。

3.5　熵函数有哪些特点？

3.6　对于非绝热系统不做功的热力过程，能否用熵函数来表示自发过程的方向性？

3.7　设计一个热机，若实现从温度为 973 K 的高温热源吸热 2 000 kJ，并向温度为 303 K 的冷源放热 800 kJ，试判断此过程能否实现？若将此热机用作制冷机，是否可实现从冷源吸热 800 kJ，并向热源放热 2 000 kJ？

3.8　两个质量相等、材料相同的物体 A 和 B，其初始温度分别为 T_A 和 T_B，现用作可逆热机的有限热源和冷源，热机一直到两物体的温差为零时停止工作。试证明两物体达到平衡时的温度为 $T_m = \sqrt{T_A T_B}$，并求热机所做的最大功量。

3.9　上题中，若两物体直接接触，发生热交换至温度相等时，试求平衡温度以及两物体总熵的变化。

3.10　1 kg 空气经过绝热节流，状态变化由 $p_1 = 0.6$ MPa、$T_1 = 400$ K 变化到 $p_1 = 0.1$ MPa，试求过程中的可用能损失。

3.11　某化工厂工艺流程中每秒钟需要 $p_2 = 0.5$ MPa，$t_2 = 200$ ℃ 的蒸汽 25 kg，而锅炉产生的蒸汽压力 $p_1 = 1.0$ MPa，$t_1 = 300$ ℃，原来采用节流阀降压引入设备。为节能拟不采用节流阀降压，而设置小型蒸汽轮机，使蒸汽在汽轮机内膨胀做功，其排汽送入工艺设备，问此举理论上可产生多少电力? 取环境温度 $T_0 = 200$ K。

3.12 氮气在气缸内进行可逆绝热膨胀,由 $p_1 = 1$ MPa, $T_1 = 800$ K 膨胀到 $p_2 = 0.2$ MPa。求 1 kg 氮气所做的膨胀功。如环境状态 $p_0 = 0.1$ MPa, $T_0 = 300$ K, 求 1 kg 氮气从上述状态变化到环境状态所做的最大有用功(㶲)。两者相比谁大? 试说明理由。

3.13 氮气在气缸内进行多变膨胀,由 $p_1 = 1$ MPa, $T_1 = 800$ K 膨胀到 $p_2 = 0.2$ MPa, 如多变指数 $n = 1.2$, 求 1 kg 氮的膨胀功。如环境状态 $T_0 = 300$ K, $p_0 = 0.1$ MPa, 求 1 kg 氮从上述初态变化到环境状态所做的最大有用功(㶲)。两者相比谁大,试说明其理由。

3.14 闭口系统中有压力 $p_1 = 0.2$ MPa, 温度 $T_1 = 500$ K 的空气 10 m³, 在定压下加热到 600 K, 如环境温度 $T_0 = 300$ K, 问空气所吸收的热量中有多少是可用能? 有多少是不可用能?

3.15 某一空气涡轮机,空气进口参数 $p_1 = 0.5$ MPa, $T_1 = 500$ K, 经过绝热膨胀, $p_2 = 0.1$ MPa, $T_2 = 320$ K。试确定每千克空气所产生的轴功。如环境状态 $p_0 = 0.1$ MPa, $T_0 = 300$ K, 求:(1) 初终状态空气的㶲值;(2) 整个过程的㶲损失及㶲效率。

第4章 热力学一般关系式及应用

研究热力过程和热力循环的能量关系时，必须确定工质各种热力参数的值。理想气体的状态方程、比热容及其他参数的各种关系式虽然形式简单、计算方便，但它们不能用来确定如水蒸气、氨蒸汽等实际气体的各种热力参数。同时，只有 p、v、T 和 c_p 等少数几种参数值可由实验测定，u、h、s、f、g 等参数的值无法测量，必须根据它们与可测量参数的一般关系式，由可测参数值计算而得。

热力学一般关系式是依据热力学第一定律和第二定律来建立，由于导出过程中不做任何假设，因而具有普遍性，对任意工质均适用。它们揭示了各种热力参数间的内在联系，对工质热力性质的理论研究与实验测试都有重要意义。

本章介绍由可测实验数据求取不能用实验直接测定的热力状态参数（如热力学能、焓和熵等）的方法，以及运用简单可压缩系统的热力学第一定律和热力学第二定律表达式，获取工质状态参数间关系式的基本方法。

4.1 数学基础

1. 全微分方程

根据状态公式 (1-19)，可使用任意两个独立状态参数确定简单可压缩系统的平衡状态，即当两个独立状态参数有确定后，所有其他状态参数也随之确定。那么，对于简单可压缩系统，每个状态参数都是两个独立状态参数的函数。假设 x、y 是两个独立的状态参数，则任意的第三个状态参数 z 是 x、y 的函数，即 $z = f(x, y)$。在数学上，若 z 是独立变量 x、y 的连续函数，它的各偏导数都存在且连续，则函数 z 的全微分为

$$dz = \left(\frac{dz}{dx}\right)_y dx + \left(\frac{dz}{dy}\right)_x dy \qquad (4-1)$$

令 $M = \left(\dfrac{dz}{dx}\right)_y$，$N = \left(\dfrac{dz}{dy}\right)_x$，若 M、N 是 x、y 的连续函数，对 M、N 分别求 y、x 的偏导数，则有

$$\left(\frac{\partial M}{\partial y}\right)_x = \frac{\partial^2 z}{\partial y \partial x}, \quad \left(\frac{\partial N}{\partial x}\right)_y = \frac{\partial^2 z}{\partial x \partial y}$$

如果上述混合偏导数是连续函数，则混合偏导数与求导顺序无关，即

$$\left(\frac{\partial M}{\partial y}\right)_x = \left(\frac{\partial N}{\partial x}\right)_y \qquad (4-1a)$$

2. 循环及倒数关系

如果 $f(x, y, z) = 0$，写成 $x = x(y, z)$，则函数 x 的全微分为

$$dx = \left(\frac{\partial x}{\partial y}\right)_z dy + \left(\frac{\partial x}{\partial z}\right)_y dz \qquad (a)$$

$$dy = \left(\frac{\partial y}{\partial x}\right)_z dx + \left(\frac{\partial y}{\partial z}\right)_x dz \qquad (b)$$

写成
$$y = y(x,z)$$

将式(b)代入式(a),有

$$\left[1 - \left(\frac{\partial x}{\partial y}\right)_z \left(\frac{\partial y}{\partial x}\right)_z\right] dx = \left[\left(\frac{\partial x}{\partial y}\right)_z \left(\frac{\partial y}{\partial z}\right)_x + \left(\frac{\partial x}{\partial z}\right)_y\right] dz$$

由于 x、z 均是独立变量,上式等号两端分别是 x、z 的微分,若要使得上式成立,可取 $dz = 0$、$dx \neq 0$,则

$$\left(\frac{\partial x}{\partial y}\right)_z \left(\frac{\partial y}{\partial x}\right)_z = 1$$

即
$$\left(\frac{\partial x}{\partial y}\right)_z = \frac{1}{\left(\frac{\partial y}{\partial x}\right)_z} \qquad (4-2)$$

式(4-2)称为倒数关系。

如取 $dz \neq 0$、$dx = 0$,则

$$\left(\frac{\partial x}{\partial y}\right)_z \left(\frac{\partial y}{\partial z}\right)_x + \left(\frac{\partial x}{\partial z}\right)_y = 0$$

即
$$\left(\frac{\partial x}{\partial y}\right)_z \left(\frac{\partial y}{\partial z}\right)_x \left(\frac{\partial z}{\partial x}\right)_y = -1 \qquad (4-3)$$

式(4-3)称为循环关系,表示三个自变量分别下脚标不变和求偏导的关系。

3. 链式关系与不同下角标关系

考虑四个变量 x、y、z、α,分别写成
$$x = (y,\alpha), \quad y = y(z,\alpha)$$

由全微分方程可得

$$dx = \left(\frac{\partial x}{\partial y}\right)_\alpha dy + \left(\frac{\partial x}{\partial \alpha}\right)_y d\alpha \qquad (a)$$

$$dy = \left(\frac{\partial y}{\partial z}\right)_\alpha dz + \left(\frac{\partial y}{\partial \alpha}\right)_z d\alpha \qquad (b)$$

将式(b)代入式(a)可得

$$dx = \left[\left(\frac{\partial x}{\partial y}\right)_\alpha \left(\frac{\partial y}{\partial z}\right)_\alpha\right] dz + \left[\left(\frac{\partial x}{\partial \alpha}\right)_y + \left(\frac{\partial x}{\partial y}\right)_\alpha \left(\frac{\partial y}{\partial \alpha}\right)_z\right] d\alpha \qquad (c)$$

考虑 $x = x(z,\alpha)$ 又有

$$dx = \left(\frac{\partial x}{\partial z}\right)_\alpha dz + \left(\frac{\partial x}{\partial \alpha}\right)_z d\alpha \qquad (d)$$

比较式(c)和式(d),两式相等,需对应的系数相等,第一项 dz 系数相等,得

$$\left(\frac{\partial x}{\partial y}\right)_\alpha \left(\frac{\partial y}{\partial z}\right)_\alpha \left(\frac{\partial z}{\partial x}\right)_\alpha = 1 \qquad (4-4)$$

式(4-4)为链式关系式,表示三个自变量分别求偏导,以第四个自变量作为下标,串成连乘的链式关系。

比较式(c)和式(d),第二项 $d\alpha$ 系数相等,得

$$\left(\frac{\partial x}{\partial \alpha}\right)_z = \left(\frac{\partial x}{\partial \alpha}\right)_y + \left(\frac{\partial x}{\partial y}\right)_\alpha \left(\frac{\partial y}{\partial \alpha}\right)_z \qquad (4-5)$$

式(4-5)为不同下标关联式,表示将第四个参数引入下标后的参数变化关系。

式(4-1)~式(4-5)是热力学性质计算需要用到的基本数学关系式。

4.2 热力学基本关系式

热力学的基本定律是普遍定律,可以适用于相当复杂的系统,包括具有力效应、化学效应、电效应和固体变形等效应。简单可压缩系统在可逆过程中只能通过一种可逆功的方式在做功,这个功就是改变系统容积所做的功 pdv。下面结合第一定律及第二定律导出定质量简单可压缩系统的热力学基本关系式。

1. 四个基本关系式

(1) 热力学能的基本关系式。

由热力学第一定律所得简单可压缩系统中,单位质量闭口系统可逆过程的能量方程为

$$\delta q = pdv + du \qquad (a)$$

根据热力学第二定律,对可逆过程有

$$\delta q = Tds \qquad (b)$$

联立式(a)和式(b),得 $Tds = pdv + du$

写成

$$du = Tds - pdv \qquad (4-6)$$

式(4-6)称为热力学能的基本关系式。

(2) 焓的基本关系式。

因为

$$h = pv + u$$
$$dh = pdv + vdp + du$$

将式(4-6)代入上式,得

$$dh = Tds + vdp \qquad (4-7)$$

式(4-7)称为焓的基本关系式。

(3) 自由能的基本关系式。

因为

$$f = u - Ts$$
$$df = du - sdT - Tds$$

将式(4-6)代入上式,得

$$df = -sdT - pdv \qquad (4-8)$$

式(4-8)称为自由能的基本关系式。对于可逆定温过程,$dT=0$,$-df=pdv$,说明工质自由能函数的减少,等于可逆定温过程对外所做的膨胀功,或者说自由能函数是热力学能中可以自由释放转变为功的那部分,而 sdT 称为束缚能,这部分不能转变为功。

(4) 自由焓的基本关系式。

因为

$$g = h - Ts$$
$$dg = dh - sdT - Tds$$

将式(4-7)代入上式,得

所以

$$dg = -sdT + vdp \qquad (4-9)$$

式(4-9)称为自由焓的基本关系式。由该式可知,对可逆定温过程,$dg = vdp$,说明工质自由焓的减少,等于可逆定温过程中对外所做的技术功。

式(4-6)~式(4-9)是四个重要的热力学基本方程式,它们将简单可压缩纯物质系统在平衡态发生变化时,各种参数的变化联系了起来,在热力学的研究中具有重要作用。

值得注意的是,式(4-6)~式(4-9)的推导过程,虽然引入了闭口可逆过程的约束,但由于上述四个参数均为状态参数,因此系统从一个平衡态到另一个平衡态,只要初、终态相同,则状态参数之间的关系就应相同,这是由状态参数点函数特性所决定的,与系统经历是否为可逆过程无关。只是如果热力过程是不可逆的,则上述方程中的 Tds 不是系统的传热量,pdv 也不是系统的膨胀功。

应当指出,对上述四个基本关系式 du、dh、df 及 dg 积分时,可以在始末两个平衡态之间任意选择一条或几条可逆过程的路径计算,所得结果是一样的。

2. 热力学参数与偏导数关系

考虑复合函数 $u = u(s,v)$,按照式(4-1)的全微分展开,得

$$du = \left(\frac{du}{ds}\right)_v ds + \left(\frac{du}{dv}\right)_s dv$$

对比式 (4-6) $du = Tds - pdv$,进行同类项比较,得到

$$T = \left(\frac{\partial u}{\partial s}\right)_v \quad 及 \quad p = -\left(\frac{\partial u}{\partial v}\right)_s \tag{4-10}$$

进一步考虑 $h = h(s,p)$、$f = f(T,v)$、$g = g(T,p)$ 三个复合函数,并进行对应项的全微分展开,对比其系数,得

$$T = \left(\frac{\partial h}{\partial s}\right)_p \quad 及 \quad v = \left(\frac{\partial h}{\partial p}\right)_s \tag{4-11}$$

$$s = -\left(\frac{\partial f}{\partial T}\right)_v \quad 及 \quad p = -\left(\frac{\partial f}{\partial v}\right)_T \tag{4-12}$$

$$s = -\left(\frac{\partial g}{\partial T}\right)_p \quad 及 \quad v = \left(\frac{\partial g}{\partial p}\right)_T \tag{4-13}$$

式(4-10)~式(4-13)四个关系式称为热力学参数与偏导数关系式,它们给出了简单可压缩系统 p、v、T 及 s 间的四个偏导数关系式。

3. 麦克斯韦关系式

由于状态参数都是点函数,符合式(4-1)全微分的充要条件关系式,$\left(\frac{\partial M}{\partial y}\right)_x = \left(\frac{\partial N}{\partial x}\right)_y$,从四个热力学基本关系式(4-6)~式(4-9)对照全微分表达式可导出四组状态参数的关系式:

由(4-6),根据 $\left(\frac{\partial M}{\partial y}\right)_x = \left(\frac{\partial N}{\partial x}\right)_y$,得

$$\left(\frac{\partial T}{\partial v}\right)_s = -\left(\frac{\partial p}{\partial s}\right)_v \tag{4-14}$$

由(4-7),根据 $\left(\frac{\partial M}{\partial y}\right)_x = \left(\frac{\partial N}{\partial x}\right)_y$,得

$$\left(\frac{\partial T}{\partial p}\right)_s = \left(\frac{\partial v}{\partial s}\right)_p \tag{4-15}$$

由式(4-8),根据 $\left(\frac{\partial M}{\partial y}\right)_x = \left(\frac{\partial N}{\partial x}\right)_y$,得

第4章 热力学一般关系式及应用

$$\left(\frac{\partial s}{\partial v}\right)_T = \left(\frac{\partial p}{\partial T}\right)_v \tag{4-16}$$

由式(4-9),根据 $\left(\frac{\partial M}{\partial y}\right)_x = \left(\frac{\partial N}{\partial x}\right)_y$,得

$$-\left(\frac{\partial s}{\partial p}\right)_T = \left(\frac{\partial v}{\partial T}\right)_p \tag{4-17}$$

式(4-14)~式(4-17)称为麦克斯韦关系式,它们给出了简单可压缩系统 p、v、T 及 s 间的四个偏导数关系式,其中式(4-16)和式(4-17)将不可测状态参数熵的偏导数与可测的状态方程 $f(p,v,T)$ 建立了联系。

4. 特性函数

当热力学系统的基本方程给定后,要研究这一系统处于平衡态时的热力学性质,通常需要知道该系统的特性函数。

当选定两个独立参数后,若只要已知某一热力学参数与这两个独立参数间的关系,即能完全确定热力学性质,称此热力学函数为特性函数,对应的独立变量称为特性变量。在热力学中 $u = u(s,v)$,$h = h(s,p)$,$f = f(T,v)$,$g = g(T,p)$ 为四个基本的特性函数,括号内的两个自变量,称为特性变量。

热力参数计算时,特性函数十分重要,因为它能表征该物质的特征。值得注意的是,某一函数能称之为特性函数,其所对应的特性变量一定是唯一的,比如热力学能,在以 s 和 v 作为独立变量时,即 $u = u(s,v)$,可称为特性函数,但当 $u = u(s,p)$ 时,该函数关系就不能称为特性函数,下面举例说明。

例 4.1 若以 (U,V) 为独立参数,确定 S 是否是特性函数。

解 据热力学基本方程(4-6),有

$$dS = \frac{dU}{T} + \frac{p}{T}dV \tag{a}$$

而作为状态参数的熵,可写成 $S = S(U,V)$,其全微分式为

$$dS = \left(\frac{\partial S}{\partial U}\right)_V dU + \left(\frac{\partial S}{\partial V}\right)_U dV \tag{b}$$

对比式(a)与式(b),得

$$\left(\frac{\partial S}{\partial U}\right)_V = \frac{1}{T}, \quad T = \frac{1}{\left(\frac{\partial S}{\partial U}\right)_V}$$

$$\left(\frac{\partial S}{\partial V}\right)_U = \frac{p}{T}, \quad p = T\left(\frac{\partial S}{\partial V}\right)_U = \frac{\left(\frac{\partial S}{\partial V}\right)_U}{\left(\frac{\partial S}{\partial U}\right)_V}$$

按焓、自由能和自由焓的定义,分别得

$$H = U + pV = U + \frac{\left(\frac{\partial S}{\partial V}\right)_U}{\left(\frac{\partial S}{\partial U}\right)_V} \cdot V$$

$$G = H - TS = U + \frac{\left(\frac{\partial S}{\partial V}\right)_U}{\left(\frac{\partial S}{\partial U}\right)_V} V - \frac{S}{\left(\frac{\partial S}{\partial U}\right)_V}$$

$$F = U - TS = U - \frac{S}{\left(\frac{\partial S}{\partial U}\right)_V}$$

可见，由 $S(U,V)$ 可确定均匀系的平衡性质，所以 $S(U,V)$ 是特性函数，证毕。

例 4.2 试证 $v(T,p)$ 不是特性函数。

证明 状态参数 v 的全微分为

$$\mathrm{d}v = \left(\frac{\partial v}{\partial T}\right)_p \mathrm{d}T + \left(\frac{\partial v}{\partial p}\right)_T \mathrm{d}p \tag{a}$$

根据热力学基本方程：

$$\mathrm{d}v = -\frac{s}{T}\mathrm{d}T - \frac{1}{p}\mathrm{d}f$$

若以全微分式 $\mathrm{d}f = \left(\frac{\partial f}{\partial T}\right)_p \mathrm{d}T + \left(\frac{\partial f}{\partial p}\right)_T \mathrm{d}p$ 代入，得

$$\mathrm{d}v = -\frac{s}{T}\mathrm{d}T - \frac{1}{p}\left(\frac{\partial f}{\partial T}\right)_p \mathrm{d}T - \frac{1}{p}\left(\frac{\partial f}{\partial p}\right)_T \mathrm{d}p \tag{b}$$

对比式 (a) 与式 (b)，得

$$\left(\frac{\partial v}{\partial T}\right)_p = -\left[\frac{s}{p} + \frac{1}{p}\left(\frac{\partial f}{\partial T}\right)_p\right] = -\frac{1}{p}\left[s + \left(\frac{\partial f}{\partial T}\right)_p\right] \tag{c}$$

和

$$\left(\frac{\partial v}{\partial T}\right)_p = -\frac{1}{p}\left(\frac{\partial f}{\partial T}\right)_p$$

式 (c) 可改写成

$$s = -p\left(\frac{\partial v}{\partial T}\right)_p - \left(\frac{\partial f}{\partial T}\right)_p$$

可见，熵 s 不能单纯由 p、T、v 及其偏导数确定，因而 $v(p,T)$ 不是特性函数。

若从另一基本方程出发：

$$\mathrm{d}v = \frac{T}{p}\mathrm{d}s - \frac{1}{p}\mathrm{d}u \tag{e}$$

将 $\mathrm{d}s = \left(\frac{\partial s}{\partial T}\right)_p \mathrm{d}T + \left(\frac{\partial s}{\partial p}\right)_T \mathrm{d}p$ 及 $\mathrm{d}u = \left(\frac{\partial u}{\partial T}\right)_p \mathrm{d}T + \left(\frac{\partial u}{\partial p}\right)_T \mathrm{d}p$ 代入，则得

$$\mathrm{d}v = \frac{T}{p}\left(\frac{\partial s}{\partial T}\right)_p \mathrm{d}T + \frac{T}{p}\left(\frac{\partial s}{\partial p}\right)_T \mathrm{d}p - \frac{1}{p}\left(\frac{\partial u}{\partial T}\right)_p \mathrm{d}T - \frac{1}{p}\left(\frac{\partial u}{\partial p}\right)_T \mathrm{d}p \tag{f}$$

对比式 (a) 与式 (f)，得

$$\left(\frac{\partial v}{\partial T}\right)_p = \frac{T}{p}\left(\frac{\partial s}{\partial T}\right)_p - \frac{1}{p}\left(\frac{\partial u}{\partial T}\right)_p$$

$$\left(\frac{\partial v}{\partial p}\right)_T = \frac{T}{p}\left(\frac{\partial s}{\partial p}\right)_T - \frac{1}{p}\left(\frac{\partial u}{\partial p}\right)_T$$

同样可以发现，单纯由 T、p、v 及其偏导数无法确定诸如 s、u 等参数，故 $v(T,p)$ 不是特性函数。

5. 四边形记忆法则

式(4-6)~式(4-9)四个热力学基本关系式,式(4-10)~式(4-13)八个热力学参数与偏导数关系式以及(4-16)~式(4-19)四个麦克斯韦关系式,是导出其他热力学参数的重要依据,为方便记忆,一般采用四边形记忆法则。

如图4-1所示,四边形的四条边分别表示四个特性函数 u、h、f 和 g,与其相邻的两个点分别表示其所对应特性变量,只是在 s 和 p 前面加一负号(无原因,仅为了与关联式符合)。

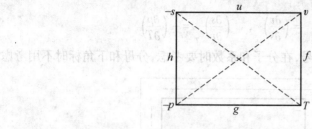

图4-1 四边形记忆框图

(1) 四个热力学基本关系式的记忆。

每个热力学基本关系式,均以两个相邻参数为自变量(不考虑正负号),其对角线所指的参数为其系数(考虑正负号)。

例如,热力学能基本关系式:u 的两个相邻参数为变量 s、v,也是 u 的特性变量作为自变量,即 $du = (系数)ds + (系数)dv$,其系数的确定,是特性变量对角线所指的值,即 s 指的是 T,v 指的是 $(-p)$,写成

$$du = Tds - pdv$$

其他可依次写成

$$dg = -sdT + vdp, \quad df = -sdT - pdv, \quad dh = pdv + vdp + du$$

(2) 八个偏导数的记忆。

八个偏导数都是特性函数对自己的特性变量的偏导,并以另一特性变量做下标。四边形记忆法为:特性函数对自己哪个特性变量偏导时,特性变量对角线所指参数,即为偏导数所得的数值。

例如,特性函数 u 的独立变量为 s 和 v,特性函数 u 对自己的特性变量 v 求偏导,并以另一独立变量 s 为下脚标时,即 $(\partial u/\partial v)_s$,其求偏导的那个独立变量 v 对角线所指的参数 $(-p)$,就是偏导的计算结果,写成 $(\partial u/\partial v)_s = -p$。其他偏导数依次如下:

$$\left(\frac{\partial u}{\partial v}\right)_s = -p, \quad \left(\frac{\partial u}{\partial s}\right)_v = T$$

$$\left(\frac{\partial h}{\partial s}\right)_p = T, \quad \left(\frac{\partial h}{\partial p}\right)_s = v$$

$$\left(\frac{\partial f}{\partial T}\right)_v = -s, \quad \left(\frac{\partial f}{\partial v}\right)_T = -p$$

$$\left(\frac{\partial g}{\partial T}\right)_p = -s, \quad \left(\frac{\partial g}{\partial p}\right)_T = v$$

(3) 麦克斯韦关系的记忆。

沿四边形两两对边开始,相互对折走折线,折线上三个点分别是偏导的分子、分母和下脚

标。图 4-2 所示箭头实线方向，可以写成 $\left(\frac{\partial T}{\partial v}\right)_s = -\left(\frac{\partial p}{\partial s}\right)_v$，这时，作为偏导数的量，$p$ 和 s 前的负号有意义，也要考虑。

同样以虚箭头线终端的变量，可写出

$$\left(\frac{\partial s}{\partial p}\right)_T = -\left(\frac{\partial v}{\partial T}\right)_p$$

以及其余的两组如下：

$$\left(\frac{\partial T}{\partial p}\right)_s = \left(\frac{\partial v}{\partial s}\right)_p, \quad \left(\frac{\partial s}{\partial v}\right)_T = -\left(\frac{\partial p}{\partial T}\right)_v$$

注意：特性变量 s, p 前面的负号，在分子和系数时要考虑，分母和下角标时不用考虑。

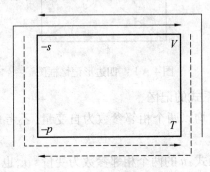

图 4-2 四边形记忆

6. 计算技巧

特性函数偏导数的各种运算，其目的是用可测参数来替代各个不可测量。在处理各种偏导数之间的运算以及恒等式的证明时，可用公式很多，技巧性很强，初学者常常不得要领，似乎无章可循，经常乱用公式，盲目瞎碰，事倍而功半。下面介绍偏导数运算的一般步骤：

(1) 特性函数 (u,h,f,g) 或熵，在运算式中位于某偏导数的下脚标时，可首先用循环式将它们导入偏导数内，例如 $\left(\frac{\partial T}{\partial v}\right)_s$，用循环关系式：

$$\left(\frac{\partial T}{\partial v}\right)_s = \frac{-1}{\left(\frac{\partial v}{\partial s}\right)_T \left(\frac{\partial s}{\partial T}\right)_v}$$

(2) 若特性函数 (u,h,f,g) 或熵，在运算式中位于分母上时，例如 $\left(\frac{\partial v}{\partial s}\right)_T$，用倒数关系式：

$$\left(\frac{\partial v}{\partial s}\right)_T = \frac{1}{\left(\frac{\partial s}{\partial v}\right)_T}$$

(3) 若特性函数 (u,h,f,g) 是对自己的特性独立变量求导，并以另一独立变量为下脚标，可直接由八个偏导关系写出，例如：

$$\left(\frac{\partial u}{\partial s}\right)_v = T$$

(4) 若特性函数 (u,h,f,g) 是对其他变量求偏导，而下脚标是自己的特性变量，则用链式关系式，转成对自己的特性变量求偏导。例如 $\left(\frac{\partial u}{\partial p}\right)_v$，$p$ 不是特性函数 u 的特性变量，采用链式

第4章 热力学一般关系式及应用

关系式引入 u 的特性变量 s，变成对自己的独立变量求导：

$$\left(\frac{\partial u}{\partial p}\right)_v = \frac{1}{\left(\frac{\partial p}{\partial s}\right)_v \left(\frac{\partial s}{\partial u}\right)_v}$$

(5) 若特性函数 (u, h, f, g) 或熵在运算式中下标不是自己的独立变量时，则用不同的下标式，将自己的特性变量引入，例如出现 $\left(\frac{\partial u}{\partial v}\right)_T$ 时，引入

$$\left(\frac{\partial u}{\partial v}\right)_T = \left(\frac{\partial u}{\partial v}\right)_s + \left(\frac{\partial u}{\partial v}\right)_v \left(\frac{\partial s}{\partial v}\right)_T$$

(6) 若是 s 对其他变量偏导，用麦克斯韦关系式来消熵：

$$-\left(\frac{\partial s}{\partial p}\right)_T = \left(\frac{\partial v}{\partial T}\right)_p \text{ 或 } \left(\frac{\partial s}{\partial v}\right)_T = -\left(\frac{\partial p}{\partial T}\right)_v$$

(7) 也可以用比热关系式消熵：

$$\left(\frac{\partial s}{\partial T}\right)_v = \frac{c_V}{T}, \quad \left(\frac{\partial s}{\partial p}\right)_p = \frac{c_p}{T}$$

例 4.3 用可测量 T、p、v、c_V 表示 $\left(\frac{\partial T}{\partial v}\right)_u$。

解 (1) 由于 $\left(\frac{\partial T}{\partial v}\right)_u$ 中 u 位于下标位置，先用循环关系式，则

$$\left(\frac{\partial T}{\partial v}\right)_u = \frac{-1}{\left(\frac{\partial v}{\partial u}\right)_T \left(\frac{\partial u}{\partial T}\right)_v}$$

(2) 对于 $\left(\frac{\partial v}{\partial u}\right)_T$，在用倒数关系式，而 $\left(\frac{\partial u}{\partial T}\right)_v = c_V$，则上式变成

$$-\frac{\left(\frac{\partial u}{\partial v}\right)_T}{\left(\frac{\partial u}{\partial T}\right)_v} = -\frac{\left(\frac{\partial u}{\partial v}\right)_T}{c_V}$$

(3) 对于 $\left(\frac{\partial u}{\partial v}\right)_T$，体现为下标不是 u 的特性变量，采用不用下标式，引入自己的特性变量 s：

$$\left(\frac{\partial u}{\partial v}\right)_T = \left(\frac{\partial u}{\partial v}\right)_s + \left(\frac{\partial u}{\partial s}\right)_v \left(\frac{\partial s}{\partial v}\right)_T$$

(4) 按照偏导数关系：

$$\left(\frac{\partial u}{\partial v}\right)_s = -p, \quad \left(\frac{\partial u}{\partial s}\right)_v = T$$

而 $\left(\frac{\partial s}{\partial v}\right)_T$ 可用麦克斯韦关系式

$$\left(\frac{\partial s}{\partial v}\right)_T = -\left(\frac{\partial p}{\partial T}\right)_v$$

最后 $\left(\frac{\partial T}{\partial v}\right)_u = -\frac{1}{c_V}\left[-p + T\left(\frac{\partial p}{\partial T}\right)_v\right] = \frac{p - T\left(\frac{\partial p}{\partial T}\right)_v}{c_V}$

例 4.4 试用参数 p、v、T、c_p、s 表示 $\left(\dfrac{\partial h}{\partial p}\right)_g$ 的表达式。

解法一 利用基本方程与全微分式求解。

因为
$$dh = Tds + vdp$$

而
$$dh = \left(\frac{\partial h}{\partial p}\right)_g dp + \left(\frac{\partial h}{\partial g}\right)_p dg$$

又
$$ds = \left(\frac{\partial s}{\partial p}\right)_g dp + \left(\frac{\partial s}{\partial g}\right)_p dg$$

综合以上三式,得

$$\left(\frac{\partial h}{\partial p}\right)_g dp + \left(\frac{\partial h}{\partial g}\right)_p dg$$

$$= T\left[\left(\frac{\partial s}{\partial p}\right)_g dp + \left(\frac{\partial s}{\partial g}\right)_p dg\right] + vdp$$

于是
$$\left(\frac{\partial h}{\partial p}\right)_g = T\left(\frac{\partial s}{\partial p}\right)_g + v \tag{a}$$

利用循环关系与倒数关系改写为

$$\left(\frac{\partial h}{\partial p}\right)_g = v - \frac{T\left(\dfrac{\partial g}{\partial p}\right)_s}{\left(\dfrac{\partial g}{\partial s}\right)_p} \tag{b}$$

对于式(b)中的 $\left(\dfrac{\partial g}{\partial p}\right)_s$ 与 $\left(\dfrac{\partial g}{\partial s}\right)_p$,再次利用基本方程与全微分方程式求解。

因为
$$dg = \left(\frac{\partial g}{\partial s}\right)_p ds + \left(\frac{\partial g}{\partial p}\right)_s dp$$

又
$$dT = \left(\frac{\partial T}{\partial p}\right)_s dp + \left(\frac{\partial T}{\partial s}\right)_p ds$$

综合上述三式得

$$dT = \left(\frac{\partial T}{\partial p}\right)_s dp + \left(\frac{\partial T}{\partial s}\right)_p ds$$

$$= -s\left[\left(\frac{\partial T}{\partial p}\right)_s dp + \left(\frac{\partial T}{\partial s}\right)_p ds\right] + vdp$$

于是
$$\left(\frac{\partial g}{\partial s}\right)_p = -s\left(\frac{\partial T}{\partial s}\right)_p \tag{c}$$

$$\left(\frac{\partial g}{\partial p}\right)_s = -s\left(\frac{\partial T}{\partial p}\right)_s + v \tag{d}$$

将式(c)与式(d)代入式(b)中,得

$$\left(\frac{\partial h}{\partial p}\right)_g = v + T\,\frac{v - s\left(\dfrac{\partial T}{\partial p}\right)_s}{s\left(\dfrac{\partial T}{\partial s}\right)_p}$$

$$= v + T\left[\frac{v}{s}\left(\frac{\partial s}{\partial T}\right)_p - \left(\frac{\partial T}{\partial p}\right)_s\left(\frac{\partial s}{\partial T}\right)_p\right]$$

第4章 热力学一般关系式及应用

利用循环关系式与麦克斯韦关系式，$\left(\dfrac{\partial T}{\partial p}\right)_s \left(\dfrac{\partial s}{\partial T}\right)_p = -\left(\dfrac{\partial s}{\partial p}\right)_T = \left(\dfrac{\partial v}{\partial T}\right)_p$，而且 $\left(\dfrac{\partial s}{\partial T}\right)_p = \dfrac{c_p}{T}$，于是

$$\left(\dfrac{\partial h}{\partial p}\right)_g = v + T\left[\dfrac{v}{s}\dfrac{c_p}{T} - \left(\dfrac{\partial v}{\partial T}\right)_p\right]$$

$$= -T\left(\dfrac{\partial v}{\partial T}\right)_p + v\left(\dfrac{c_p}{s} + 1\right)$$

解法二 可以看出上述解法较为复杂，这里使用本节介绍的第一种运算方法求解。

由于 $\left(\dfrac{\partial h}{\partial p}\right)_g$ 中下标 g 并非特征函数 h 的独立变量，故先用不同下脚标式即可得出式(a)。

$$\left(\dfrac{\partial h}{\partial p}\right)_g = \left(\dfrac{\partial h}{\partial p}\right)_s + \left(\dfrac{\partial h}{\partial s}\right)_p \left(\dfrac{\partial s}{\partial p}\right)_g$$

$$= v + T\left(\dfrac{\partial s}{\partial p}\right)_g \tag{a}$$

利用循环关系式与倒数关系式将式(a)改写为

$$\left(\dfrac{\partial h}{\partial p}\right)_g = v - T\dfrac{\left(\dfrac{\partial g}{\partial p}\right)_s}{\left(\dfrac{\partial g}{\partial s}\right)_p} \tag{b}$$

又由于 $\left(\dfrac{\partial g}{\partial p}\right)_s$ 中下标 s 并非特征函数 g 的独立变量，再次利用不同下标式，写成

$$\left(\dfrac{\partial g}{\partial p}\right)_s = \left(\dfrac{\partial g}{\partial p}\right)_T + \left(\dfrac{\partial g}{\partial T}\right)_p \left(\dfrac{\partial T}{\partial p}\right)_s$$

$$= v - s\left(\dfrac{\partial T}{\partial p}\right)_s \tag{d}$$

利用循环关系式、麦克斯韦关系式和比热容定义式，式(d)可写成

$$\left(\dfrac{\partial g}{\partial p}\right)_s = v + s\dfrac{\left(\dfrac{\partial s}{\partial p}\right)_T}{\left(\dfrac{\partial s}{\partial T}\right)_p} = v + s\dfrac{-\left(\dfrac{\partial v}{\partial T}\right)_p}{\left(\dfrac{\partial s}{\partial T}\right)_p}$$

$$= v - \dfrac{sT\left(\dfrac{\partial v}{\partial T}\right)_p}{c_p} \tag{e}$$

而偏导数 $\left(\dfrac{\partial g}{\partial s}\right)_p$ 中分母 s 并非特征函数 g 的独立变量，可用链式关系式将其改为

$$\left(\dfrac{\partial g}{\partial s}\right)_p = \left(\dfrac{\partial g}{\partial T}\right)_p \left(\dfrac{\partial T}{\partial s}\right)_p = -s\left(\dfrac{\partial T}{\partial s}\right)_p$$

$$= -\dfrac{sT}{c_p} \tag{f}$$

将式(e)与式(f)代入式(b)，得

$$\left(\frac{\partial h}{\partial p}\right)_g = v - T\frac{v - \dfrac{sT\left(\frac{\partial v}{\partial T}\right)_p}{c_p}}{-\dfrac{sT}{c_p}}$$

$$= v + \left[\frac{vc_p}{s} - T\left(\frac{\partial v}{\partial T}\right)_p\right]$$

$$= -T\left(\frac{\partial v}{\partial T}\right)_p + v\left(\frac{c_p}{s} + 1\right)$$

7. 热系数

状态函数的某些偏导数具有明确的物理意义,表征工质特定的热力性质,尤其当它们的数值可以由实验测定时,就成为研究工质热力性质的重要数据。

(1) 热膨胀系数(容积膨胀系数)α。

$$\alpha = \frac{1}{v}\left(\frac{\partial v}{\partial T}\right)_p \tag{4-18}$$

热膨胀系数 α:表示物质在定压下比热容随温度的变化率。由于 $\left(\frac{\partial v}{\partial p}\right)_p$ 为负值,在前面加一负号,使压缩系数 α 为正值。

(2) 等温压缩系数 β_T。

$$\beta_T = -\frac{1}{v}\left(\frac{\partial v}{\partial p}\right)_T \tag{4-19}$$

等温压缩系数 β_T:表示物质在定温下比容随压力的变化率。同样,由于 $\left(\frac{\partial v}{\partial p}\right)_T$ 为负值,在前面加一负号,使等温压缩系数为正值。

(3) 绝热压缩系数 β_s。

$$\beta_s = -\frac{1}{v}\left(\frac{\partial v}{\partial p}\right)_s \tag{4-19a}$$

绝热压缩系数与等温压缩系数的物理意义近似,只是表示物质在绝热下比热容随压力的变化率。同样由于 $\left(\frac{\partial v}{\partial p}\right)_s$ 为负值,在前面加一负号,使绝热压缩系数为正值。

(4) 压力温度系数(或称定容压力系数)γ。

$$\gamma = \frac{1}{p}\left(\frac{\partial p}{\partial T}\right)_v \tag{4-20}$$

定容压力系数 γ 表示物质在定容下,压力随温度的温度的变化率。

上述三个物质热系数都具有明确的物理意义,其对应的偏导数均可通过实验而得到,同时三者之间又有联系,只要知道其中两个偏导数,通过式(4-21)就可求得第三个偏导数。

由于三个基本状态参数 p、v、T 之间存在着函数关系,如 $p = f(v, T)$,$v = f(p, T)$,$T = f(p, v)$,应用循环关系式(4-3),则可得

$$\left(\frac{\partial p}{\partial v}\right)_T\left(\frac{\partial v}{\partial T}\right)_p\left(\frac{\partial T}{\partial p}\right)_v = -1$$

或
$$\frac{\left(\frac{\partial v}{\partial p}\right)_T \left(\frac{\partial p}{\partial T}\right)_v}{\left(\frac{\partial v}{\partial T}\right)_p} = -1$$

可得各热力系数间的关系为

$$\frac{\alpha}{\beta_T} = \gamma p = \left(\frac{\partial p}{\partial T}\right)_v \tag{4-21}$$

8. 焦耳 - 汤姆孙系数

理想气体的绝热节流过程,由于绝热节流过程前后流体的焓值不变(但绝不是等熵过程),其节流过程是等温过程。实际气体在绝热节流过程中,节流前后的温度一般将发生变化,称为焦耳 - 汤姆孙效应(简称焦 - 汤效应)。造成这种现象的原因是实际气体的焓值不仅是温度的函数,而且也是压力的函数。

衡量绝热节流过程中流体温度变化的参数称为绝热节流系数,或称焦耳 - 汤姆孙系数,用符号 μ_J 表示,定义为气体在节流时单位压降所产生的温度变化,即

$$\mu_J = \left(\frac{\partial T}{\partial p}\right)_h$$

在绝热节流过程中,压力是降低的,即 $dp < 0$,所以可以得到以下结论:
(1) 当 $\mu_J > 0$ 时,$dT < 0$,则节流后流体温度降低,发生冷效应。
(2) 当 $\mu_J < 0$ 时,$dT > 0$,则节流后流体温度升高,发生热效应。
(3) 当 $\mu_J = 0$ 时,$dT = 0$,则节流后流体温度不变,发生零效应。

绝热节流系数表征绝热节流过程的温度效应,把 $\mu_J = 0$ 时的温度称为转换温度。它的数值可以通过焦耳 - 汤姆孙实验测得。在工质热力学性质研究中,μ_J 也是一个重要的热系数,可以用绝热节流系数与和其他热力参数间的一般关系式,导出工质的状态方程:

对 1 kg 工质,有

$$dh = Tds + vdp \tag{a}$$

由 $s = s(T,p)$,进行全微分展开,有

$$ds = \left(\frac{\partial s}{\partial T}\right)_p dT + \left(\frac{\partial s}{\partial p}\right)_T dp$$

因为

$$\left(\frac{\partial s}{\partial T}\right)_p = \frac{c_p}{T}$$

而由麦克斯韦关系式有

$$\left(\frac{\partial s}{\partial p}\right)_T = -\left(\frac{\partial v}{\partial T}\right)_p$$

将上述两个偏导数代入熵的全微分式,即可得到以状态参数 T、p 为独立变量的熵的微分方程式

$$ds = \frac{c_p}{T}dT - \left(\frac{\partial v}{\partial T}\right)_p dp \tag{b}$$

将式(b)代入式(a),则

$$dh = c_p dT + \left[v - T\left(\frac{\partial v}{\partial T}\right)_p\right]dp$$

由于绝热节流焓值不变($dh = 0$),有

$$dh = c_p dt - \left[T \left(\frac{\partial v}{\partial T} \right)_p - v \right] dp = 0$$

可得

$$\mu_J = \left(\frac{\partial T}{\partial p} \right)_h = \frac{1}{c_p} \left[T \left(\frac{\partial v}{\partial T} \right)_p - v \right] \tag{4-22}$$

将上式写成

$$\mu_J = \left(\frac{\partial T}{\partial p} \right)_h = \frac{T^2}{c_p} \left[\frac{\partial (v/T)}{\partial T} \right]_p \tag{4-22a}$$

由式(4-22a)可以看出,焦耳-汤姆孙系数可以由比定压热容结合适当的状态方程求出。反之,一旦比定压热容和与焦耳-汤姆孙系数通过实验得以确定,可以拟合出状态方程的表达式。

$\mu_J = 0$ 是流体节流冷热效应的分界点,此时对应的温度 T 为转换温度。由上式可得,转换温度 T 为

$$T = \frac{v}{\left(\frac{\partial v}{\partial T} \right)_p}$$

式(4-22a)可以简化为

$$\mu_J c_p = T \left(\frac{\partial v}{\partial T} \right)_p - v$$

两边同时乘以 $\frac{dT}{T^2}$,得

$$\frac{\mu_J c_p dT}{T^2} = \left(\frac{T dv - v dT}{T^2} \right)_p = d \left(\frac{v}{T} \right)_p$$

对上式两边同时对 T 积分,得

$$\frac{v}{T} = \int_T \left(\frac{\mu_J c_p dT}{T^2} \right)_p + c(p)$$

当 $p \to 0$ 时,$dT = 0$,所以有

$$c(p) = \frac{R}{p}$$

对于理想气体而言

$$\left(\frac{\partial v}{\partial T} \right)_p = \frac{R}{p}$$

所以理想气体的焦耳-汤姆孙系数 μ_J 恒为 0,理想气体在绝热节流后温度不会发生变化。

依据绝热节流系数的一般关系式,可以由状态方程和比热容计算得到 μ_J。反之,在由实验得到比热容和绝热节流系数后,也可以用积分的方法得出状态方程式。但实际上,目前后一方法用得很少。

4.3 热力性质的一般表达式

4.3.1 ds、du、dh 的一般表达式

1. 熵的一般表达式

单相工质的状态参数熵可以表示为基本状态参数 p、v、T 中任意两个参数的函数,于是可以得到三个普遍适用的函数式,即 $s = s(T,v)$, $s = s(T,p)$ 和 $s = s(p,v)$。

(1) 以 T、v 为独立变量。

如果以 T、v 为独立变量,而 $s = f(T,v)$,可得

$$\mathrm{d}s = \left(\frac{\partial s}{\partial T}\right)_v \mathrm{d}T + \left(\frac{\partial s}{\partial v}\right)_T \mathrm{d}v$$

但

$$\left(\frac{\partial s}{\partial T}\right)_v = \frac{c_V}{T}$$

而又由麦克斯韦关系式有

$$\left(\frac{\partial s}{\partial v}\right)_T = \left(\frac{\partial p}{\partial T}\right)_v$$

将上述两个偏导数代入熵的全微分式,即可得到以状态参数 T、v 为独立变量的熵的微分方程式

$$\mathrm{d}s = \frac{c_V}{T}\mathrm{d}T + \left(\frac{\partial p}{\partial T}\right)_v \mathrm{d}v \tag{4-23a}$$

此方程称为第一 ds 方程。由于 p、v、T 关系常以 p 的显示表示,故计算时应用此式最为方便。

(2) 以 T、p 为独立变量。

如果 T、p 为独立变量,则 $s = f(T,p)$,熵的全微分式为

$$\mathrm{d}s = \left(\frac{\partial s}{\partial T}\right)_p \mathrm{d}T + \left(\frac{\partial s}{\partial p}\right)_T \mathrm{d}p$$

但

$$\left(\frac{\partial s}{\partial T}\right)_p = \frac{c_p}{T}$$

而又由麦克斯韦关系式有

$$\left(\frac{\partial s}{\partial p}\right)_T = -\left(\frac{\partial v}{\partial T}\right)_p$$

将上述两个偏导数代入熵的全微分式,即可得到以状态参数 T、p 为独立变量的熵的微分方程式

$$\mathrm{d}s = \frac{c_p}{T}\mathrm{d}T - \left(\frac{\partial v}{\partial T}\right)_p \mathrm{d}p \tag{4-23b}$$

此方程称为第二 ds 方程。

(3) 以 p、v 为独立变量。

如果 p、v 为独立变量,由于 $s = f(p,v)$,则熵的全微分为

$$ds = \left(\frac{\partial s}{\partial p}\right)_v dp + \left(\frac{\partial s}{\partial v}\right)_p dv$$

因为

$$\left(\frac{\partial s}{\partial p}\right)_v = \left(\frac{\partial T}{\partial p}\right)_v \left(\frac{\partial s}{\partial T}\right)_v = \left(\frac{\partial T}{\partial p}\right)_v \frac{c_V}{T}$$

$$\left(\frac{\partial s}{\partial v}\right)_p = \left(\frac{\partial T}{\partial v}\right)_p \left(\frac{\partial s}{\partial T}\right)_p = \left(\frac{\partial T}{\partial v}\right)_p \frac{c_p}{T}$$

将上列两个偏导数代入熵的全微分式,则可得第三个 ds 方程

$$ds = \frac{c_V}{T} \left(\frac{\partial T}{\partial p}\right)_v dp + \frac{c_p}{T} \left(\frac{\partial T}{\partial v}\right)_p dv \tag{4-23c}$$

式(4-23c)也可写成

$$Tds = c_V \left(\frac{\partial T}{\partial p}\right)_v dp + c_p \left(\frac{\partial T}{\partial v}\right)_p dv$$

称此方程为第三 ds 方程。

式(4-23)称为熵的热力学通用关系式,从这三个关系式可以看出:它们的右边只有比热和某些偏导数,如果已知这两个条件不难算出工质的熵,在热力学的计算中得到广泛的应用,例如水蒸气表中过热蒸汽的熵就是按这些公式计算的。

2. 热力学能的一般表达式

根据上述单相工质的状态参数熵的三个微分方程,也可以相应地得到热力学能的三个微分方程式。在这三个微分方程式中,以 T、v 为独立变量的热力学能微分方程最简单。

(1) 对 $u = u(T,v)$,有

$$du = Tds - pdv$$

将熵的第一个微分方程式代入上式,即得

$$du = c_V dT + \left[T\left(\frac{\partial p}{\partial T}\right)_v - p\right] dv \tag{4-24a}$$

上式就是以 T、v 为独立变量的热力学能微分方程式。在定容过程中,$du_v = c_V dT_v$,在定温过程中,$du_T = \left[T\left(\frac{\partial p}{\partial T}\right)_v - p\right] dv_T$。应用等温过程中热力学能的微分式:

$$\left(\frac{\partial u}{\partial v}\right)_T = T\left(\frac{\partial p}{\partial T}\right)_v - p$$

或

$$p = T\left(\frac{\partial p}{\partial T}\right)_v - \left(\frac{\partial u}{\partial v}\right)_T \tag{4-25}$$

式(4-25)表示气体压力的计算式,可写成

$$p = p_k + p_p \tag{4-25a}$$

式中 p_k——动压力,$p_k = T\left(\frac{\partial p}{\partial T}\right)_v$ 是由于气体分子运动动能所产生的压力;

p_p——内压力,是气体分子间引力所产生的内压力,实际气体的内压力可正可负,在波义耳温度下,在相当大的压力 p 范围内,实际气体的内压力为零,$p_p = -\left(\frac{\partial u}{\partial v}\right)_T$。

第 4 章　热力学一般关系式及应用

(2) 对 $u = u(T,p)$，由 $du = Tds - pdv$，将熵的第二个微分方程式(4 - 23b) 代入，同时 dv 项引入 $v = v(T,p)$ 的全微分表达式

$$dv = \left(\frac{\partial v}{\partial T}\right)_p dT + \left(\frac{\partial v}{\partial p}\right)_T dp$$

整理后，得

$$du = \left[c_p - p\left(\frac{\partial v}{\partial T}\right)_p\right] dT - \left[T\left(\frac{\partial v}{\partial T}\right)_p + p\left(\frac{\partial v}{\partial p}\right)_T\right] dp \quad (4 - 24b)$$

(3) 对 $u = u(v,p)$，有

$$du = c_V\left(\frac{\partial T}{\partial p}\right)_v dp + \left[c_p\left(\frac{\partial T}{\partial v}\right)_p - p\right] dv \quad (4 - 24c)$$

3. 焓的表达式

根据上述单相工质的状态参数熵的三个微分方程式，可相应地得到焓的三个微分方程式。在这三个焓的微分方程中，以 T、p 为独立变量的微分方程最简单。

对 1 kg 工质，有

$$dh = Tds + vdp$$

将熵的第二个热力学关系式(4 - 23b) 代入上式，则

$$dh = c_p dT + \left[v - T\left(\frac{\partial v}{\partial T}\right)_p\right] dp \quad (4 - 26a)$$

式(4 - 25a) 就是以自变量 T、p 表示的焓的热力学关系式，如为定压过程，则 $dh_p = c_p dT_p$；如为等温过程，则 $dh_T = \left[v - T\left(\frac{\partial v}{\partial T}\right)_p\right] dp_T$，将式(4 - 26a) 积分可得气体焓的变化。

如同热力学能普遍关系式的推导一样，将三个 ds 方程一次代入基本方程式：

$$dh = Tds + vdp$$

可获得另两个 dh 方程式，即

$$dh = \left[c_V + v\left(\frac{\partial p}{\partial T}\right)_v\right] dT + \left[T\left(\frac{\partial p}{\partial T}\right)_v + v\left(\frac{\partial p}{\partial v}\right)_T\right] dv \quad (4 - 26b)$$

$$dh = \left[v + c_V\left(\frac{\partial T}{\partial p}\right)_v\right] dp + c_p\left(\frac{\partial T}{\partial v}\right)_p dv \quad (4 - 26c)$$

4.3.2　比热容

熵方程、焓方程以及热力学能方程中都含有比热。如果已知比热容的函数关系式和状态方程，即可求出工质熵、焓和热力学能的变化量。

比定压热容 c_p 与比定容热容 c_V 的定义式分别为 $c_V = \left(\frac{\partial u}{\partial T}\right)_v$ 和 $c_p = \left(\frac{\partial h}{\partial T}\right)_p$。

因为链式关系 $\left(\frac{\partial u}{\partial T}\right)_v \left(\frac{\partial T}{\partial s}\right)_v \left(\frac{\partial s}{\partial u}\right)_v = 1$，所以

$$c_V = \left(\frac{\partial u}{\partial T}\right)_v = \left(\frac{\partial s}{\partial T}\right)_v \left(\frac{\partial u}{\partial s}\right)_v = T\left(\frac{\partial s}{\partial T}\right)_v$$

在等温下对比体积求导，得

$$\left(\frac{\partial c_V}{\partial v}\right)_T = \left[T\frac{\partial}{\partial v}\left(\frac{\partial s}{\partial T}\right)_v\right]_T = \left[T\frac{\partial}{\partial T}\left(\frac{\partial s}{\partial v}\right)_v\right]_v$$

由麦克斯韦关系式,得等温下对比体积求导的一般表达式:

$$\left(\frac{\partial c_V}{\partial v}\right)_T = T\left(\frac{\partial^2 p}{\partial T^2}\right)_v \tag{4-27}$$

同理,由 $c_p = \left(\frac{\partial h}{\partial T}\right)_p = T\left(\frac{\partial s}{\partial T}\right)_p$ 对上式在等温下对压力求导,得

$$\left(\frac{\partial c_p}{\partial p}\right)_T = \left[T\frac{\partial}{\partial p}\left(\frac{\partial s}{\partial T}\right)_p\right]_T = \left[T\frac{\partial}{\partial T}\left(\frac{\partial s}{\partial p}\right)_T\right]_p$$

由麦克斯韦关系式,得比定压热容的一般表达式为

$$\left(\frac{\partial c_p}{\partial p}\right)_T = -T\left(\frac{\partial^2 v}{\partial T^2}\right)_p \tag{4-28}$$

式(4-27)和式(4-28)表明:求解定压比热和定容比热,可以通过对实际气体状态方程求解二阶偏导数计算得出,但其计算精度要取决于实际气体状态方程的计算精度。

由于热力偏导数只决定于状态,因此 c_V、c_p 是热力参数,并且是强度热力参数。下面利用数据来计算等温下 c_p 随压力的变化和 c_V 随比体积的变化,并且计算 $c_p - c_V$ 和 c_p/c_V 的值。

1. 比热差

比定压热容和比定容热容的差值称为比热差。由实际气体的梅耶公式可得

$$c_p - c_V = T\left(\frac{\partial s}{\partial T}\right)_p - T\left(\frac{\partial s}{\partial T}\right)_v \tag{a}$$

根据不同下标的公式有

$$\left(\frac{\partial s}{\partial T}\right)_p = \left(\frac{\partial s}{\partial T}\right)_V + \left(\frac{\partial s}{\partial v}\right)_T\left(\frac{\partial v}{\partial T}\right)_p \tag{b}$$

将式(b)代入式(a)可得

$$c_p - c_V = T\left(\frac{\partial s}{\partial v}\right)_T\left(\frac{\partial v}{\partial T}\right)_p = T\left(\frac{\partial p}{\partial T}\right)_V\left(\frac{\partial v}{\partial T}\right)_p \tag{4-29}$$

应用热系数表示为

$$c_p - c_V = \frac{Tv\beta^2}{\mu} \tag{4-29a}$$

特别地,对于理想气体,由状态方程 $pv = RT$,得

$$T\left(\frac{\partial p}{\partial T}\right)_V\left(\frac{\partial v}{\partial T}\right)_p = \frac{R}{v}\frac{R}{p}T = R$$

式(4-29)表明,比定压热容 c_p 与比定容热容 c_V 之差可由状态方程或热系数求得。一般情况下,比定压热容 c_p 容易由实验精确测定,而精确测定 c_V 的值则比较困难,尤其是液体和固体。有了比定压热容 c_p 与比定容热容 c_V 之差的关系式后,就可以通过比定压热容 c_p 求得的比定容热容 c_V。

2. 比热容比

比定压热容和比定容热容的比值称为比热容比,记为 k。

$$k = \frac{c_p}{c_V}$$

由循环关系可得

$$\left(\frac{\partial s}{\partial T}\right)_p = -\left(\frac{\partial p}{\partial T}\right)_s\left(\frac{\partial s}{\partial p}\right)_T$$

第4章 热力学一般关系式及应用

$$\left(\frac{\partial s}{\partial T}\right)_v = -\left(\frac{\partial v}{\partial T}\right)_s \left(\frac{\partial s}{\partial v}\right)_T$$

又有

$$\left(\frac{\partial s}{\partial p}\right)_p = \frac{c_p}{T} \quad \left(\frac{\partial s}{\partial T}\right)_v = \frac{c_V}{T}$$

所以得

$$k = \frac{c_p}{c_V} = \frac{\left(\frac{\partial v}{\partial p}\right)_T}{\left(\frac{\partial v}{\partial p}\right)_s} = \frac{\beta_T}{\beta_s} > 1 \tag{4-30}$$

比热容比(绝热指数)也可以如下推导：

$$k = \frac{c_p}{c_V} = \frac{\left(\frac{\partial s}{\partial T}\right)_p}{\left(\frac{\partial s}{\partial T}\right)_v}$$

$$= \frac{\left(\frac{\partial s}{\partial T}\right)_v + \left(\frac{\partial s}{\partial v}\right)_T \left(\frac{\partial v}{\partial T}\right)_p}{\left(\frac{\partial s}{\partial T}\right)_v}$$

$$= 1 + \left(\frac{\partial T}{\partial s}\right)_v \left(\frac{\partial s}{\partial v}\right)_T \left(\frac{\partial v}{\partial T}\right)_p \tag{a}$$

根据循环关系,有

$$\left(\frac{\partial T}{\partial s}\right)_v \left(\frac{\partial s}{\partial v}\right)_T \left(\frac{\partial v}{\partial T}\right)_s = -1$$

即

$$\left(\frac{\partial T}{\partial s}\right)_v \left(\frac{\partial s}{\partial v}\right)_T = -\left(\frac{\partial T}{\partial v}\right)_s$$

代入式(a),得

$$k = 1 - \left(\frac{\partial T}{\partial v}\right)_s \left(\frac{\partial v}{\partial T}\right)_p \tag{4-30a}$$

通过以上分析可以看出：

(1) c_p 总是大于 c_V，因此 k 总是大于1。

(2) 对于液体，c_p 与 c_V 差别甚小，因此 $c_p \approx c_V$，即 $k \approx 1$。水在4 ℃时密度最大,此时 $\left(\frac{\partial v}{\partial T}\right)_p = 0$，由式(4-27b)得 $c_p = c_V$；此外,无论气体还是液体,当热力学温度 $T \to 0$ 时，c_p 与 c_V 也趋于相等。

(3) c_p 和 c_V 已知任何一个,就可以求出另一个。

(4) 压力对比热的影响。

由 $\mathrm{d}s = c_p \frac{\mathrm{d}T}{T} - \left(\frac{\partial v}{\partial T}\right)_p \mathrm{d}p$，根据全微分充要条件：

$$\left(\frac{\partial c_p}{\partial p}\right)_T = -T\left(\frac{\partial^2 v}{\partial T^2}\right)_p$$

如果测出 $c_p = c_p(P,T)$，两次积分，得

$$v = \iint_{TT}\left[-\frac{c'_p(p,T)}{T}\mathrm{d}T\right]\mathrm{d}T + c_1(p) + c_2(p) \tag{a}$$

当 $p \to 0$ 时，$\left(\dfrac{\partial c_p}{\partial p}\right)_T = 0$，将 $v = \dfrac{RT}{P}$ 代入式(a)，得

$$c_1(p) = \frac{R}{P}$$

$c_2(p)$ 由实验拟合曲线，得 $c_2(p) \propto p$。

例4.5 对于符合范德瓦尔斯方程的气体，试求：(1) 比热容差 $c_p - c_V$；(2) 焦耳-汤母孙系数 μ_J。

解 (1) 依据式(4-29)，有

$$c_p - c_V = T\left(\frac{\partial p}{\partial T}\right)_v\left(\frac{\partial v}{\partial T}\right)_p$$

又

$$\left(\frac{\partial v}{\partial T}\right)_p = -\frac{1}{\left(\dfrac{\partial T}{\partial p}\right)_v\left(\dfrac{\partial p}{\partial v}\right)_T} = -\frac{\left(\dfrac{\partial p}{\partial T}\right)_v}{\left(\dfrac{\partial p}{\partial v}\right)_T}$$

根据范德瓦尔斯方程 $p = \dfrac{RT}{v-b} - \dfrac{a}{v^2}$，有

$$\left(\frac{\partial p}{\partial T}\right)_v = \frac{R}{v-b}$$

$$\left(\frac{\partial p}{\partial v}\right)_T = -\frac{RT}{(v-b)^2} + \frac{2a}{v^3}$$

代入 $\left(\dfrac{\partial v}{\partial T}\right)_p = -\dfrac{1}{\left(\dfrac{\partial T}{\partial p}\right)_v\left(\dfrac{\partial p}{\partial v}\right)_T} = -\dfrac{\left(\dfrac{\partial p}{\partial T}\right)_v}{\left(\dfrac{\partial p}{\partial v}\right)_T}$ 表达式，整理得

$$\left(\frac{\partial v}{\partial T}\right)_p = \frac{Rv^3(v-b)}{RTv^3 - 2a(v-b)^2}$$

则

$$c_p - c_V = T\left(\frac{\partial p}{\partial T}\right)_v\left(\frac{\partial v}{\partial T}\right)_p$$

$$= T\frac{R}{v-b}\frac{Rv^3(v-b)}{RTv^3 - 2a(v-b)^2}$$

$$= \frac{R^2Tv^3}{RTv^3 - 2a(v-b)^2}$$

(2) 依据式(4-22)，有

$$\mu_J = \frac{1}{c_p}\left[T\left(\frac{\partial v}{\partial T}\right)_p - v\right]$$

$$= \frac{1}{c_p}\left[T\frac{Rv^3(v-b)}{RTv^3 - 2a(v-b)^2} - v\right]$$

$$= \frac{v}{c_p}\frac{2a(v-b)^2 - RTbv^2}{RTv^3 - 2a(v-b)^2}$$

4.4 自由能与最大功定理

4.4.1 自由能

在热力学中,自由能指的是在某一个热力学过程中,系统减少的热力学能中转化为对外做功的部分。它衡量的是:在一个特定的热力学过程中,系统可对外输出的"有用能量"。对不同的热力学过程,可以定义不同的"自由能",最常见的是吉布斯自由能和亥姆霍兹自由能。

1. 吉布斯自由能(自由焓)

根据第 2 章中的讲述,吉布斯自由能是用来判断在一个封闭系统内是否发生自发过程的状态函数:封闭系统在等温等压条件下可能做出的最大有用功对应的状态函数,称为吉布斯自由能,也称自由焓,其定义式为

$$G = U - Ts + PV = H - TS$$

因为 H、T、S 均为状态函数,所以 G 为状态函数,吉布斯自由能的微分形式是

$$dG = -SdT + Vdp + \mu dn$$

吉布斯自由能的物理含义是在等温等压过程中,除体积变化所做的功以外,从系统所能获得的最大功。换句话说,在等温等压过程中,除体积变化所做的功以外,系统对外界所做的功只能等于或者小于吉布斯自由能的减小量。也就是说,在等温等压过程前后,吉布斯自由能不可能增加。如果发生的是不可逆过程,反应总是向吉布斯自由能减少的方向进行。

特别地,吉布斯自由能是一个广延量,单位摩尔物质的吉布斯自由能就是化学势 μ。

如果一个封闭系统经历一个等温定压过程,则有

$$\Delta G < W' \tag{a}$$

式中 ΔG——此过程中系统的吉布斯自由能的变化值;

W'——该过程中的非体积功,不等号表示该过程为不可逆过程,等号表示该过程为可逆过程。

式(a)表明,在等温定压过程中,一个封闭系统吉布斯自由能的减少值,等于该系统在此过程中所能做的最大非体积功。

如果一个封闭系统经历一个等温定压且无非体积功的过程,则根据式(a)可得

$$\Delta G \leq 0 \tag{b}$$

式(b)表明,在封闭系统中,等温定压且不做非体积功的过程总是自动地向着系统的吉布斯自由能减小的方向进行,直到系统的吉布斯自由能达到一个最小值为止。

系统吉布斯自由能在相平衡及化学平衡的热力学研究中,是一个极其有用的热力学函数。

$$\Delta G = \Delta H - T\Delta S \tag{c}$$

由式(c)可知:

① 若反应为吸热反应 $\Delta H > 0$、熵变 < 0 时,则任意温度下 $\Delta G > 0$,反应可逆向自发进行;

② 若反应为放热反应 $\Delta H < 0$、熵变 > 0 时,则任意温度下 $\Delta G < 0$,反应可正向自发进行;

③若反应为吸热反应 $\Delta H > 0$、熵变 > 0 时,则高温条件下 $\Delta G < 0$,反应可正向自发进行;
④若反应为放热反应 $\Delta H < 0$、熵变 < 0 时,则低温条件下 $\Delta G < 0$,反应可正向自发进行。

可见吉布斯自由能的改变量,是表明状态函数 G 是体系所具有的在等温等压下做非体积功的能力。反应过程中 G 的减少量是系统做非体积功的最大限度。这个最大限度在可逆途径得到实现。

2. 亥姆霍茨自由能(自由能)

设系统从温度为 T_{sur} 的热源吸取热量 δQ,根据第二定律的基本公式:

$$dS - \frac{\delta Q}{T_{sur}} \geq 0$$

代入第一定律的公式 $\delta Q = dU + \delta W$,得

$$\delta W \leq -(dU - T_{sur}dS)$$

若系统的最初与最后温度和环境的温度相等,即 $T_1 = T_2 = T_{sur}$,则

$$\delta W \leq -d(U - TdS)$$

令 $F = U - TS'$,则 F 称为亥姆霍兹自由能(Helmholz Free Energy),简称自由能,亦称亥姆霍兹函数,又称为功函(Work Function),它显然是系统的状态函数。将定义式代入上式,得

$$\delta W \leq -dF \tag{d}$$

按热力学第一定律:$\Delta F = \Delta U - T\Delta S = -W$,表明可逆恒温下,$F$ 的减少代表系统始末状态间的做功能力,或系统在恒温下所能做出的最大功。

在恒温恒容条件下,$\Delta F < 0$,即可逆功 $W > 0$,说明物系具有做非体积功的能力。因此在恒温恒容不做非体积功的条件下,ΔF 可作为判断过程自发性的判据。即若 $\Delta F < 0$,过程有自发进行的可能性;若 $\Delta F = 0$,则过程达到平衡状态;若 $\Delta F > 0$,则过程不能自发进行。

4.4.2 最大功定理

自由能可以被理解成是系统热力学能的一部分,这部分在可逆等温过程中被转化成功。在等温过程中,系统对外所做的功不大于其自由能的减少量。或者说,在等温过程中,外界从系统所能获得的功最多只能等于系统自由能的减少量。这就是最大功定理。

由公式(d)两边积分得

$$W \leq F_1 - F_2 \tag{e}$$

从式(e)可以看出,对于一定温过程,系统所做的功最大为 $W_{max} = F_1 - F_2$,称为最大功定理,同理,对不同的热力过程,表示最大功如下:

对可逆等温过程,最大功为

$$W_{max} = F_1 - F_2 \tag{4-31a}$$

对可逆绝热过程,最大功为

$$W_{max} = u_1 - u_2 \tag{4-31b}$$

对可逆定压过程,最大功为

$$W_{max} = g_1 - g_2 \tag{4-31c}$$

4.5 逸度及逸度系数的一般表达式

逸度是强度性状态参数,在溶液和相平衡计算中很有用处。1901 年,G. N. Lewis 在分析定温下摩尔自由焓变化中引入逸度这一概念。

对于单相简单可压缩闭口系统,由式(4 – 9)自由焓的一般关系式:

$$dg = -sdT + vdp$$

得到在定温条件下自由焓为

$$dg_T = (vdp)_T$$

若为理想气体,代入状态方程,将上式改写为

$$dg_T = \frac{RT}{p}dp = RTd(\ln p)_T$$

当然,对于实际气体,特别是在较高的压力时,上式不成立。但对于实际气体,引入压缩因子 Z 的概念后(见第 5 章),有

$$dg_T = \frac{ZRT}{p}dp = ZRTd(\ln p)_T \tag{4 – 32}$$

G. N. Lewis 提出用逸度 f 代替式(4 – 32)中的压力 p,则逸度定义为

$$dg_T = RTd(\ln f)_T \tag{4 – 33}$$

将式(4 – 33)积分,得

$$g_T = RT(\ln f)_T$$

因为当压力趋于零时,任何流体性质趋于理想气体,这时逸度应等于压力,所以

$$\lim_{p \to 0}\left(\frac{f}{p}\right) = 1$$

这里 f 与 p 的量纲相同,表明逸度和压力一样,是物质的逃逸势。即系统中如果有压力差,高压处的物质总是向低压处移动;而系统如果有逸度差,则逸度大处的物质总是向逸度小处移动。

将式(4 – 33)从一个非常低的压力 p^*(在此压力下可以假设实际气体处在理想气体状态)等温地积分到压力 p 得

$$g = g^* + RT\ln\frac{f}{f^*}$$

式中　$g \, f$ —— 在 T、p 状态下的吉布斯自由能和逸度;
　　　$g^* \, f^*$ —— 在 T、p^* 参考状态下的相应参数。

参考状态通常这样选择,使得当 $p^* = 1 \text{ atm}(1 \text{ atm} = 1.01 \times 10^5 \text{ Pa})$ 时 $f^* = 1 \text{ atm}$,也就是选择实际气体的参考状态对应理想气体态压力是一个标准大气压。但是,应该指出,所研究的物质在特定的温度和 1 atm 下未必以理想气体形式存在,甚至根本不存在,这个理想气体状态可能是假想的状态。

实际气体在任意温度和压力下的逸度可利用下式得到:

$$g - g^* = RT\ln\frac{f}{f^*} = \left(\int_{p^*}^{p} vdp\right)_T \tag{4 – 33a}$$

式中
$$RT\ln f = RT\ln f^* + \left[\int_{p^*}^{p} v\,dp\right]_T$$

由于
$$RT\ln p = RT\ln p^* + RT\int_{p^*}^{p} \frac{dp}{p}$$

则
$$RT\ln \frac{f}{p} = RT\ln \frac{f}{f^*} + \left[\int_{p^*}^{p}\left(v - \frac{RT}{p}\right)dp\right]_T \quad (4-34)$$

当 $p^* \to 0$ 或 $f^*/p^* \to 1$ 时：
$$\left(\ln \frac{f}{p}\right)_T = \left[\int_0^p\left(\frac{v}{R T} - \frac{1}{p}\right)dp\right]_T \quad (4-34a)$$

令 $\varphi = \dfrac{f}{p}$ 为逸度系数，表示当实际气体接近理想气体时，f 在数值上接近于 p，反映实际气体非理想性的程度。φ 属于无量纲参数。高压低温系统中，实际气体的逸度与压力有时会相差几倍之多，写成

$$(\ln \varphi)_T = \left[\int_0^p\left(\frac{v}{R T} - \frac{1}{p}\right)dp\right]_T \quad (4-34b)$$

下标 T 表示等温条件，已知气体的状态方程时，可利用上边的方程计算这种气体在给定的 T 和 p 时的逸度。

逸度系数的计算式也可由状态方程（详见第 5 章）导出，即

$$\ln \varphi = \int_{p\to 0}^{p}(Z-1)\,d(\ln p)_T \quad (4-34c)$$

逸度系数确定后，就可以根据逸度系数的定义式来计算逸度，即
$$f = \varphi \cdot p$$

4.6 工质性质的计算软件

由于用查图、查表等方法获取的工质性质难以适应对各种热力循环动态模拟的需求，因此目前流行把热物性值编制成软件供调用。目前较普遍使用的热物性软件有以下几种版本，一个是美国国家标准局编制的制冷工质及制冷混合工质热物性数据的软件 REFPROP V.6.01，另一个是由日本九州大学负责组织，福冈大学、长崎大学、山口大学等多所日本大学参加，中国科学技术大学也参加了编写的流体热物性数据库软件 PROPATH。西安交通大学的刘志刚教授也于 1992 开始了这方面的研究，于 1995 年出版了《工质热物理性质计算程序的编制及应用》，严家禄教授编辑出版了《水和水蒸气热力性质图表》。

1. PROPATH 简介

PROPATH（Program Package Thermophysical Properties of Fluids）是由 PROPATH 组编写的一份非盈利的流体工质热物理性质数据库程序，最初版本于 1984 年编制，自此以后每年升级一次。

PROPATH 主要提供七种类型数据库，见表 4.1。

表4.1　PROPATH 的七种类型数据库及其功能

数据库名称	功能
P - PROPATH	纯工质及成分固定的混合工质
A - PROPATH	湿空气
M - PROPATH	两组分混合工质
F - PROPATH	采用通用状态方程的两组分混合工质
I - PROPATH	理想气体及理想气体混合物
E - PROPATH	供 MS - Excel 调用的数据库文件
W - PROPATH	采用 Internet 的 P - PROPATH

除了 E - PROPATH 外,所有 PROPATH 数据库都是用 FORTRAN 和 C 语言编制的,可以在任何操作系统上使用。每一个表示热物理性质的 PROPATH 子程序都可以被用户自由调用。

(1) P - PROPATH。

P - PROPATH 主要用于计算纯工质(如水、氦、二氧化碳、氨、烷类以及常用制冷工质等)以及成分固定的混合工质(如干空气、R500、R502、R503 等)。

P - PROPATH 所提供的热物性数据库都是利用国际权威杂志发表、被国际热物性专家广泛认同的最新状态方程编制而成,因此其所提供的热物性数据具有一定的权威性。

用户在使用过程中,可以直接运行某种工质的 PROPATH 文件。直接进行该工质热物性计算。也可以编著程序,通过调用 PROPATH 提供的数据库文件,进行热物性计算。

(2) A - PROPATH。

A - PROPATH 主要用于湿空气的热物性计算。湿空气是干空气与水蒸气的混合物。

A - PROPATH 提供两种计算模式:一种是把湿空气中的干空气与水蒸气都看作理想气体,因此湿空气可作为理想气体混合物;另一种是把湿空气看作实际气体混合物,用户可以根据需要选择相应的数据库进行计算。

(3) M - PROPATH。

M - PROPATH 用来计算两组分混合工质的热物性,数据库采用国际认可具有较高精度的混合工质的状态方程编制而成。目前 M - PROPATH 仅有氨水混合物的热物性数据库。

(4) F - PROPATH。

针对更多的两组分混合工质,可以利用 F - PROPATH 数据库来进行热物性计算。和 M - PROPATH 所提供的数据库不同,F - PROPATH 利用混合法则用于混合工质热物性的计算。

(5) I - PROPATH。

I - PROPATH 提供理想气体及其理想气体混合物的数据库。数据库包括 54 种纯理想气体及其混合物、作为理想气体混合物的空气以及 $C_xH_yO_z$ 和空气完全燃烧后的产物。

(6) E - PROPATH。

E - PROPATH 是可用于 MS - Excel 的数据库文件及输入文件。用户可以利用 MS - Excel 软件来处理 P - PROPATH、A - PROPATH 所提供的工质热物性数据。

2. REFPROP 简介

REFPROP 是由 REFrigerant PROPerties 两个单词分别取前三个字母和前四个字母大写合并成的缩写词,意思是制冷工质物性,它是国际标准技术研究所(NIST)开发的软件。它能提供纯的制冷剂和混合物制冷剂热力学的性质和传输性质。

REFRPOP是建立了大部分纯流体工质和当前可利用的混合物的计算模型,混合物的计算则使用一种将混合规则应用到混合物组成的亥姆霍兹(Helmholtz)自由能方程。

REFPROP提供了以下几类程序的使用:

(1) 初始化程序。定义模型和初始化数组,设置混合物模型和变量,重新得到指定的二元混合物模型和变量的一些函数。

(2) 饱和状态的子程序。在给定温度、混合物的组成成分和表明是气体还是液体的情况下,可以算出它的压力、气体或液体的摩尔密度的函数SATT。同样,在给定压力、混合物的组成成分和表明是气体还是液体的情况下,可以算出它的温度、气体或液体的摩尔密度的函数。若给定温度、液体摩尔密度和液体态的组成成分,就可以得出它的表面张力的函数。当然,这些也适合于纯物质。

(3) 快速小程序。有若干的程序计算依靠状态是否知道,在明确的状态下的程序计算会快些,但是在弄错了状态的时候会失败。这种子程序也没有检测限制,所以在超出了状态方程的范围时也会出错。

其中有函数TPFLSH,是输入温度、压力和摩尔分数的数组可以得到摩尔密度、热力学能、焓、熵、热容等。还有TPRHO函数,可以由温度、压力和摩尔分数的数组,其中可以输入猜想的摩尔密度,也可以不输入求出摩尔密度;还有通过压力、熵(或者焓),组成混合物的摩尔分数的数组x,大体上猜想的温度和摩尔密度来计算出它的温度和摩尔密度等。

(4) 热力学特性的子程序,型如(T,p,x)的程序。求临界变量的CRITP(x,tcrit,pcrit,Dcrit,ierr,hert)的函数,只要知道组成物的摩尔分数的数组就行,在输入已知变量为T、p、x的情况下,分别可借助THERM程序计算热量,借助ENTRO程序计算熵,借助ENTHA程序计算焓,借助CVCP程序计算热容,借助GIBBS程序计算吉布斯自由能,还有借助PRESS程序计算压力。

(5) 传输性质的子程序。在T、p、x为变量的情况下,用TRNPRP函数求出黏度和热导率。

(6) 有用的程序。它为流体提供基本物理参数,如相对分子质量、质量和物质的量之间的转换函数。

习　　题

4.1　试推导 $\left(\dfrac{\partial u}{\partial p}\right)_T$ 和 $\left(\dfrac{\partial h}{\partial v}\right)_T$ 与 p、v 和 T 的关系式。

4.2　如气体符合克劳修斯方程 $p(v-b)=RT$(其中 b 为常数),试证:

(1) 该气体热力学能 $du=c_v dT$;

(2) 其焓 $dh=c_p dT+b dp$;

(3) 其 $c_p-c_V=$ 常数;

(4) 该气体的可逆绝热过程的过程方程式为 $p(v-b)^k=$ const。

4.3　试证明符合范德瓦尔斯方程的气体具有下列关系:

$(1)(h_2-h_1)_T = (p_2v_2-p_1v_1) + a\left(\dfrac{1}{v_1}-\dfrac{1}{v_2}\right)$;

$(2)(s_2-s_1)_T = R\ln\dfrac{v_2-b}{v_1-b}$;

$(3)c_p-c_V = \dfrac{R}{1-\dfrac{2a(v-b)^2}{RTv^3}}$。

4.4 如气体符合范德瓦尔斯方程,试证明其热力学能及熵的微分方程式为

$$du = c_V dT + \dfrac{a}{v^2}dv, \quad ds = \dfrac{c_V}{T}dT + \dfrac{R}{v-b}dv$$

4.5 试证明 $h-s$ 图的单相区内,容积膨胀系数 $\beta \geqslant 0$ 的物质在任一状态点上的定压线斜率,大于定温线的斜率小于定容线的斜率。

4.6 试导出

$$\left(\dfrac{\partial^2 U}{\partial S^2}\right)_V \left(\dfrac{\partial^2 U}{\partial V^2}\right)_S - \left(\dfrac{\partial^2 U}{\partial S \partial V}\right)^2 = -\dfrac{T}{C_V}\left(\dfrac{\partial p}{\partial V}\right)_T$$

然后证明下列两式所表示的稳定性条件是等同的:

$$\left(\dfrac{\partial^2 U}{\partial S^2}\right)_V \left(\dfrac{\partial^2 U}{\partial V^2}\right)_S - \left(\dfrac{\partial^2 U}{\partial S \partial V}\right)^2 > 0 \quad 与 \quad \dfrac{C}{T} > 0$$

4.7 (1)试以局部可逆绝热变化的压力与比容积的关系 $pv^k =$ 常数,证明下式成立:

$$\bar{k} = -\dfrac{v}{p}\left(\dfrac{\partial p}{\partial v}\right)_s = -\dfrac{c_p}{c_V}\cdot\dfrac{v}{p}\left(\dfrac{\partial p}{\partial v}\right)_T$$

式中 $\bar{k}$ —— 实际气体的局部温度区间气体绝热指数,与气体的种类有关,为实际气体的绝热指数。

(2)证明一般理想气体 $\bar{k}$ 与气体绝热指数 $\bar{k} = \dfrac{c_p}{c_V}$ 相等。

4.8 (1)证明一般理想气体的焦耳-汤姆孙系数 $\mu_J = 0$;(2)声速 a 是物质中小扰动压力在物质中的传播速度,有如下关系成立:$a^2 = \left(\dfrac{\partial p}{\partial \rho}\right)_s$ 或 $a^2 = -v^2\left(\dfrac{\partial p}{\partial v}\right)_s = \dfrac{v}{\beta_s}$ 其中,β_s 为等熵(绝热)压缩系数;(3)试证明理想气体的声速为 $a^2 = kRT$, 式中,k 为气体绝热指数,$k = c_p/c_V$。

4.9 以自由能 $f(v,T)$ 函数及其自变量,导出 $p、s、u、h、c_V、c_p、\beta_T、\beta_s、\alpha$ 及声速 a 的计算式。

4.10 证明简单可压缩系统具有下列关系式:

$(1) du = c_V dT + \left(\dfrac{\beta_T T}{\mu}-p\right)dv$;

$(2) dh = c_p dT + (v-\beta_T Tv)dp$;

$(3) ds = \dfrac{\mu c_V}{\beta_T T}dp + \dfrac{c_p}{\beta_T vT}dv$。

4.11 证明符合范德瓦尔斯方程的气体,其比定容热容只是温度的函数。

4.12 定温压缩系数 $\beta_T = -\dfrac{1}{v}\left(\dfrac{\partial v}{\partial p}\right)_T$，绝热压缩系数 $\beta_s = -\dfrac{1}{v}\left(\dfrac{\partial v}{\partial p}\right)_s$。求证比热容比 $\dfrac{c_p}{c_V} = \dfrac{\beta_T}{\beta_s}$。

4.13 某理想气体变化过程中比热容 c_n 为常数，试证明其过程方程为 $pv^n = \text{const}$，其中 $n = \dfrac{c_x - c_p}{c_x - c_V}$，$c_p$、$c_V$ 为定值，分别为比定压热容和比定容热容。

第 5 章 实际气体状态方程

实际气体是处于离液态不远的蒸汽状态,还可能相变转变成液态,不能作为理想气体处理的气体。热力工程中用到的许多工质,其工作过程所经历的某些状态,若已知反映工质 $p-v-T$ 关系的状态方程,就可以通过热力学微分方程,推算诸如焓、熵、热力学能等其他热力性质。但由于实际气体因分子之间的作用势能不能忽视,若用目前理想气体状态方程进行分析计算,往往会造成很大的偏差。因此,有必要探讨反映实际气体 $p-v-T$ 关系的状态方程,以及实际气体热力性质和热力过程的计算方法。

在工程计算和分析中,适用于多种工质的通用状态方程非常重要,不仅可用以推算还没有准确实验数据的某些工质的 p、v、T 参数,而且在某些状态范围内用它们代替比较复杂的一些工质的专用方程,也能满足工程计算的要求。此外,对于混合工质来说,由于组成及成分多种多样,不可能一一加以实验研究,因此通用状态方程就显得更为重要。

实际气体根据压力大小可分为低压(小于几个大气压)、中压(十几到几十个大气压)和高压(大于几十个大气压)气体。目前人们已经从大量的实际气体实验数据,总结出几百种状态方程,并得出低压下气体可近似使用理想气体状态方程;中压气体可用范德瓦尔斯方程计算,高压下若未有精度较高且实用的方程,一般采用维里方程。

本章仍采用宏观分析方法,为了对实际气体本质有更深入的了解,先简要介绍实际气体分子间相互作用力和区分、实际气体的状态变化、实际气体状态方程的一般热力学特性,然后主要介绍几种典型的实际气体状态方程。本章着重介绍热工计算中常用的通用状态方程,包括半经验的状态方程以及基于对比态原理的状态方程和计算图表,并介绍如何利用纯质数据来计算气体混合物 p、v、T 性质的方法。

5.1 实际气体相互作用力及区分

理想气体的模型和状态方程,是在假定气体分子不占有容积、气体分子之间没有相互作用力的基础上建立的。而实际气体分子占有容积,并且分子间有相互作用力,这使得实际气体不能完全符合理想气体状态方程。理想气体状态方程仅反映气体分子相距很远时,即 $p \to 0$ 或 $v \to \infty$ 时的 $p-v-T$ 关系。

5.1.1 实际气体相互作用力

气体分子相距较远时相互吸引,相距很近时相互排斥。范德瓦尔斯早在 1873 年就注意到了这种力的影响和分子本身占有容积的事实,提出了著名的范德瓦尔斯状态方程,因而常把分子间的吸引力称为范德瓦尔斯引力。下面简单介绍分子间吸引力及排斥力的本质。

分子间引力主要包括三个方面,即静电力、诱导力和色散力。静电力指分子的永久偶极矩间的相互作用；诱导力指被诱导的偶极矩与永久偶极矩间的相互作用；色散力指诱导偶极矩间的相互作用。现分别给以简单说明。

1. 静电力

静电力（葛生力）是 1912 年葛生（W. H. Keesom）提出的，范德瓦尔斯引力就是极性分子的偶极矩间的引力。由于分子由带正电荷的原子核和带负电荷的电子组成，正负电荷的总值相等，整个分子成中性。但正负电荷的中心既可重合也可不重合，前者称为非极性分子，后者称为极性分子。由于正负电荷的中心位置的偏移，造成分子极性。

葛生认为，极性分子的永久偶极矩间有静电相互作用，作用力的性质和大小与它们的相对方向有关。按照偶极矩 μ_1 和 μ_2 的不同取向，两个极性分子间的作用力可以是吸引力或排斥力。

Debye 提出用偶极矩来量度分子极性的大小，两个带电荷 $+e$ 和 $-e$ 的质点相距 l 时，体系的偶极矩 μ 等于 e 和 l 的乘积，即

$$\mu = el \tag{5-1}$$

偶极矩是一个向量。化学上规定正方向为从正电荷到负电荷。因为分子中原子间距的数量级为 10^{-8} cm，电荷的数量级为 10^{-10} eV，故偶极矩的数量级为 10^{-18} eV·cm，将此作为偶极矩的单位，称为德拜，以符号 D 表示。1 D $= 10^{-18}$ eV·cm，例如 H_2O 的偶极矩为 1.85 D。

2. 诱导力

分子的电荷分布会受到其他分子电场的影响，被诱导极化，产生诱导偶极矩，因而产生诱导力。永久偶极矩与被其诱导的偶极矩之间的相互作用，称为诱导作用，形成诱导偶极矩，诱导偶极矩的平均值 μ 与分子所在位置的有效电场 F 成正比，即

$$\mu = \alpha F \tag{5-2}$$

式中　α——极化率，其值与温度无关。

诱导作用不仅发生在极性分子与非极性分子之间，也发生在极性分子与极性分子之间。因为极性分子并不是刚性的，可以相互极化而产生诱导作用。

3. 色散力

在静电力和诱导力两种作用力中，相互作用的分子中至少有一个分子是极性分子，不能说明非极性分子间也有作用力。

例如，惰性分子的电子云分布是球形对称的，偶极矩等于零，它们之间应该没有静电力和诱导力，但实验结果表明，惰性气体分子间的范德瓦尔斯引力依然存在。另外，即使是极性分子，用前面静电相互作用和诱导相互作用势能的公式计算得到的范德瓦尔斯引力也要比实验值小得多。因此可以推论，除以上两种力之外一定有第三种力存在，这种力就是色散力。

F. London 提出了范德瓦尔斯引力的量子力学理论，使人们对非极性分子间作用力的本质有了较深入的了解。

London 认为惰性分子的电子云分布是球形对称的，偶极矩等于零。例如 Ne 分子，就时间平均效果而言，外层电子围绕核是对称分布的，因而不存在永久偶极矩。在某一瞬间，电子环绕核可以是非对称分布的，原子具有瞬间偶极矩，它产生的电场将会使邻近分子极化。两个诱导偶极矩间的相互作用表现为相互吸引，这就是色散作用。所以即使在非极性分子之间也有作用力。

反映非极性分子间相互作用的势能为

$$E = 4\varepsilon_0 \left[\left(\frac{\sigma}{r}\right)^{12} - \left(\frac{\sigma}{r}\right)^{6} \right] \tag{5-3}$$

式中　σ——零势能时分子间距离；

　　　ε_0——最大势能。

色散力的大小与极化率的平方成正比，但对于极性强的分子，例如 H_2O，主要作用力是静电力。

概括起来，范德瓦尔斯引力具有以下特性：

① 它是存在于分子或原子间的一种作用力；

② 它是吸引力，作用势能的数量级是 0.418 68 ~ 4.186 8 J/mol（约比化学键能小一两个数量级）；

③ 范德瓦尔斯引力的作用范围为 $(3 ~ 5) \times 10^{-10}$ m；

④ 范德瓦尔斯引力中最主要的是色散力。

4. 氢键

有些化合物中，氢原子由于半径很小，且无内层电子，可以同时和两个电负性很大而原子半径较小的原子（O、F、N 等）相结合，这种结合称为氢键。

一般认为，H 和另外两个原子 X、Y 相结合成 X—H…Y 时，其中 X—H 基本上是共价键，而 H…Y 则是强力的有方向的范德瓦尔斯引力。分子的 X—H 键与分子本身内部的原子 Y 相结合而形成的氢键，称为分子内氢键，而分子的 X—H 键与另一分子的原子 Y 相结合而形成的氢键，称为分子间氢键。

氢键有两个与一般范德瓦尔斯引力不同的特点，即它的饱和性与方向性。氢键的饱和性表现在 X—H 只能和一个 Y 原子相结合。另外，X—H 的电偶极矩与 Y 的相互作用，只当 X—H…Y 在同一直线上时才最强烈，这就使氢键产生方向性。氢键的强弱和 X 及 Y 的电负性的大小有关，电负性越大，则氢键越强。氢键的强弱还与 Y 的半径的大小有关，半径越小，越能接近 H—X，因此氢键越强。这些推论和实验结果是一致的，如与 O、N 相比较，F 的半径小，电负性大，所以 F—H…Y 是强氢键，O—H…O 是弱键。

工程上经常遇到的介质中，水、氨、醇类就是氢键流体。

5. 相斥力

原子间和分子间不仅有相互吸引力，而且当其距离很小时相互间有相斥力。相斥力的产生有两种情况。首先，当分子相互接近至电子云相互渗透时，电子负电荷间有相斥作用，而且核荷间也有相斥作用。此外，根据泡利不相容原理（在同一个原子中不能容纳运动状态完全相同的电子），当分子间外层轨道中的电子发生交换时，自旋同向电子相互回避，产生相斥力。

分子间的相互作用力常常用相互作用势能函数来表示。势能函数的具体表达式和分子作用力性质有关。

5.1.2　实际气体的区分

根据分子间相互作用力性质的不同，实际气体分为以下几类：

1. 极性气体

由极性分子组成的气体称为极性气体。极性气体分子有永久偶极矩，相互作用力除色散力和诱导力外,强极性气体的静电力较大。氢键作用气体也可看成极性气体的一种形式。水蒸气、氨和某些氟利昂气体都是极性气体,其液相则为极性液体。

2. 非极性气体

由非极性分子组成的气体称为非极性气体,如重的惰性气体 Ar、Kr、Xe 等。非极性气体分子没有永久偶极矩,相互作用力主要是瞬时的诱导偶极矩之间的作用力,即色散力。有时非极性气体称为简单流体。

3. 量子气体

相对分子质量很小的轻气体,如 Ne、H_2、He 等,在低温时,这些气体分子占据的能级数很少,因此能量变化是离散型而不是连续型,即低温时平均动能模必须量子化,有显著的量子效应,这类气体称为量子气体。

工程上常通过查阅文献给出的偶极矩来分辨气体是极性还是非极性气体。例如 H_2O、NH_3、C_2H_5OH、SO_2 的偶极矩分别为 1.8 D、1.5 D、1.7 D、1.6 D,属于强极性物质。NO、NO_2、CO 的偶极矩分别为 0.2 D、0.4 D、0.1 D,属弱极性物质。

K. S. Pitzer 提出,利用下式来判别流体的极性:

$$\mu = \frac{\mu^4 p_{cr}^2}{T_{cr}^4} \tag{5-4}$$

式中 μ —— 偶极矩,D;
p_{cr} —— 临界压力,atm;
T_{cr} —— 临界温度,K。

$\mu_r = 0$ 的流体称为非极性流体,$\mu_r < 0.5 \times 10^{-6}$ 的流体称为微极性流体,$\mu_r > 0.5 \times 10^{-6}$ 的流体称为强极性流体。有时,把非极性流体和微极性流体称为标准流体。

不同种类实际气体的作用力性质不同,从统计力学得到的相应的分子相互作用势能函数也不同。用相当于相似原理的对比态理论来研究实际气体性质时,这三类气体属于三种不同类型,严格说不能归类于同一热相似组中。

5.2 实际气体的状态变化

1. 实际气体的 $p-v$ 图

用实际气体的定温压缩时的情况说明其状态变化的特点。在 $p-v$ 图上,实际气体的状态变化如图 5 - 1 所示。

当温度高于临界温度时,气体状态变化的情况和理想气体的情况接近,如图 5 - 1 中 ab 线所示。当温度低于临界温度,气体状态变化的情况和理想气体的情况差异逐步增大,如图 5 - 1 中 ef 线所示。随着温度的降低,压缩过程中有相变发生,如图 5 - 1 中 mn 线所示。点 1 开始有气体相变,生成液体。进一步压缩,气体的容积缩小,更多的气体凝结成液体,但温度和压力保持不变。至点 2 气体全部变成液体。点 1 和点 2 之间的状态为气相和液相共存而处于平衡的状态,称为饱和状态。

在某一温度下,饱和蒸汽和饱和液体的比体积相同,即饱和蒸汽和饱和液体的状态完全相同,如图 5 - 1 中 c 点所示,这一状态称为临界点,对应的临界点参数称为临界温度 T_c、临界压力 P_c、临界比体积 V_c。

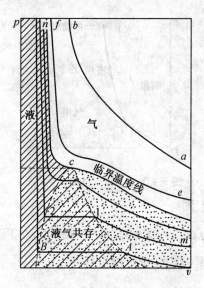

图 5 - 1 实际气体的 $p-v$ 图

$T > T_c$ 时：只存在气体状态。

$p > p_c$ 时：若 $T > T_c$ 则为气体状态；若 $T < T_c$ 则为液体状态；若由较高温度降至临界温度以下（过临界温度线）而发生气态到液态的转变，则不会出现气液共存的状态（如图 5 - 1 中 gh 线所示）。

实际气体 $p-v$ 图的主要特点如下：

（1）一个点。临界点，如 5 - 1 图中 c 点所示。

（2）两条线。

① 饱和蒸汽线或上界线。饱和状态下开始液化的各饱和蒸汽点所连接的线，如图 5 - 1 中的 Ac 线所示。

② 饱和液体线或下界线。液化结束的各饱和液体点所连接的线，如图 5 - 1 中的 Bc 线所示。

（3）三个区域。

① 曲线 AcB 所包围的区域为气液两相共存的饱和状态区。

② 饱和液体线 Bc 和临界温度线的临界点 c 以上线段的左边区域为液相状态区。

③ 饱和蒸汽线 Ac 和临界温度线的临界点 c 以上线段的右边区域为气相状态区。

2. 实际气体的 $p-T$ 图

实际气体的状态变化在 $p-T$ 图上表示，如图 5 - 2 所示。

（1）c 点：临界点。

（2）$c-T_{tp}$ 线。气液两相转变的汽化曲线。曲线上每一点对应一个饱和状态，线上温度和压力表示相应的饱和温度及饱和压力。每一点可与其 $p-v$ 图上的饱和状态区域相对应。整个 $c-T_{tp}$ 线段则和整个气液两相转变的饱和区域相对应。

（3）T_{tp} 点。实现气相和液相转变的最低点，也是出现固相物质直接转变为气相物质的升华现象的起始点。在 T_{tp} 点所对应的温度和压力下，气相、液相和固相三相共存而处于平衡，每种物质的三相点的温度及压力是确定的，是实际气体性质的重要参数。

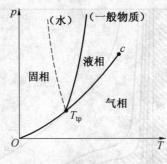

图 5-2 实际气体的 $p-T$ 图

3. 实际气体的 $Z = f(p, T)$ 图

考虑理想气体状态方程为 $pv_{id} = RT$,将实际气体的状态方程写成 $pv = ZRT$,其中,$Z = \dfrac{pv}{RT}$,如果用这两个状态方程描写同一状态,则可得

$$Z = \frac{v}{v_{id}} \tag{5-5}$$

式中 Z——压缩因子,也就是说压缩因子实质上表示实际气体比体积与相同温度、相同压力下理想气体比体积之比;

v_{id}——理想气体的比体积。

Z 与 1 差值的大小,表示实际气体偏离理想气体的程度。当 $p \to 0$ 或 $T \to \infty$ 时 $Z \to 1$。

5.1 节从分子相互作用的角度研究了实际气体和理想气体模型存在偏差的原因。本节将以实际流体的 p、v、T 实验数据为基础,通过绘制压缩因子与压力、温度的关系图,以便直观地从宏观角度观察实际气体与理想气体偏差的一般特性。图 5-3 为流体压缩因子 Z 与 p、T 的关系示意图,分析如下:

当压力 $p \to 0$ 时,对于所有温度条件,都有 $\lim\limits_{p \to 0} Z = \lim\limits_{p \to 0} \dfrac{pv}{RT} = 1$。也就是说在压力低时,气体特性趋近于理想气体。

图 5-3 中 $T = T_c$ 线为临界等温线,下标"c"表示临界状态。由图可以看出,临界等温线的变化趋势:从 $p = 0$、$Z = 1$ 点出发,压缩因子 Z 随压力 p 的增大而减小,临界点处 $Z < 0.3$。这是因为气体渐渐远离理想气体状态特性,气体分子间相互吸引力起着主要作用,使得温度、压力一定时,实际气体比体积小于理想气体比体积,即 $Z < 1$。

当临界等温线越过临界点后(即 $p > p_c$),压缩因子逐渐随压力的增大而线性变大。这是因为随着气体分子间距的减小,相斥力逐渐开始起作用。图 5-3 中压力超过一定值时压缩因子将大于 1,此时分子间力中相斥力已经起主要作用,阻止气体间距离的进一步缩小,所以此时实际气体的比体积将大于相同条件下理想气体的比体积。

当 $T < T_c$ 时,以曲线 $T = 0.9T_c$(如图 5-3 中虚线所示)为例:依旧从 $p = 0$、$Z = 1$ 点出发,压缩因子随压力的升高而降低,并穿过气液两相区。在两相区,对于纯质来说等温线即是等压线,因此曲线垂直向下。到达饱和液体线后,压缩因子开始回转向上,并与临界等温线相交。此时由于液体密度远远高于气体密度,分子间的相互作用力使得饱和液体的压缩因子远小于 1,即 $Z \ll 1$。

当 $T > T_c$ 时,以曲线 $T = 1.2T_c$ 为例,曲线的发展形态类似于临界等温线。由于温度较临

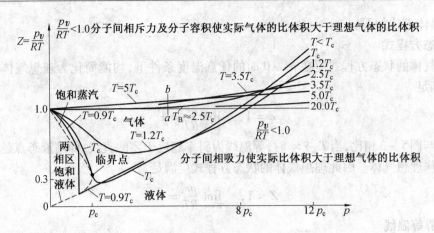

图 5-3 流体压缩因子与压力、温度的关系

界温度增加,气体分子动能增大,分子间的吸引力作用减弱。因此与临界等温线 $T = T_c$ 相比较, $T > T_c$ 时实际气体的比体积与理想气体的比体积的差异要小一些。

由图 5-3 可以看出,当 $p \to 0$ 时,等温线 $T = 2.5T_c$ 的曲线斜率趋近于零,此时 Z 几乎与 p 无关。我们把 $p \to 0$ 时等温线斜率为零时的温度称为玻意耳温度 T_B,此时有

$$\lim_{p \to 0} \left(\frac{\partial Z}{\partial p} \right)_{T_B} = 0 \qquad (5-6)$$

当 $T \geq T_B$、$p \to 0$ 时,等温线斜率大于零,压缩因子 Z 随压力的增大而增大,$Z > 1$,说明此时气体的比体积大于同温同压下的理想气体的比体积。当 $T_B < T < 5T_c$ 且 $p < 5p_c$ 时,随着温度的升高,等温线的斜率增加,并在 $T = 5T_c$ 时等温线达到最大值。我们把等温线斜率最大时对应的温度称为折回温度。

当 $T > 5T_c$ 时,等温线斜率开始下降,但压缩因子永远大于 1。

综上所述,实际气体热力计算时,能否将气体作为理想气体来简化处理,需要视气体所处的实际状态而定。例如当 $p \to 0$ 时,实际气体总可以当作理想气体。同时,计算时需要估计利用理想气体状态方程计算实际气体的偏差,为此需要确定气体的压力 p、温度 T 以及临界参数 p_c、T_c,借助常用的气体对比态参数(状态参数与临界参数的比值),由图 5-3 查出 Z 值,从而可以评价实际气体偏离理想气体的程度。

5.3 实际气体状态方程的一般热力学特性

从实际气体状态变化的特点可以看出,临界参数是影响实际气体状态变化特性的一个重要参数。当实际气体的温度大于临界温度较多,或者温度虽然低于临界温度,但压力很低时,实际气体将近似于理想气体。但当实际气体在 $Z = f(p,T)$ 图上的状态接近液相区时,其性质将与理想气体有较大偏差。因此可以认为,离液态点越远的气体,越可以看作是理想气体。

为了能够在工程中正确反映实际气体状态变化的特征,我们对比理想气体,分析实际气体状态方程(即 $p、v、T$ 关系式)的一般热力学特性。从实际气体的 $Z = f(p,T)$ 关系图显示的规律,以及与理想气体不同的宏观特点,来分析实际气体状态方程的一般热力学特性。

工程中根据各种气体热力学性质的实验数据绘制了实际气体的特性图,而各种经验的或者半经验的解析型实际气体状态方程,必须也要符合一般特性图所反映出的所有流体所共有

的性质,具体表述如下。

1. 状态方程式

实际气体的状态方程式应在 $p \to 0$ 时的任意温度条件下,均能简化为理想气体状态方程式,即要满足

$$Z = 1, \quad \lim_{p \to 0} \frac{pv}{RT} = 1 \tag{5-7}$$

同时与图 5-3 相比,当 $T \to \infty$ 时,等温线为斜率趋近于零的直线,即离液态点越远的气体越可以看作理想气体。因此理想气体的状态方程式应满足

$$Z = 1, \quad \lim_{T \to \infty} \frac{pv}{RT} = 1 \tag{5-8}$$

2. 临界等温线

实际气体状态特性图 5-1 显示:临界等温线在 $p-v$ 图上的临界点 c 为驻点或拐点,即

$$\left(\frac{\partial p}{\partial v}\right)_{T_c} = 0, \quad \left(\frac{\partial^2 p}{\partial v^2}\right)_{T_c} = 0 \tag{5-9}$$

因此实际气体状态方程式应能满足上述数学特性。

3. $p-T$ 图上的等体积线

对于理想气体,根据状态方程式 $pv = RT$,理想气体在 $p-T$ 图上的等容线是直线,其斜率随密度的增加而增加。实际气体的等比体积线如图 5-4 所示,实际气体的状态方程式所导出的等容线也应满足图 5-4 所显示形状,等容线除了高密度及低温情况外,基本上是直线。因此实际气体状态方程降低密度或增加温度时所有等容线,都有趋于直线的特性。

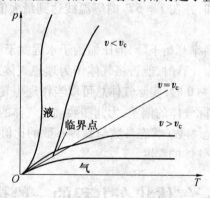

图 5-4 $p-T$ 图上的等比体积线

当 $p \to 0$ 时:

$$\left(\frac{\partial^2 p}{\partial T^2}\right)_v = 0 \tag{5-10}$$

当 $T \to \infty$ 时:

$$\left(\frac{\partial^2 p}{\partial T^2}\right)_v = 0 \tag{5-11}$$

4. $Z-p$ 图上的斜率

实际气体在 $Z-p$ 图上(图 5-3)的特性之前已有论述。因此对于实际气体状态方程,要求在其所适用的温度范围内,应能反映 $Z-p$ 图上等温线的变化特性。例如:在 $T = 2.5T_c$(玻意耳温度 T_B)处

$$\lim_{p \to 0} \left(\frac{\partial Z}{\partial p}\right)_{T_B} = 0$$

在 $T = 5T_c$(折回温度)处：
$$\lim_{p \to 0} \frac{\partial^2 Z}{\partial T \partial p} = 0 \qquad (5-12)$$

5. 相平衡

当需要应用状态方程同时计算流体气相和液相下的状态特性，并且能应用于相平衡分析时，须满足纯质在气相和液相中的化学势相等，即
$$\mu_v = \mu_l \qquad (5-13)$$

能够应用于所有流体，且涵盖宽广的压力温度范围的状态方程通式是不存在的。实际工程应用中的诸多方程都是针对某种或某几种物质提出的，并往往在某一状态变化范围内具有较好的计算精度，比如水蒸气方程、某些制冷剂方程等。

5.4 维里状态方程

描述实际气体关系的状态方程可分为解析型和经验型两类。其中解析型状态方程无论是专用方程还是通用方程，其建立过程都是在分析物质的微观结构和宏观特性基础上，首先从理论上提供方程的模型，再依据实验数据来拟合方程中的有关经验常数。一般来说，针对物质的不同凝聚态，应采用不同的状态方程来描述，因此在选择及应用方程时需注意其适用范围。本节首先介绍维里状态方程。

1. 方程的形式

1901年，卡末林·昂尼斯(Kammerlingh Onnes)提出以幂级数形式来表达气体状态方程，即
$$Z = 1 + \frac{B}{v} + \frac{C}{v^2} + \frac{D}{v^3} + \cdots \qquad (5-14)$$

也可以写成压力的幂级数展开式：
$$Z = 1 + B'p + C'p^2 + D'p^3 + \cdots \qquad (5-14a)$$

这种形式的状态方程称为维里状态方程。式中：系数 B、B'、C、C'、D、D'、$\cdots$ 分别称为第二、第三、第四 $\cdots\cdots$ 维里系数。若工质为纯质，维里系数是温度的函数；若工质为混合物，维里系数是温度以及组分的函数。

维里状态方程的项数可以按照要求方程的精确程度来选定。各维里系数可依据实验数据拟合确定。考虑压缩因子的定义式 $Z = \dfrac{pv}{RT}$，由式(5-14) 有
$$p = \frac{RT}{v}\left(1 + \frac{B}{v} + \frac{C}{v^2} + \frac{D}{v^3} + \cdots\right) \qquad (5-14b)$$

将式(5-14b)代入式(5-14a)，合并同类项，再与式 $Z = \dfrac{pv}{RT}$ 比较，得到维里系数的关系为
$$B' = \frac{B}{RT}$$
$$C' = \frac{C - B^2}{(RT)^2}$$

$$D' = \frac{D + 2B^3 - 3BC}{(RT)^3}$$

当 $p \to 0$ 或 $v \to \infty$ 时（即密度 $\rho \to 0$ 时），由式(5-14b)和式(5-14)可得出 $Z = 1$，即此时维里状态方程简化为理想气体状态方程。由此可见，各维里系数项反映了实际气体偏离理想气体状态的程度。

2. 维里系数的拟合及截断型维里方程

维里方程有坚实的理论基础，用统计力学方法能导出维里系数，并赋予维里系数明确的物理意义：第二维里系数表示气体两个分子相互作用的效应，第三维里系数表示三个分子的相互作用等。由于两个分子间的相互作用相比三个分子间的相互作用的概率通常要大得多，而三个分子间的相互作用又依次大于四个分子间的相互作用，因此，维里状态方程中的项数随着阶数的增加，对于压缩因子的贡献也就越来越小。

原则上可以从理论上导出各个维里系数的计算式，但实际上高级维里系数的运算是十分困难的，目前除了简单的钢球模型外，还只能算到第三维里系数，通常维里系数由实验测定。因此在保证一定精度前提下，尽可能使用低阶数的截断型维里方程，这对于简化实际工程的计算工作量来说，具有重要的现实意义。例如在低压下，只要截取方程的前两项，就能取得较满意的精度。

在密度极低的条件下，以精确的气体 p、v、T 实验数据为基础，可以按照以下方法求出第二、第三维里系数。由式(5-14)有

$$Z - 1 = \frac{B}{v} + \frac{C}{v^2} + \frac{D}{v^3} + \cdots$$

当 $p \to 0$ 时：

$$B = \lim_{p \to 0}(Z - 1)v$$
$$C = \lim_{p \to 0}[(Z - 1)v - B]v$$

工程上计算实际气体压缩因子时，若压力低于临界压力的一半，即 $p < 0.5p_c$ 时，应用二维维里方程(即截断至第二维里系数的方程)已足够精确，即

$$z = 1 + \frac{B}{v} \quad \text{或} \quad z = 1 + B'p = 1 + \frac{Bp}{RT} \tag{5-14c}$$

由于第二维里系数 B 只是温度的函数，由上式可见，二维维里方程中压缩因子沿某一等温线只是压力的线性函数。

方程(5-14c)对于亚临界温度的水蒸气，其压力一直达到 1.5 MPa 时都能提供较好的 $p-v-T$ 关系。当密度 $\rho > 0.5\rho_c$ 时，不再适用，可以用截取前三项的方程代替。即：当气体密度大于临界密度的一半时，三粒子的相互作用也变得重要，可以截取维里方程的前三项，即

$$z = 1 + \frac{B}{v} + \frac{C}{v^2} \quad \text{或} \quad z = 1 + B'p + C'p^2 \tag{5-14d}$$

上式适合于密度较高的情况，一般适用于 $0.5\rho_c < \rho < \rho_c$。

如果温度超过临界温度，即 $T > 0.5T_c$，则应采用三维维里方程，此时压力可以延伸至 $p = p_c$，方程仍保持一定精度，即

$$Z = 1 + \frac{B}{v} + \frac{C}{v^2} \tag{5-14e}$$

可见,维里方程主要应用于计算气体在低压及中等压力下的状态,压力越高,气体密度越高,需要维里方程的维数越高。

由于精确的维里系数的获取是建立在大量 p、v、T 实验数据基础上,目前比较精确的只有第二维里系数,所以维里方程主要应用于计算气体在低压及中等压力下的状态。要推算并关联高密度下气体和液体的体积性质,通常还是需经验状态方程。

维里方程在高密度区的精度不高,但由于具有理论基础,适应性广,很有发展前途。B – W – R 方程、M – H 方程都是在它的基础上改进得到的。

3. 湿空气的维里方程

地球上的大气是由干空气与水蒸气所组成的混合气体,称为湿空气。湿空气在通风空调、干燥等工程中大量应用。下面以湿空气为例,阐述由纯物质气体状态方程构造实际气体混合物状态方程的思想。

地球上大气由氮气、氧气、二氧化碳、一氧化碳、水蒸气及极微量的其他气体所组成,通常将水蒸气以外的所有组成气体称为干空气。地球上的干空气会随时间、地理位置、海拔、环境污染等因素而产生微小的变化,为便于计算,将干空气标准化(不考虑微量的其他气体)后看作是一个不变的整体。表 5 – 1 给出标准化的干空气的摩尔分数。

表 5 – 1　标准化的干空气的摩尔分数

成分	摩尔质量/(10^{-3} kg·mol^{-1})	摩尔成分
O_2	32.000	0.209 5
N_2	28.016	0.780 9
Ar	39.944	0.009 3
CO_2	44.01	0.000 3

大气的压力也将随地理位置、海拔、季节等因素而变化。以海拔为零,标准状态下大气压力 $p_0 = 760$ mmHg(760 mmHg = 1.013×10^5 Pa)为基础,则地球表面以上大气压 p 的值可按下式计算:

$$p = p_0(1 - 2.255\,7 \times 10^{-6} z)^{6.226\,1} \tag{a}$$

式中　　z——海拔高度,m;

　　　　p——海拔高度为 z 时的大气压力,mmHg。

下面简要讨论湿空气状态方程。

进行较精密的工程计算时,湿空气(干空气和水蒸气)的状态方程可考虑采用如式(5 – 14a)以压力的幂级数表示的维里方程:

$$\frac{pV_m}{RT} = 1 + B'p + C'p^2 + D'p^3 + \cdots$$

由于湿空气所处的压力较低,干空气采用第二维里系数一项已足够准确,对于水蒸气则可取用第二、第三维里系数两项。至于湿空气的第二维里系数,除应包括干空气、水蒸气本身各自两个分子间的相互作用,还要考虑干空气与水蒸气两个分子之间的相互作用力。而第三维里系数,只需考虑水蒸气本身三个分子之间的相互作用力。

J. A. Goff 和 S. Gratch 将干空气及水蒸气的维里方程写成如下形式:

干空气　　　　　　　　　　　$p_a V_{m,a} = RT - A_{aa} p_a$ 　　　　　　　　　　(b)

湿空气　　　　　　　　　　　$p_v V_{m,v} = RT - A_{vv} p_v - A_{vvv} p_v^2$ 　　　　　　　(c)

式中 A_{aa}——干空气的第二维里系数,m^3/mol;

A_{vv}、A_{vvv}——水蒸气的第二、三维里系数,m^3/mol。

各维里系数可按下列公式计算:

$$A_{aa} = -40.7 + \frac{13\,116}{T} + \frac{12 \times 10^7}{T^3} 10^{-6}$$

$$A_{vv} = -33.97 + \frac{55\,306}{T} + 10^{\frac{72\,000}{T^2}} 10^{-6}$$

$$A_{vvv} = \frac{0.034\,8}{T^2} A_{vv}^3 10^{-6}$$

因此,湿空气的维里方程为

$$pV_m = RT - [x_a^2 A_{aa} + 2x_a x_v A_{av} + x_v^2 A_{vv}]p - x_v^3 A_{vvv} p^2 \qquad (4-14f)$$

式中 x_a、x_v——干空气、水蒸气的摩尔分数;

A_{av}——干空气与水蒸气分子之间相互作用的第二维里系数,m^3/mol。

$$A_{av} = -29.53 + 0.006\,69 T(1 - e^{-c_1/T}) + \frac{c_2}{T} + \frac{c_3}{T^2} + \frac{c_4}{T^3} \times 10^{-6}$$

其中

$$c_1 = 4\,416.5 \text{ K}, \quad c_2 = 0.017\,546 \text{ m}^3 \cdot \text{K/mol}$$
$$c_3 = 0.095\,3 \text{ m}^3 \cdot \text{K/mol}, \quad c_4 = 85.15 \text{ m}^3 \cdot \text{K/mol}$$

5.5 二常数半经验状态方程

由于维里方程只能用于临界密度以下范围内流体状态的计算,若应用该方程推算并关联高密度下气体和液体的热力学性质,就需要进一步提高截断维里方程的阶数,为此需要大量的 p、v、T 基础实验数据,这事实上在工程中是非常困难的。在采用解析型状态方程存在难度的前提下,有必要寻求经验型的状态方程。目前已有几百个经验状态方程,这里只介绍了几个常用的方程,本节先介绍二常数半经验方程。

5.5.1 范德瓦尔斯方程

在实际气体的状态方程中,范德瓦尔斯方程具有非常重要的意义,它推动了对气体的 p、v、T 关系的理论和实验研究,并为其他众多实际气体状态方程的建立确立了一个重要的基础。

1873 年,范德瓦尔斯提出了实际气体的物理模型,考虑到分子间存在相互作用力和分子占有体积,对理想气体的状态方程引入了两项修正,得出了第一个具有实用意义的实际气体状态方程式,称为范德瓦尔斯方程,表述为

$$p = \frac{RT}{v-b} - \frac{a}{v^2} \qquad (5-15)$$

式中 a、b——两个与气体种类有关的物性常数,a 是反映分子间相互吸引力强度的常数,b 表示分子不能自由运动的空间,与分子本身占有的体积有关;

$v-b$——分子能自由运动的空间;

$RT/(v-b)$——由于分子活动空间减小而使实际气体压力较理想气体增加;

$-a/v^2$——由于分子间有相互作用力而使分子对器壁碰撞时,使实际气体的内压力减小。

1. 常数 a 和 b 的求法

求取范德瓦尔斯方程中的常数 a 和 b 共有两种方法:临界点数值法和曲线拟合法。下面将分别进行介绍。

(1) 临界点数值法。

根据任意状态方程的临界等温线在临界点的数学特征,有

$$\left(\frac{\partial p_c}{\partial v_c}\right)_{T_c} = 0 \quad \left(\frac{\partial^2 p_c}{\partial v_c^2}\right)_{T_c} = 0$$

对方程(5 – 15)式求导,得

$$\left(\frac{\partial p_c}{\partial v_c}\right)_{T_c} = -\frac{RT}{(v_c - b)^2} + \frac{2a}{v_c^3} = 0$$

$$\left(\frac{\partial^2 p_c}{\partial v_c^2}\right)_{T_c} = \frac{2RT_c}{(v_c - b)^3} - \frac{6a}{v_c^4} = 0$$

联立求解以上两式和范德瓦尔斯方程式(5 – 15),得

$$a = \frac{8}{9}RT_c v_c = 27b^2 p_c = 3p_c v_c^2$$

$$b = \frac{v_c}{3}$$

则临界参数可以用 a 和 b 表示为

$$p_c = \frac{a}{27b^2}, \quad T_c = \frac{8a}{27Rb}, \quad v_c = 3b$$

由于通过实验测定 p_c、T_c 比测定 v_c 容易,因此一般利用 p_c、T_c 数据来计算 a、b 的值。联立求解上述 p_c、T_c 方程,得 $a = \frac{27}{64}\frac{(RT_c)^2}{P_c}, b = \frac{RT_c}{8p_c}$。

(2) 曲线拟合法。

根据物质的 p、v、T 实验数据,用曲线拟合法求 a 和 b 的值。此时求得的 a、b 不仅和气体的物性有关,还将受实验条件的制约,与数据的拟合范围有关。式(5 – 15) 可写为

$$p = \frac{R}{v - b}T - \frac{a}{v^2}$$

可以看出,v 为常数时,在以 p、T 为坐标的直角坐标系中,范德瓦尔斯方程为一条直线,截距为 $-a/v^2$,斜率为 $R/(v - b)$。因此,可以用图解法来确定 a 和 b 的值。

2. 范德瓦尔斯方程向理想气体状态方程的简化

为讨论范德瓦尔斯方程的准确度,把式(5 – 15) 改写为

$$\frac{v}{T} = \frac{R}{P} + \frac{b}{T} - \frac{a}{pvT} + \frac{ab}{pv^3T}$$

当 $T \to \infty$ 或 $\frac{1}{T} \to 0$ 时,上式变成 $pv = RT$ 即理想气体状态方程。

当式(5 – 15) 中的 $p \to 0$,即 $v \to \infty$ 时,$a/v^2 \to 0$,b 相对于 v 可忽略不计。范德瓦尔斯方程也可成 $pv = RT$,即理想气体状态方程。因此,范德瓦尔斯方程简化成理想气体状态方程的

条件是:$T \to \infty$ 或 $p \to 0$。

3. 范德瓦尔斯方程的适用范围

范德瓦尔斯方程可展开为

$$v^3 - \left(b + \frac{RT}{p}\right)v^2 + \frac{a}{p}v - \frac{ab}{p} = 0 \tag{5-16}$$

温度一定时,该式为比体积 v 的三次方程,方程可表示为 $p-v$ 图上一条三次曲线。取温度为一系列值时,就可在 $p-v$ 图上作一系列的等温线,如图 5-5 所示。

当温度较高,$T > T_c$ 时,式(5-16) 对 v 有一个实根和两个虚根,等温线形状如图 5-5 中曲线 KL 所示。当温度较低,$T < T_c$ 时,在两相区内式(5-16) 对 v 有三个不相等的实根,等温线形状如图 5-5 中曲线 $DPMNQ$ 所示,这种曲线的形状明显与实验结果不相符,因此原则上范德瓦尔斯方程仅适用于气相或液相,而不适用于气液两相区。当处于临界点时,式(5-16) 对 v 有三个相等的实根。这就是说,在图(5-5) 中驻点和拐点处,分别有是

$$\left(\frac{\partial p}{\partial v}\right)_T = 0, \quad \left(\frac{\partial^2 p}{\partial v^2}\right)_T = 0$$

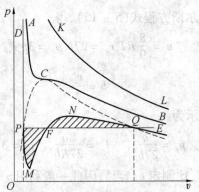

图 5-5 范德瓦尔斯等温线

4. 纯物质的临界压缩因子 Z_c

运用范德瓦尔斯方程的临界参数和常数 a 和 b 的表达式,求纯质的临界压缩因子,有

$$Z_c = \frac{p_c v_c}{RT_c} = 0.375$$

计算结果大于通过实验确定的实际值。实验结果表明:多数纯质的临界压缩因子 Z_c 在 0.23~0.3。因此,范德瓦尔斯方程应用于临界点附近也是不够准确的。

范德瓦尔斯方程比理想气体状态方程有了显著的进步,对于离液态颇远的气体,即使压力很高,也能得到较准确的结果,但对于较易液化的气体就显得不很准确,对于接近液态的气体,例如水蒸气,即使在不太高的压力下也有误差。显然,范德瓦尔斯方程仍不能在量上正确反映实际气体状态参数间的关系,不宜作为工程计算的依据。但范德瓦尔斯方程的价值在于能近似地反映实际气体性质方面的特征,并为实际气体状态方程的研究开拓了道路。

5.5.2 瑞里奇-邝方程

范德瓦尔斯方程只有在压力较低时才较为准确,已不满足当前工程计算的需求。但范德瓦尔斯方程的重要价值在于它开拓了一条研究状态方程的有效途径,在该方程出现以后,众多

研究者对其做了进一步的修正,引用更多的常数来表征分子运动行为,提出了许多新的状态方程。这些方程具有更高的精度,有的可以较精确地表达气、液状态下工质的 $p-v-T$ 关系,用以制定工质的热力性质图、表。下面将介绍瑞里奇-邝方程(R-K方程)。

1949年,瑞里奇-邝(Redlich-Kwong)对范德瓦尔斯方程进行了改进,提出了具有两个具体常数的 R-K 方程,并在以后得到了广泛的应用。其表达式为

$$p = \frac{RT}{v-b} - \frac{a}{T^{0.5}v(v+b)} \qquad (5-17)$$

可以看出,R-K 方程保留了范德瓦尔斯方程中由于分子自由活动空间减小而引起的实际压力增加项,并对公式中的内压力项进行了修正,修正中考虑了温度对于分子间相互作用力的影响。

1. 压缩因子 Z

R-K 方程是比体积 v 的二次方程,其表达式可以用压缩因子 Z 的三次方程表示为

$$Z^3 - Z^2 + (A^* - B^{*2} - B^*)Z - A^*B^* = 0$$

式中

$$A^* = \frac{\Omega_a p_r}{T_r^{0.25}} = \frac{ap}{R^2 T_r^{2.5}}$$

$$B^* = \frac{\Omega_b p_r}{T_r} = \frac{bp}{RT}$$

对比压力、对比温度和对比比体积(下标"r"表示对比态参数)分别为

$$p_r = \frac{p}{p_c}, \quad T_r = \frac{T}{T_c}, \quad v_r = \frac{v}{v_c}$$

a 和 b 也是两个与气体种类有关的物性常数,其值可依据气体 p、v、T 实验数据,用最小二乘法拟合求得,但当实验数据缺乏时,仍然可以根据临界点的数学特征求得,计算式为

$$a = \frac{\Omega_a R^2 T_c^{2.5}}{p_c}, \quad b = \frac{\Omega_b RT_c}{p_c}$$

式中

$$\Omega_a = [9 \times (2^{1/3}-1)]^{-1} = 0.427\,480\,232\,7\cdots$$

$$\Omega_b = \frac{2^{1/3}-1}{3} = 0.086\,640\,350\cdots$$

从 R-K 方程可得 $Z_c = 1/3$。与范德瓦尔斯方程相比,R-K 方程与实验数据更为相符,但仍有差距。

2. R-K 方程的适用范围

R-K 方程应用方便,形式简单。应用时只需知道气体常数 R 以及临界参数 p_c、T_c。当 $T < T_c$ 时,属于气液两相区,计算非极性或轻微弱极性流体及某些极性物质的 p、v、T 之间的性质,结果较好。应用范围可达到密度 $\rho > 0.5\rho_c$。而当 $T > T_c$ 时,即使压力很高也能得到较好的结果。计算气体比体积时一般误差不超过5%,在临界点附近误差大些,特别是含有氢键时,误差更大。

3. R-K 方程的索阿夫(Soave)修正式(R-K-S 方程)

由于 R-K 方程计算多数强极性物质时偏差较大,同时在临界点附近也显得精度不够,因

此许多研究者对其进一步修正,其中比较成功的有1972年索阿夫提出的R-K方程修正式,称为R-K-S方程,表示为

$$p = \frac{RT}{v-b} - \frac{a(T)}{v(v+b)} \tag{5-18}$$

也可写为

$$p = \frac{RT}{v-b} - \frac{\Omega_a RTb}{\Omega_b v(v+b)} F$$

或

$$Z = \frac{v}{v-b} - \frac{\Omega_a b}{\Omega_b (v+b)} F \tag{5-18a}$$

式中

$$a(T) = a_c \alpha = \frac{\Omega_a R^2 T_c^2}{p_c} \alpha$$

$$b = \frac{\Omega_b RT_c}{p_c}$$

$$\alpha = [1 + m(1 - T_r^{0.5})]^2$$

$$F = \frac{1}{T_r}[1 + m(1 - T_r^{0.5})]^2$$

$$m = f(\omega) = 0.48 + 1.574\omega - 0.176\omega^2$$

ω—— 偏心因子,查表可得。

式(5-18a)只需知道物质的临界参数和偏心因子,就可以用来计算气相,甚至是液相的比体积性质。

索阿夫认为:用R-K方程计算气液相平衡时之所以误差较大,是因为R-K方程未能准确反映温度的影响。为此他用更为一般化的关系式$a(T)$代替了R-K方程中的$a/T^{0.5}$项。

5.5.3 彭-罗宾逊方程

彭-罗宾逊方程(P-R方程)于1976年由彭-罗宾逊(Peng-Robinson)提出,其同样是由R-K方程衍生出来。P-R方程考虑的分子吸引力项的描述比R-K方程复杂。P-R方程的表达式为

$$p = \frac{RT}{v-b(T)} - \frac{a(T)}{v[v+b(T)] + b(T)[v-b(T)]} \tag{5-19}$$

P-R方程是比体积v的三次方程,其表达式可以用压缩因子Z表示为

$$Z^3 - (1-B)Z^2 + (A - 3B^2 - 2B)Z - (AB - B^2 - B^3) = 0$$

式中

$$A = \frac{a(T)p}{R^2 T^2}, \quad B = \frac{b(T)p}{RT}$$

$$a(T) = a(T_c)\alpha(T_r, \omega)$$

$$a(T_c) = \frac{0.45724 R^2 T_c^2}{P_c}$$

$$b(T) = b(T_c)$$

第 5 章 实际气体状态方程

$$b(T_c) = \frac{0.07780RT_c}{P_c}$$

$$\alpha(T_r,\omega) = [1 + k(1 - T_r^{0.5})]^2$$

$$k = f(\omega) = 0.37464 + 1.5426\omega - 0.26992\omega^2$$

P-R方程适用于气相或液相。其针对气相的计算精度与R-K方程相当,但在液相和临界点的计算精度高于R-K-S方程。R-K-S方程和P-R方程均不适合用于量子气体和强极性气体的计算。

5.6 多常数半经验状态方程

上述范德瓦尔斯方程、R-K方程、R-K-S方程、P-R方程均为低次方方程,其形式简单,参数较少,因此计算比较方便。但其计算精度受公式参数的限制,因此为扩大状态方程的适用范围,保证在较大的温度、压力范围内方程均有足够的精度,需要建立多常数的状态方程表达式。

所谓半经验方程,一般是指先经由理论分析得到方程的形式,然后依据实验数据拟合出常数值的方程。

1. 贝蒂-布里奇曼方程

1928 年,贝蒂-布里奇曼(Beattie-Bridgman)提出了一个五常数实际气体状态方程。将气体压力看成是由分子动能引起的压力 p_k 和由分子势能引起的内压力 p_p 之和,即

$$p = p_k + p_p$$

对于理想气体,有

$$p_p = 0, \quad p_k = \frac{RT}{v}$$

对于实际气体,分子运动论认为由于实际气体分子间具有相互作用力,分子间的动量交换形式不同于理想气体,从而产生了附加压力 p_k,表述为

$$p_k = \frac{RT}{v}\left(1 + \frac{B}{v}\right) = \frac{RT}{v^2}(v + B)$$

附加压力的大小与气体密度成正比。当气体密度较小时,式中 B 为常数;当气体密度较大时,B 为气体密度的函数,表示为 $B = B_0\left(1 - \frac{b}{v}\right)$。则有

$$p_k = \frac{RT}{v^2}\left[v + B_0\left(1 - \frac{b}{v}\right)\right]$$

气体分子的运动受到运动较慢分子相互撞击的影响,分子出现类似缔合作用的效应,其结果和气体平均相对分子质量产生改变相似,因此状态方程中气体常数也需要适当修正。经实验证实,可以用 $R\left(1 - \frac{c}{vT^3}\right)$ 来修正气体常数 R,其中 c 为常数,因此有

$$p_k = \frac{RT\left(1 - \frac{c}{vT^3}\right)}{v^2}\left[v + B_0\left(1 - \frac{b}{v}\right)\right]$$

对于由分子势能引起的内压力 p_p,可以按下式修正:

$$p_p = -\frac{A_0}{v^2}\left(1 - \frac{a}{v}\right)$$

式中 A_0、a—— 常数。

由此,实际气体状态方程可以表示为

$$p = \frac{RT\left(1 - \frac{c}{vT^3}\right)}{v^2}\left[v + BM_0\left(1 - \frac{b}{v}\right)\right] - \frac{A_0}{v^2}\left(1 - \frac{a}{b}\right) \tag{5-19}$$

式中有五个常数:A_0、B_0、a、b、c,称为贝蒂 - 布里奇曼方程常数,某些常用气体的常数值可查表 5-2 和表 5-3。

表 5-2　贝蒂 - 布里奇曼方程常数(一)

气体名称	分子式	$R/$ $(J \cdot kg^{-1} \cdot K^{-1})$	$A_0/$ $(N \cdot m^4 \cdot kg^{-2})$	气体名称	分子式	$R/$ $(J \cdot kg^{-1} \cdot K^{-1})$	$A_0/$ $(N \cdot m^4 \cdot kg^{-2})$
氨气	NH_3	488.15	836.16	氦气	He	2 078.18	136.79
空气		286.95	157.12	正庚烷	C_7H_{16}	83.01	551.18
氩气	Ar	208.14	81.99	氢气	H_2	4 115.47	4 904.92
正丁烷	C_4H_{10}	143.15	534.57	甲烷	CH_4	518.60	897.96
二氧化碳	CO_2	188.93	262.07	氖气	Ne	411.98	52.89
一氧化碳	CO	296.90	173.78	氮气	N_2	296.69	173.54
乙烷	C_2H_5	276.62	659.89	氧化氮	N_2O	188.83	261.83
乙烯	C_2H_4	296.58	793.50	氧气	O_2	259.79	147.56
乙醚	$C_4H_{10}O$	112.22	577.59	丙烷	C_3H_8	188.67	622.24

表 5-3　贝蒂 - 布里奇曼方程常数(二)

气体名称	$B_0/(m^3 \cdot kg^{-1})$	$a/(m^3 \cdot kg^{-1})$	$b/(m^3 \cdot kg^{-1})$	$c/(m^3 \cdot K^3 \cdot kg^{-1})$
氨气	2.0052E-3	1.0012E-2	1.1223E-2	2.8003E+5
空气	1.5919E-3	6.6674E-4	-3.801E-5	1.498E+3
氩气	9.8451E-4	5.8290E-4	0.0	1.499E+3
正丁烷	4.2391E-3	2.09388E-3	1.6225E-3	6.0267E+4
二氧化碳	2.3811E-3	1.62129E-3	1.6444E-3	1.4997E+4
一氧化碳	1.8023E-3	9.3457E-4	2.4660E-4	1.498E+3
乙烷	3.1283E-3	1.95030E-3	6.3740E-4	2.995E+4
乙烯	4.3370E-3	1.77112E-3	1.2835E-3	8.092E+3
乙醚	6.1350E-3	1.67748E-3	1.6137E-3	4.499E+3
氦气	3.5004E-3	1.49581E-2	0.0	9.955
正庚烷	7.0733E-3	2.00398E-3	1.9159E-3	3.992E+4
氢气	1.0376E-2	-250530E-3	-2.1582E-2	2.4942E+2
甲烷	3.4854E-3	1.15744E-3	-9.9013E-4	8.003E+3
氖气	1.0207E-3	1.08815E-3	0.0	50.10
氮气	1.8011E-3	9.3394E-4	-2.4660E-4	1.498E+3
氧化氮	2.3799E-3	1.62005E-3	1.6431E-3	1.498E+4
氧化氮	1.4452E-3	8.00972E-4	1.3148E-4	1.498E+3
丙烷	4.1082E-3	1.66125E-3	9.7452E-4	2.719E+4

贝蒂 - 布里奇曼方程一般适用于 $v > 2v_c$ 的情况,在临界点附近不够准确。

将贝蒂 - 布里奇曼方程展开为维里形式,得

$$p = \frac{RT}{v} + \frac{\beta}{v^2} + \frac{\gamma}{v^3} + \frac{\delta}{v^4} \tag{5-19a}$$

式中

$$\beta = RTB_0 - A_0 - \frac{R_c}{T^2}$$

$$\gamma = -RTB_0 b + A_0 a - \frac{RB_0}{T^2}$$

$$\delta = \frac{RB_0 bc}{T^2}$$

2. 本 - 韦伯 - 鲁宾方程

在经验状态方程中,1940 年由本 - 韦伯 - 鲁宾(Benedict - Webb - Rubin)提出的 B - W - R 方程是最好的方程之一。这个方程从形式上说属于贝蒂 - 布里奇曼方程的改进方程,在贝蒂 - 布里奇曼方程的基础上增加了高密度项,扩大了应用范围。B - W - R 方程表述为

$$p = \frac{RT}{v} + \left(B_0 RT - A_0 - \frac{C_0}{T^2}\right)\frac{1}{v^2} + (bRT - a)\frac{1}{v^3} + \frac{a\alpha}{v^6} + \frac{c\left(1 + \frac{\gamma}{v^2}\right)}{T^2}\frac{1}{v^3}e^{-\frac{\gamma}{v^2}} \qquad (5-20)$$

式中有八个常数:A_0、B_0、C_0、a、b、c、α、γ,称为 B - W - R 方程常数,可查表 5 - 4 和表 5 - 5。

表 5 - 4 B - W - R 方程常数(一)

气体名称	分子式	$A_0/(\text{N} \cdot \text{m}^4 \cdot \text{kg}^{-2})$	$B_0/(\text{m}^3 \cdot \text{kg}^{-1})$	$C_0/(\text{N} \cdot \text{m}^4 \cdot \text{K}^2 \cdot \text{kg}^{-2})$
甲烷	CH_4	7.311 95E + 2	2.657 35E - 3	8.896 35E + 6
乙烯	C_2H_4	4.305 50E + 2	1.986 49E - 3	1.690 71E + 7
乙烷	C_2H_6	4.662 69E + 2	2.089 14E - 3	2.015 09E + 7
丙烯	C_3H_6	3.502 17E + 2	2.023 08E - 3	2.516 42E + 7
丙烷	C_3H_8	3.585 75E + 2	2.208 55E - 3	2.651 94E + 7
异丁烷	C_4H_{10}	3.073 08E + 2	2.368 26E - 3	2.552 56E + 7
异丁烯	C_4H_8	2.885 71E + 2	2.069 58E - 3	2.988 71E + 7
正丁烷	C_4H_{10}	3.028 65E + 2	2.141 27E - 3	2.981 68E + 7
异戊烷	C_5H_{12}	2.493 91E + 2	2.220 06E - 3	3.403 57E + 7
正戊烷	C_5H_{12}	2.373 76E + 2	2.174 26E - 3	4.134 24E + 7
正已烷	C_6H_{14}	1.972 42E + 2	2.064 98E - 3	4.534 87E + 7
正庚烷	C_7H_{16}	1.770 41E + 2	1.987 56E - 3	4.795 43E + 7

表 5.5 B - W - R 方程常数(三)

气体名称	$a/(\text{N} \cdot \text{m}^7 \cdot \text{kg}^{-2})$	$b/(\text{m}^6 \cdot \text{kg}^{-2})$	$c/(\text{N} \cdot \text{m}^7 \cdot \text{K}^2 \cdot \text{kg}^{-2})$	$\alpha/(\text{m}^9 \cdot \text{kg}^{-3})$	$\gamma/(\text{m}^6 \cdot \text{kg}^{-2})$
甲烷	12.146 6	1.315 23E - 5	6.257 7E + 4	3.018 53E - 8	2.334 69E - 5
乙烯	1.191 19	1.094 51E - 5	9.713 9E + 4	8.081 73E - 9	1.174 69E - 5
乙烷	1.288 92	1.231 91E - 5	1.223 61E + 5	8.972 20E - 9	1.307 01E - 5
丙烯	1.054 82	1.058 06E - 5	1.398 29E + 5	6.130 14E - 9	1.034 53E - 4
丙烷	1.122 24	1.158 92E - 5	1.527 59E + 5	7.097 76E - 9	1.133 17E - 5
异丁烷	1.001 95	1.258 06E - 5	1.478 91E + 5	5.482 79E - 9	1.007 99E - 5
异丁烯	0.973 16	1.107 74E - 5	1.580 56E + 5	5.169 63E - 9	9.416 16E - 6
正丁烷	0.973 34	1.185 82E - 5	1.636 10E + 5	5.621 84E - 9	1.007 99E - 5
异戊烷	1.015 46	1.285 45E - 5	1.878 87E + 5	4.536 82E - 9	8.908 05E - 6
正戊烷	1.101 59	1.285 45E - 5	2.228 07E + 5	4.830 38E - 9	9.138 93E - 6
正已烷	1.129 13	1.471 81E - 5	2.400 13E + 5	4.402 44E - 9	8.993 53E - 6
正庚烷	1.046 02	1.515 75E - 5	2.492 75E + 5	4.339 82E - 9	8.977 54E - 6

B-W-R方程是根据拟合轻烃的实验数据而导出的,因此应用于烃类气体和非极性、微极性气体计算时有较高的准确性。当 $\rho < 1.8\rho_c$ 时,用 B-W-R 方程计算这些气体压力的最大偏差为 1.75%,平均偏差为 0.35%。同时该方程还可以用于计算纯质的蒸汽压以及相平衡特性,也可用于液相的计算。

1970 年,K. E. Starling 等又把 B-W-R 方程修正为具有 11 个常数的状态方程,又称 B-W-R 方程。修正后的方程应用范围有所扩大,可用于密度大于临界密度 3 倍的气体的计算,如 CO_2、H_2S、N_2 等气体体积的计算,还可用于轻烃等气体。

3. 马丁－侯方程

J. J. Martin 和我国的学者侯虞钧教授在分析了不同化合物的 p、v、T 数据后,于 1955 年发表了一个精度较高、常数的确定同类方程简便、适用范围广的解析型状态方程,称为马丁－侯(M－H方程),1959 年又做了修改,方程的表达式为

$$p = \frac{RT}{v-b} + \frac{A_2 + B_2 T + C_2 \exp\left(-\frac{KT}{T_c}\right)}{(v-b)^2} + \frac{A_3 + B_3 T + C_3 \exp\left(-\frac{KT}{T_c}\right)}{(v-b)^3} +$$

$$\frac{A_4}{(v-b)^4} + \frac{A_5 + B_5 T + C_5 \exp\left(-\frac{KT}{T_c}\right)}{(v-b)^5} \tag{5-21}$$

式中 $K = 5.475$;A_2、A_3、A_4、A_5、B_2、B_3、B_5、C_2、C_3、C_5、b 称为 M-H 方程常数,其值可查阅文献[2]。这些常数的值不是由经验拟合出来的,而是由一般实际气体所共有的许多特性来确定的。

M-H 方程适用于烃类气体、水及氟利昂制冷剂的计算。用于对水和氨等极性气体的计算时,M-H 方程优于 R-K 方程,R-K 方程优于范德瓦尔斯方程。除了应用于气相计算外,M-H 方程还可用于液相及气液相平衡状态,包括混合物的计算。

例 5.1 试用 B-W-R 方程计算 1 mol 异丁烷在压力为 1.2 MPa、温度为 90 ℃ 时所占的体积。

解 查表 5-4 和表 5-5 得到 B-W-R 方程常数的八个常数:A_0、B_0、C_0、a、b、c、α、γ,从而确定应用于异丁烷的具体 B-W-R 方程表达式。

利用理想气体状态方程计算出异丁烷的体积为

$$V_{m,id} = \frac{RT}{p} = \frac{8.314 \times (273.15 + 90)}{1.2 \times 10^6}$$

$$= 2.51 \times 10^{-3} (\text{m}^3/\text{mol})$$

以 $V_{m,id}$ 作为体积迭代计算的初值,连同已知条件代入 B-W-R 方程,求解得

$$V_{m,id} = 1.985 \times 10^{-3} \text{ m}^3/\text{mol}$$

5.7 对比态原理及气体对比态状态方程

实际气体状态方程有多种形式,并且方程中经常包含两个或多个与物性有关的常数。当应用多常数方程进行工程计算时,有时候会缺乏针对物质的相关常数值,甚至会缺乏必要的实验数据。因此,迫切需要一种应用方便且通用性强的计算方法,用以推算实际气体的有关性

对比态原理首先由范德瓦尔斯从实验中得到,它说明各种实际气体的热力学性质具有相似性,而这正是应用对比态方程的实验基础。对比态原理和其他无量纲分析方法一样,最大的优点是具有概括性和通用性,可以从流体少数已知特征常数推算出许多未知的热力学性质。

前面介绍了勒纳德-琼斯(Lennard-Jones)势能函数:

$$E = \varphi(r) = 4\varepsilon_0 \left[\left(\frac{\sigma}{r}\right)^{12} - \left(\frac{\sigma}{r}\right)^{6} \right]$$

式中包括两个与气体种类有关的常数:最大吸引势能 ε_0 和分子间距 σ。当 ε_0 作为相互作用能 ε 的参考势能,用 σ_0 作为分子间距离的参考长度,则所有服从勒纳德-琼斯公式的无量纲参数,其相互作用能 $\varepsilon/\varepsilon_0$ 曲线将彼此完全相同。统计学分析表明,若以 $N_A\sigma^3$ 为参考比体积(N_A 为每摩尔物质所包含的分子数),ε_0/k 为参考温度,ε_0/σ^3 为参考压力,就可以得到对比态参数,即

$$p_r^* = \frac{p\sigma^3}{\varepsilon_0}, \quad T_r^* = \frac{kT}{\varepsilon_0}, \quad v_r^* = \frac{v}{N_A\sigma^3}$$

对于所有热力学性质相似的物质,存在通用对比态方程

$$p_r^* = p_r^*(T_r^*, v_r^*) \tag{a}$$

式中 p_r^*——T_r^* 和 v_r^* 的通用函数,上标"*"表示理想气体。

通用对比态方程(a)的具体形式,只是和相互作用势能函数的模型有关,而和气体种类无关。

应当说明的是:从分子相互作用势能函数及用统计学方法来建立对比态参数及对比态原理,虽然有更严格的依据,但由于准确地确定分子特性参数 ε 和 σ 很困难,因此在工程计算上宁可选用一些更为方便的对比参数表示法。

5.7.1 二参数对比态原理

二参数对比态原理叙述为:对于满足对比态原理,并遵循相同的对比态方程的所有物质,描述物质的 $p-v-T$ 关系时,如果已知对比参数 $p_r、v_r、T_r$ 中任意两个参数(通常为 $Z = f(p_r, T_r)$),就可以计算得到第三个参数。

1. 范德瓦尔斯对比态方程

一般物质都能以气、液、固相或其他混合物的形式存在,且具有临界点、三相点、玻意耳温度等共性,因此若能选取适当的参考比例尺来表示每种物质的 $p、v、T$ 参数,则可以用一个通用的状态方程来描述不同物质的 $p、v、T$ 性质。

由于物质在气液临界状态时具有相似的性质,范德瓦尔斯以临界点为参考点,以临界性质作为对比基础。这时,对比压力、对比温度和对比体积分别为

$$p_r = \frac{p}{p_c}, \quad T_r = \frac{T}{T_c}, \quad v_r = \frac{v}{v_c}$$

显然,对比参数 $p_r、T_r$ 和 v_r 均为无量纲参数,把这些对比态参数引入范德瓦尔斯方程,从而得到范德瓦尔斯对比态方程,即

$$f(p_r, T_r, v_r) = 0$$

范德瓦尔斯对比态原理指出:各种物质的 $p_r、T_r、v_r$ 三个对比态参数中,如果任意两个参数

各自相同,则第三个参数也相同。

将对比压力、对比温度和对比比体积代入范德瓦尔斯方程,可以得到范德瓦尔斯对比态方程的具体形式:

$$p_r = \frac{8T_r}{3v_r - 1} - \frac{3}{v_r^2} \tag{5-22}$$

式中没有气体常数 R 以及其他与气体物性有关的常数。

许多状态方程都可以写成对比态形式,因此范德瓦尔斯对比态原理比范德瓦尔斯方程具有更为普遍的意义。通常把满足对比态原理,且遵循相同对比态方程的所有物质,称为彼此热相似的物质。

接下来讨论范德瓦尔斯对比态原理的准确性:

由

$$v_r = \frac{v}{v_c} = \frac{\frac{ZRT}{p}}{\frac{Z_c RT_c}{p_c}} = \frac{Z}{Z_c}\frac{T_r}{p_r}$$

因此可以得到范德瓦尔斯对比态方程的另一个形式:

$$f\left(p_r, T_r, \frac{Z}{Z_c}\right) = 0 \tag{5-22a}$$

在临界点处,不同的物质 p_r、T_r、$\frac{Z}{Z_c}$ 均等于 1,因此,物质处于临界点,严格符合范德瓦尔斯对比态原理。对于 Z_c 值不同的物质,范德瓦尔斯对比态原理应用在低对比压力时误差较大,这是它的局限性。产生这种误差的原因是当 $p_r \to 0$ 时,参考图 5-3 所示,所有等温线都趋向于 $Z \to 1$ 处,此时 $\frac{Z}{Z_c} \to \frac{1}{Z_c}$。由于不同气体的临界压缩因子 Z_c 不尽相同,这意味着在不同气体间的 p_r、T_r 分别相同时,$\frac{Z}{Z_c}$ 却不相同,这显然不符合范德瓦尔斯对比态原理。

2. 修正二参数对比态原理

为解决范德瓦尔斯对比态原理在低压情况下应用的缺陷问题,1946 年,苏国帧教授引入了理想对比比体积 v_{ri} 的定义。所谓理想对比比体积,是指气体比体积与假想的处于理想气体状态的临界比体积之比。由于实际气体的压缩因子可以表示为

$$Z = \frac{pv}{RT} = \frac{p_r v_r}{T_r}\frac{p_c v_c}{RT_c} = \frac{p_r v_r}{T_r} Z_c$$

令

$$v_r Z_c = v_{ri}, \quad Z = \frac{p_r v_{ri}}{T_r} \quad \text{或} \quad v_{ri} = Z\frac{T_r}{p_r}$$

且

$$v_{ri} = v_r Z_c = \frac{v}{v_c}\frac{p_c v_c}{RT_c} = \frac{v}{\frac{RT_c}{p_c}} = \frac{v}{v_{ci}}$$

式中　v_{ci} ── 理想气体的临界比体积,$v_{ci} = \frac{RT_c}{p_c}$。

则通用对比态方程可以写为

$$Z = f(p_r, T_r, v_{ri}) \tag{5-23}$$

又因为 v_{ri} 仅是 Z 和 p_r、T_r 的函数，所以有

$$f(p_r, T_r, Z) = 0$$

式(5-22a)和式(5-23)均为修正二参数对比态原理的表达式。

由于所有气体 $p_r \to 0$ 时，都有 $Z \to 1$，因此应用修正二参数对比态原理的表达式计算低对比态压力较准确。但对于临界点的计算，由于临界点处 $p_r = 1$，$T_r = 1$，而 $Z = Z_c$，Z_c 的值随物质而变，因此修正二参数对比态原理用于计算临界点就不准确了。

3. 纳尔逊－奥勃特(Nelson－Obert)压缩因子图(N－O图)

根据对比态原理以及一些实验数据，可以绘制通用的压缩因子图。在当前存在的至少20多种通用的二参数压缩因子图中，普遍认为由纳尔逊－奥勃特提供的通用的二参数压缩因子图(简称N－O图)最为准确，而且使用方便。

图5-6~图5-9为通用压缩因子图。其中：图5-6为超低压段通用压缩因子图。图5-7为低压区段通用压缩因子图；图5-8为中压区段通用压缩因子图；图5-9为高压区段通用压缩因子图。

应用压缩因子图(N－O图)，已知比体积、温度、压力中任意两个参数以及临界参数 p_c、T_c，就可以计算第三个参数。

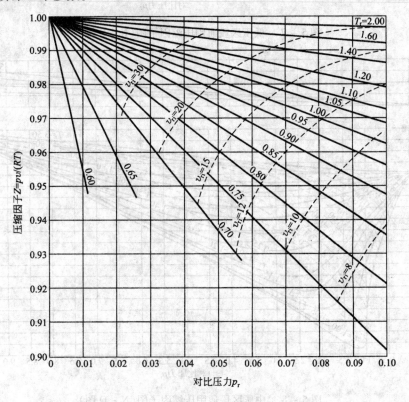

图5-6　超低压区段通用压缩因子图(N－O图)

由于氢、氦均为量子气体，严格说不能与标准流体作为同一热相似组进行计算，而应该绘出专用的压缩因子图。工程实际中，当氢、氦气体的温度高于玻意耳温度 T_B 时，仍可以用N－O图求其压缩因子，前提是要对氢、氦的对比参数按以下公式进行校正：

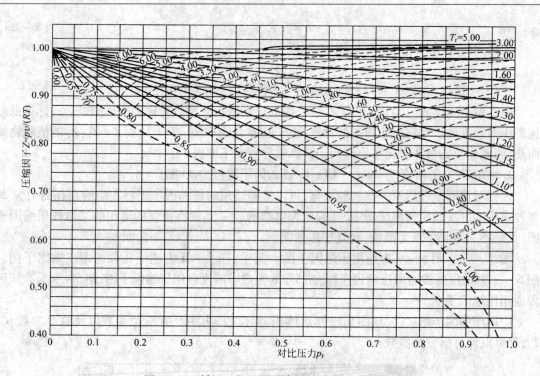

图 5-7 低压区段通用压缩因子图(N-O 图)

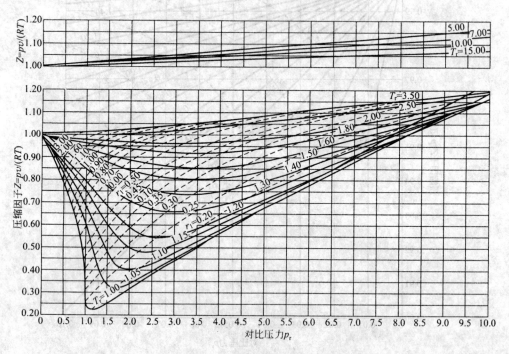

图 5-8 中压区段通用压缩因子图(N-O 图)

$$T_r = \frac{T}{T_c + 8}, \quad p_r = \frac{p}{p_c + 8}$$

当氢、氦气体的温度低于玻意耳温度 T_B 时,即使经过校正,误差也会很大。

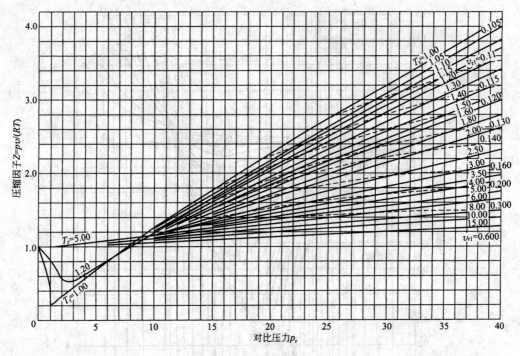

图 5-9　高压区段通用压缩因子图（N-O图）

5.7.2　三参数对比态原理

为进一步提高利用对比态原理推算物质热力性质的精确度，一些研究者提出了在 p_c、T_c 之外引进第三个参数。

1. 以 Z_c 为第三参数

许多化合物的 Z_c 彼此不相等，即随物质的种类而变，因此考虑把 Z_c 作为第三个参数，通用对比态方程可以写为

$$Z = f(p_r, T_r, Z_c) \tag{5-24}$$

莱特生-格林康-霍根（Lyderson-Green-Hougen）分析了多种物质的 Z_c 值，并按其大小把 Z_c 分为四组，分别等于 0.23、0.25、0.27、0.29，其中 Z_c = 0.27 这一组涵盖了 80% 的烃类物质。Z_c = 0.27 的通用压缩因子图如图 5-10 所示，它是根据 L-G-H 表（即以 p_r、T_r、Z_c 三个参数来确定物质的压缩因子 Z 的表）绘制的图。实际上，该参数通用压缩因子图是一个 Z_c 情况下的两参数通用压缩因子图。

2. 以偏心因子 ω 为第三参数

K. S. Pitzer 引入了一个称为偏心因子的参数来改进对比态原理，他认为：球形、非极性且可以忽略量子效应的物质是严格符合二参数对比态原理的，譬如归类于简单流体的氩、氪、氙等重惰性气体。其他一些非极性或微极性的标准流体并不严格符合二参数对比态原理。Pitzer 对此的解释是不规则形状的非极性分子间的相互作用力，是分子各部分相互作用力之和，而不应当只考虑分子中心的相互作用。为此，引入了表示分子偏心性或非球形程度的偏心因子 ω，这里已考虑分子非中心部分相互作用的影响。因此，对于标准流体，通用对比态方程可描述为

$$Z = f(p_r, T_r, \omega) \tag{5-25}$$

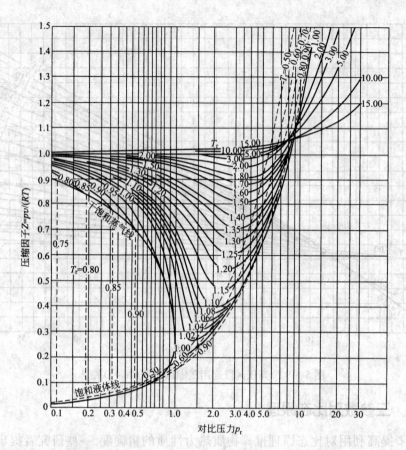

图 5-10 $Z_c = 0.27$ 的通用压缩因子图（N-O 图）

偏心因子 ω 是一个物性常数，其值一般在 0～0.7。Pitzer 定义物质的偏心因子为

$$\omega = -1 - \lg(p_{rs})_{T_r = 0.7}$$

令 Z 值以 $\omega = 0$ 的幂级数展开式表达，有

$$Z = \left[Z_{\omega=0} + \left(\frac{\partial Z}{\partial \omega} \right)_{\omega=0} \omega + \cdots \right]_{T_r, p_r} \tag{5-26}$$

当 $\omega \to 0$ 时，可以忽略高阶小项，上式简化成

$$Z = Z^{(0)} + \omega Z^{(1)} \tag{5-27}$$

式中　$Z^{(0)}$——简单流体的压缩因子；

$Z^{(1)}$——校正系数；

$\omega Z^{(1)}$——标准流体相对于简单流体压缩因子的偏差项，且 $Z^{(0)}$ 和 $Z^{(1)}$ 都是 p_r、T_r 的函数，即

$$Z^{(0)} = f_1(p_r, T_r), Z^{(1)} = f_2(p_r, T_r)$$

各种常见物质的偏心因子 ω 值以及李-凯斯勒（Lee-Kesler）方程（L-K 方程）简单流体的压缩因子 $Z^{(0)}$ 和 $Z^{(1)}$ 值均可通过有关热物性书籍中查到，但一般关于 L-K 方程中压缩因子 $Z^{(0)}$ 和 $Z^{(1)}$ 值，均仅适用于标准流体，而不适用于强极性、氢键或量子流体。

烃类物质及其他标准流体的物性进行计算时，可采用由李-凯斯勒提出的 L-K 方程求出，即

$$\omega = \frac{\ln p_{br} - 5.927\,14 + \dfrac{6.096\,48}{T_{br}} + 1.288\,62 T_{br} - 0.169\,347 T_{br}^6}{15.251\,8 - \dfrac{15.687\,5}{T_{br}} - 13.472 \ln T_{br} + 0.435\,77 T_{br}^6} \tag{5-28}$$

式中　　p_{br}——标准沸点下的饱和蒸汽对比压力；

T_{br}——标准沸点下的饱和蒸汽对比温度。

如果是近似计算,可采用埃特密斯特(Edmister)方程,表述为

$$\omega = \frac{3}{7}\frac{T_{br}}{1-T_{br}}\lg p_c - 1 \tag{5-29}$$

式中,p_c 的单位为 atm。

5.7.3　李－凯斯特对比态方程

为方便计算,工程上经常采用对比态方程。由于 B-W-R 方程在计算非极性和微极性气体、特别是烃类气体的体积方面很成功,因此许多研究者都曾试图把它转化为通用对比态方程,它以 B-W-R 方程为基础,采用以压缩因子 ω 为第三参数的对比态原理,把压缩因子表示为

$$Z = Z^{(0)} + \omega Z^{(1)} = Z^{(0)} + \frac{\omega}{\omega^{(R)}}(Z^{(R)} - Z^{(0)})$$

$$Z^{(1)} = \frac{1}{\omega^{(R)}}(Z^{(R)} - Z^{(0)})$$

式中

$$Z^{(0)} = \frac{p_r v_r^{(0)}}{T_r},\quad Z^{(R)} = \frac{p_r v_r^{(R)}}{T_r}$$

R——参考流体,通常以正辛烷为参考流体,因为正辛烷是在较大范围内有标准的 $p-v-T$ 关系及焓数据的最重的烃类。

L-K 方程展开表达式为

$$\frac{p_r v_r}{T_r} = 1 + \frac{B}{v_r} + \frac{C}{v_r^2} + \frac{D}{v_r^5} + \frac{c_4}{T_r^3 v_r^2}\left(\beta + \frac{\gamma}{v_r^2}\right)\exp\left(-\frac{\gamma}{v_r^2}\right) \tag{5-30}$$

式中

$$v_r = \frac{v}{v_{ci}} = \frac{p_c v}{RT_c}$$

$$B = b_1 - \frac{b_2}{T_r} - \frac{b_3}{T_r^2} - \frac{b_4}{T_r^3}$$

$$C = c_1 - \frac{c_2}{T_r} + \frac{c_3}{T_r^3}$$

$$D = d_1 + \frac{d_2}{T_r}$$

L-K 方程共有 12 个常数项：b_1、b_2、b_3、b_4、c_1、c_2、c_3、c_4、d_1、d_2、β、γ。正辛烷的偏心因子 $\omega^{(R)} = 0.397\,8$。

利用 L-K 方程计算某物质的压缩因子的步骤为：

① 已知状态参数 p、T 及该物质的临界参数 p_c、T_c,求出 p_r、T_r。

② 把简单流体的常数代入 L-K 方程展开表达式,可以得到 $v_r^{(0)}$,然后求出压缩因子 $Z^{(0)}$,

或查压缩因子 $Z^{(0)}$ 表,得到压缩因子 $Z^{(0)}$,然后求出 $v_r^{(0)}$。

③ L – K 方程共有 12 个常数项,将 p_r、T_r 代入 L – K 方程表达式,求出 $v_r^{(R)}$,得到 $Z^{(R)}$。

④ 根据该物质的偏心因子 ω,由对比态方程求出 Z 值。

与 B – W – R 方程相比,L – K 方程还可对液相进行计算。

例 5.2 用 L – K 方程的压缩因子表计算二氟二氯甲烷蒸汽在压力为 20.4 atm、温度为 366.5 K 时的摩尔体积。实验值为 1.109×10^{-3} m³/mol。二氟二氯甲烷的临界温度 $T_c = 385.0$ K,临界压力 $p_c = 40.7$ atm,偏心因子为 $\omega = 0.176$。

解 $T_r = 366.5/385.0 = 0.952$, $P_r = 20.4/40.7 = 0.501$

查表得到 $Z^{(0)} = 0.759$, $Z^{(1)} = -0.085$

则 $Z = Z^{(0)} + \omega Z^{(1)}$

$\qquad = 0.759 + 0.176 \times (-0.085) = 0.744$

$$V_m = \frac{ZRT}{p}$$

$$= \frac{0.744 \times 8.314 \times 366.5}{20.4 \times 101\,325}$$

$$= 1.097 \times 10^{-3} (\text{m}^3/\text{mol})$$

误差为

$$\frac{1.097 - 1.109}{1.109} \times 100\% = -1.08\%$$

5.7.4 严家禄对比态方程

1978 年,我国著名工程热物理学家严家禄改进了范德瓦尔斯对比态方程,着重考虑了实际气体中分子结合的现象,并考虑到温度对分子吸引力以及分子体积的影响,提出了严家禄对比态方程,即

$$p_r = \frac{8}{3}\left[\frac{T_r}{\dfrac{v_r}{A} - \dfrac{\delta}{3}} - \frac{9}{8}\frac{1}{T_r^\lambda \left(\dfrac{v_r}{A}\right)^2}\right] \tag{5-31}$$

其中

$$A = \frac{3}{8Z_c}\left[1 - \frac{\left(1 - \dfrac{\delta}{3}\right)\left(1 - \dfrac{8}{3}Z_c\right)}{\left(v_r - \dfrac{\delta}{3}\right)T_r^n \exp\left(1 - \dfrac{1}{T_r}\right)}\right]$$

$$\delta = \sqrt{\frac{0.5 + \sqrt{0.25 + 0.375}}{0.5 + \sqrt{0.25 + 0.375 T_r}}}$$

$$\lambda = \ln\frac{27}{8} - \ln\sqrt{\frac{0.5 + \sqrt{0.25 + 0.375}}{0.5 + \sqrt{0.25 + 0.375 T_B/T_c}}} - 1$$

T_B——玻意耳温度。

单原子气体:$n = 1.5$;双原子气体:$n = 2.5$;三原子气体:$n = 3$。温度较低时,取 $\delta = 1$,$\lambda = 0.2 \sim 0.5$。

应用上述方程对 H_2、He、空气、CO、CO_2、NH_3、H_2O 及烃类、氟利昂等气体进行计算,证明严家禄

对比态方程的计算精度高于二常数半经验方程的 R – K 方程,而且应用范围更为广泛。

1980 年,严家禄在式 (5 – 31) 的基础上,以饱和蒸汽为研究对象,忽略其温度对分子体积的影响,提出了一个饱和蒸汽对比态方程,即

$$p_r = \frac{8}{3}\left[\frac{T'_r}{\dfrac{v_r}{A} - \dfrac{1}{3}} - \frac{9}{8}\frac{1}{T_r^\lambda \left(\dfrac{v_r}{A}\right)^2}\right] \quad (5-32)$$

式中

$$A = \frac{(3v_rC+1) - \sqrt{B^2(3v_rC-1)^2 + 12v_rB(1-C)}}{2(BC+C-1)}$$

$$B = \frac{1}{2}T_r^n - e^{\left(1-\frac{1}{T_r}\right)}$$

$$C = \frac{8}{3}Z_c$$

$$\lambda = \frac{\ln\dfrac{27}{8}}{\ln\dfrac{T_B}{T_c}} - 1$$

对于单原子气体:$n = 1.5$;双原子气体:$n = 2$;三原子气体:$n = 2.25$。

严家禄采用式(5 – 32) 计算了 52 种物质的热力性质,包括氢、氮、水、氟利昂、烃类、醇、醚、苯等。除醋酸外,针对各物质体积性质的计算结果均有较高的精度,与文献值的偏差在 1% 之内。

以上介绍了一些常用气体的实际气体状态方程表达式以及对比态压缩因子表,它们都可以用于气体的计算,大多数方程还可以应用于混合物甚至液相状态的计算。计算结果的评价与计算的具体物质、物质所处状态范围、计算要求的精度等因素有关。各状态方程的适用性见表5 – 6。

表 5 – 6 各状态方程的适用性

范德瓦尔斯方程	L – K 方程和 B – W – R 方程	R – K – S 方程和 P – R 方程	M – H 方程	R – K 方程	二参数对比态图	L – K 方程	严家禄对比态方程
仅适用于气相或液相,而不适用于气液两相区	(1) 对烃类气体计算,误差为 1% ~ 2% (2) 对非烃类气体,包括氟利昂计算,误差为 2% ~ 3% (3) 极强性流体、氢键流体和临界区域附近,误差较大 (4) 可用于液相、气液相平衡的计算	(1) 可用于气相、液相、气液相平衡的计算 (2) R – K – S 方程计算烃类气体的准确性与 L – K 方程或 B – W – R 方程相当 (3) P – R 方程对液相的计算精度高于 R – K – S 方程的计算精度	可用于极性气体的计算	(1) 在压力很高时的计算,误差不超过 5% (2) 其他情况只能做粗略概算	可用于粗略计算	(1) 计算精度较高 (2) 随机性高的物质计算,误差较大 (3) 对量子气体的计算,当 $T > T_B$ 时,可应用经验修正公式计算 (4) 对量子气体的计算,当 $T < T_B$ 时,误差较大	计算精度较高,但较烦琐

5.8 实际气体混合物的混合法则

当实际气体混合物中无气体间化学反应时,可以把混合物作为假想的纯物质来处理,并确定其状态方程。混合气体的性质可以用虚拟临界参数法来计算,具体做法是把混合气体视为具有虚拟的临界参数的假想纯物质,在通过纯物质的通用图表及方程,计算体积等参数。

由于实际气体混合物的组成和成分千差万别,利用实验方法来确定所有可能的混合物状态方程的想法是不切实际的。目前采用的方法是利用组成混合物的各纯物质成分的数据,通过一定的法则来计算混合物的性质或其他热力性质,并确定其状态方程。这种方法称为混合法则。

5.8.1 实际气体的道尔顿定律和亚麦加特分体积定律

对于理想气体混合物,道尔顿(Dalton)分压力定律和亚麦加特(Amagat)分体积定律,均忽略了混合物内部各组成气体分子的体积和分子间的内聚力,分别论述了混合物压力与各组成气体分压力,以及混合物体积与各组成气体分体积的关系。现在存在的问题是,若实际气体状态方程可写为

$$pV = NZR_m T$$

式中　N——气体的摩尔数;
　　　Z——压缩因子;
　　　R_m——通用气体常数,$R_m = 8.31451$ J/mol·K。

应用上式是否可以求得适用于实际气体混合物的道尔顿定律和亚麦加特定律,下面将就此进行分析。

1. 道尔顿分压力定律

道尔顿分压力定律认为:实际气体的总压力与各组分的压力的关系可表示为

$$p = \sum_{i=1}^{k} (p_i)_{T,V} \tag{5-33}$$

式中

$$p = \frac{NZR_m T}{V}, \quad p_i = \frac{N_i Z_i R_m T}{V}$$

p_i——组成气体 i 在 T、V 与混合气体相同时的压力;
Z_i——组成气体 i 在 T、V 与混合气体相同时的压缩因子。

若组成气体 i 的摩尔数 N_i 与混合气体摩尔数 N 之比为 $x_i = \dfrac{N_i}{N}$,称 x_i 为摩尔分数,则组成气体 i 的分压力 p_i 与总压力 p 之比为

$$\frac{p_i}{p} = \frac{N_i Z_i}{NZ} = x_i \frac{Z_i}{Z}$$

对于理想气体,压缩因子 $Z = Z_i$,$p_i = (x_i p)_{T,V}$。

道尔顿压力相加定律还可写为

$$p = \frac{NZR_m T}{V} = \left(\frac{N_1 Z_1 R_m T}{V} + \frac{N_2 Z_2 R_m T}{V} + \cdots\right)_{T,V} \tag{5-33a}$$

或
$$Z = (x_1 Z_1 + x_2 Z_2 + \cdots)_{T,V} = \sum_{i=1}^{k}(x_i Z_i)_{T,V} \quad (5-33\text{b})$$

道尔顿分压力定律假定每种组成气体都占有全部体积,则各组成气体的密度远小于混合气体的密度。但该定律完全没有考虑混合物中不同类气体分子间相互作用的影响,因此求得的混合气体的 Z 值,在压力较低时比实验值大,而在压力较高时比实验值小。

2. 亚麦加特分体积定律

实际气体的总体积、各组成气体的体积可表示为亚麦加特分体积定律:

$$V = \sum_{i=1}^{k}(V_i)_{p,T} \quad (5-34)$$

式中
$$V = \frac{NZR_\text{m}T}{p}, \quad V_i = \frac{N_i Z'_i R_\text{m} T}{p}$$

V_i——组成气体 i 在 p、T 与混合气体相同时的体积;

Z'_i——组成气体 i 在 p、T 与混合气体相同时的压缩因子。

组成气体 i 的体积 V_i 与总体积 V 之比为

$$\frac{V_i}{V} = \frac{N_i Z'_i}{NZ} = x_i \frac{Z'_i}{Z}$$

对于理想气体,压缩因子 $Z = Z_i$,$V_i = (x_i V)_{p,T}$,$\dfrac{p_i}{p} = \dfrac{V_i}{V}$。亚麦加特体积相加定律还可写为

$$V = \frac{NZR_\text{m}T}{p} = \left(\frac{N_1 Z'_1 R_\text{m} T}{p} + \frac{N_2 Z'_2 R_\text{m} T}{p} + \cdots\right)_{p,T} \quad (5-34\text{a})$$

或
$$Z = (x_1 Z'_1 + x_2 Z'_2 + \cdots)_{p,T} = \sum_{i=1}^{m}(x_i Z'_i)_{p,T} \quad (5-34\text{b})$$

亚麦加特分体积定律假定各组分气体均处于混合气体的压力下,该定律虽然考虑到分子间的相互作用,但无法反映在低压时相互作用应该减弱或可以忽略不计。因此求得的混合气体的 Z 值,在压力较低及 $T < T_\text{B}$ 时比实验值小。

对比压力较高时,用亚麦加特分体积定律混合气体的 Z 值,其精确度要比用道尔顿分压力定律计算高得多。这主要是因为亚麦加特定律中描述不同分子间相互作用的模型与实际情况更为接近。

5.8.2 维里方程的混合法则

维里方程的混合法则,即用数学来表达混合气体维里方程和各组分气体的维里系数之间的严格关系,可以由统计热力学来导出。对于有 m 种组成气体的混合气体,其维里系数为

$$B = \sum_{i=1}^{m}\sum_{j=1}^{m} x_i x_j B_{ij}$$

$$C = \sum_{i=1}^{m}\sum_{j=1}^{m}\sum_{k=1}^{m} x_i x_j x_k C_{ijk}$$
$$\vdots$$

式中　　x——摩尔分数;

i,j,k——不同的组成气体;

B_{ij}、C_{ijk}——交互作用系数,仅是温度的函数,有如下性质:
$$B_{ij} = B_{ji}$$
$$C_{ijk} = C_{ikj} = C_{jik} = C_{kij} = C_{kji}$$

其中,下标表示混合气体的各组成气体。下标相同,如 B_{ii}、B_{jj}(二元数据)等表示纯物质相同分子间相互作用的二维维里系数;下标不同,如 B_{ij}、C_{ijk}(二元、三元数据)等表示不同分子间相互作用的二维、三维维里系数。

对于截断至第二维里系数的维里方程,应用于混合气体时,需要确定纯物质及不同组成气体间相互作用的维里系数 B_{ii} 和 B_{ij}。其中 B_{ii} 的计算方法可按工程中纯物质维里系数的理论求解方法来进行,如常用的采用对比态关系来计算第二维里系数的方法等。B_{ij} 称为二元数据,可用下式来求解:

$$B_{ij} = \frac{R_m T_{c,ij}}{p_{c,ij}}(B^{(0)} + \omega_{ij} B^{(1)})$$

式中 $p_{c,ij} = \dfrac{Z_{c,ij} R_m T_{c,ij}}{V_{c,ij}}$;

$T_{c,ij} = (1 - k_{ij})(T_{c,i} T_{c,j})^{1/2}$——平方根组合;

$V_{c,ij} = \left(\dfrac{V_{c,i}^{1/3} + V_{c,j}^{1/3}}{2}\right)^3$——洛伦兹组合;

$Z_{c,ij} = \dfrac{Z_{c,i} + Z_{c,j}}{2}$——线性组合;

$\omega_{ij} = \dfrac{\omega_i + \omega_j}{2}$——线性组合。

k_{ij}——与 i、j 分子相互作用有关的常数,称为二元交互作用参数,作为一级近似,可取 $k_{ij} = 0$。

计算 $B^{(0)}$ 和 $B^{(1)}$ 时,对比温度 $T_r = \dfrac{T}{T_{c,ij}}$,其中 T 为混合物温度。

对于二元混合物,有
$$B = x_1^2 B_{11} + 2x_1 x_2 B_{12} + x_2^2 B_{22}$$
$$C = x_1^3 C_{111} + 3x_1^2 x_2 C_{112} + 3x_1 x_2^2 C_{122} + x_2^3 C_{222}$$

5.8.3 其他状态方程的混合法则

实际气体的状态方程用于混合物时,有各自专门的混合法则。具体混合法则的确定,通常是先从理论上提出模型,然后根据混合物的实验数据,利用分析及数学方法,拟定混合物的常数与纯物质常数的关系。混合法则优劣的评价,最终要看其是否能反应混合物的实验结果。对于同一状态方程,为了使它能适用于混合物,可通过提出各种不同的混合法则,来改进其适应性和准确度。

1. 常用的经验组合法则

根据任一纯物质常数 Y 来确定混合常数 Y_{ij} 有以下几种常用的经验组合方法:

(1)线性组合。
$$Y_{ij} = \frac{Y_{ii} + Y_{jj}}{2}$$

当 Y_{ii} 和 Y_{jj} 很小时,或者当 Y_{ij} 主要和分子间吸引能有关,或者 Y_{ii}、Y_{jj} 相差很小时,常用线性组合,其形式比较简单。

(2) 平方根组合。

$$Y_{ij} = (Y_{ii}Y_{jj})^{1/2}$$

当 Y_{ij} 值与组成气体 i、j 的温度有关时,常用平方根组合。

(3) 洛伦兹组合。

$$Y_{ij} = \left(\frac{Y_{ii}^{1/3} + Y_{jj}^{1/3}}{2}\right)^3$$

当 Y_{ij} 值与组成气体 i、j 的体积有关时,常用洛伦兹组合。当 Y_{ii} 和 Y_{jj} 相差极小时,三种组合计算结果相差甚微,均可使用。

当二元系中分子性质及尺寸差别较大时,需要引入二元交互作用系数来调整不同二元混合物的特性。

2. 范德瓦尔斯方程和 R－K 方程

利用范德瓦尔斯方程和 R－K 方程计算混合物热力性质时,方程中常数 a、b 可用以下混合法则:

$$a = \sum_{i=1}^{m}\sum_{j=1}^{m}\frac{x_i x_j}{a_{ij}}$$

$$b = \sum_{i=1}^{m} x_i b_i$$

式中

$$a_{ij} = \sqrt{a_i b_j}$$

当各组物质化学性质相似时,采用上述法则计算结果才比较可靠,否则计算值将与实验数据很不相符。

用 R－K 方程计算气液相平衡时,柏拉斯尼茨－崔(Prausnitz－Chueh)推荐了以下混合法则

$$a = \sum_i \sum_j x_i x_j a_{ij}$$

$$b = \sum_i x_i b_i$$

式中

$$a_{ij} = \frac{(\Omega_{a,i} + \Omega_{a,j}) R_m^2 T_{c,ij}^{2.5}}{2 p_{c,ij}}$$

$$p_{c,ij} = \frac{Z_{c,ij} R_m T_{c,ij}}{V_{c,ij}}$$

平方根组合:
$$T_{c,ij} = (1 - k_{ij})(T_{c,i} T_{c,j})^{1/2}$$

洛伦兹组合:
$$V_{c,ij} = \left(\frac{V_{c,i}^{1/3} + V_{c,j}^{1/3}}{2}\right)^3$$

$$Z_{c,ij} = 0.291 - 0.08 \omega_{ij}$$

$$\omega_{ij} = \frac{\omega_i + \omega_j}{2}$$

显然,$T_{c,ij}$ 值采用的经验组合方法为平发根组合;$V_{c,ij}$ 值采用的经验组合方法为洛伦兹组合;ω_{ij} 值采用的经验组合方法为线性组合。

对于量子流体,其有效临界温度 $T_{c,i}$、有效临界压力 $p_{c,i}$(单位为 atm)可以沿用的修正公式为

$$T_{c,i} = \frac{T_{cm,i}}{1 + \frac{21.8}{mT}}$$

$$p_{c,i} = \frac{p_{cm,i}}{1 + \frac{44.2}{mT}}$$

式中　　T—— 混合物的温度;
　　　　m—— 流体的相对分子质量;
　　　　T_{cm}、p_{cm}—— 考虑了量子效应后的假临界温度及假临界压力,查表 5-7 可得,假临界常数稍后介绍。

表 5-7　量子流体的 T_{cm}、p_{cm}、v_{cm} 值

量子流体	T_{cm}/K	p_{cm}/atm	v_{cm}/(L·kmol^{-1})
Ne	45.5	26.9	40.3
^{4}He	10.47	6.67	37.5
^{3}He	10.55	5.93	42.6
H_2	43.6	20.2	51.5
HD	42.9	19.6	52.3
HT	42.3	19.1	52.9
D_2	43.6	20.1	51.8
DT	43.5	20.3	51.2
T_2	43.8	20.5	51.0

3. R-K-S 方程

对于混合物,R-K-S 方程可以表示为

$$Z_m = \frac{V_m}{V_m - b_m} - \frac{\Omega_a}{\Omega_b} \frac{b_m}{V_m + b_m} F_m$$

式中

$$b_m = \sum_j b_j, \quad b_j = \frac{\Omega_b R_m T_{c,j}}{p_{c,j}}$$

$$F_m = \frac{\sum_i \sum_j x_i x_j (1 - k_{ij}) \sqrt{\frac{T_{c,i} T_{c,j}}{(p_{c,i} p_{c,j}) F_i F_j}}}{\sum_j \frac{x_j T_{c,j}}{p_{c,j}}}$$

式中　k_{ij}—— 二元交互作用参数,可查表 5-8,当烃-烃互相作用时,$k_{ij} = 0$。

表 5-8　R-K-S 方程的 k_{ij} 值

气体名称	二氧化碳	硫化氢	氮气	一氧化碳
甲烷	0.12	0.08	0.02	-0.02
乙烯	0.15	0.07	0.04	—
乙烷	0.15	0.07	0.06	—
丙烯	0.08	0.07	0.06	—

续表 5-8

气体名称	二氧化碳	硫化氢	氮气	一氧化碳
丙烷	0.15	0.07	0.08	—
异丁烷	0.15	0.06	0.08	—
正丁烷	0.15	0.06	0.08	—
异戊烷	0.15	0.06	0.08	—
正戊烷	0.15	0.06	0.08	—
正己烷	0.15	0.05	0.08	—
正庚烷	0.15	0.04	0.08	—
正辛烷	0.15	0.04	0.08	—
正壬烷	0.15	0.03	0.08	—
正癸烷	0.15	0.03	0.08	—
十一烷	0.15	0.03	0.08	—
二氧化碳	—	0.12	—	-0.04
环己烷	0.15	0.03	0.08	—
甲基环乙烷	0.15	0.03	0.08	—
苯	0.15	0.03	0.08	—
甲苯	0.15	0.03	0.08	—

4. P-R 方程

P-R 方程常数 a、b 的混合法则为

$$a = \sum_i \sum_j x_i x_j a_{ij}$$

$$b = \sum_i x_i b_i$$

平方根组合：
$$a_{ij} = (1 - k_{ij})(a_i a_j)^{1/2}$$

式中　k_{ij}——二元交互作用参数，其值一般依据二元相平衡实验数确定。

5. B-W-R 方程

B-W-R 方程常数 A_0、B_0、C_0、a、b、c、α、γ 的混合法则为

$$A_0 = \left(\sum_i x_i A_{0,i}^{1/2} \right)^2$$

$$B_0 = \sum_i x_i B_{0,i}$$

$$C_0 = \left(\sum_i x_i C_{0,i}^{1/2} \right)^2$$

$$a = \left(\sum_i x_i a_i^{1/3} \right)^3$$

$$b = \left(\sum_i x_i b_i^{1/3} \right)^3$$

$$c = \left(\sum_i x_i c_i^{1/3} \right)^3$$

$$\alpha = \left(\sum_i x_i \alpha_i^{1/3} \right)^3$$

$$\gamma = \left(\sum_i x_i \gamma_i^{1/2} \right)^3$$

5.8.4 混合气体的假临界常数

混合气体的性质也可以利用假临界常数法来计算,此法将混合气体假想为纯物质,则混合气体的临界常数称为假临界常数,常用的假临界常数有 T_{cm} 和 p_{cm}。混合气体的性质可依据对比态原理,用前面介绍过的有关纯物质的图表及方程计算。确定假临界常数至今已有多种组合方法,但都是经验或半经验的。

1. 凯的假临界常数混合法则

凯(W. B. Kay)建议采用线性组合方式,来计算混合气体的假临界常数 T_{cm} 和 p_{cm},表示为

$$T_{cm} = \sum_i x_i T_{c,i}$$

$$p_{cm} = \sum_i x_i p_{c,i}$$

式中 x_i——组成物 i 的摩尔分数;

$T_{c,i}$、$p_{c,i}$——组成物 i 的临界温度和临界压力,此法实际为摩尔分数平均法。

采用凯的假临界常数的经验方程计算混合气的压缩因子 Z,并与实验结果进行对比后发现,当混合气各组成的临界压力比值与临界温度比值在 0.5～2 时,凯法则才能有较好的准确性,即应用条件为

$$0.5 < \frac{T_{c,i}}{T_{c,j}} < 2$$

$$0.5 < \frac{p_{c,i}}{p_{c,j}} < 2$$

若混合气体中二组元的临界压力相差较大,则可采用柏拉斯尼茨(Modify Prausnitz - Gunn,MPG)法则,对假临界压力进行修正,即

$$p_{cm} = \frac{R_m (\sum_i x_i Z_{c,i}) T_{cm}}{\sum_i x_i v_{c,i}} = \frac{R_m (\sum_i x_i Z_{c,i})(\sum_i x_i T_{c,i})}{\sum_i x_i v_{c,i}}$$

2. 三参数对比态原理的混合物偏心因子

若采用三参数对比态原理,混合物的偏心因子可近似按下式计算:

$$\omega_m = \sum_i x_i \omega_i$$

凯的假临界常数经验方程、柏拉斯尼茨法则和三参数对比态原理的混合物偏心因子的应用范围,均为同一相似组成物质,计算精度在工程允许范围之内,计算 Z 值的误差一般在2%之内。但当混合物由不相似物质,尤其是极性物质组成时,则不能用这些混合法则来计算。

3. L-K 方程的假临界常数混合法则

前面曾介绍过 L-K 方程,李-凯斯勒提出了求取混合物假临界常数的以下混合法则:

$$v_{c,i} = \frac{Z_{c,i} R T_{c,i}}{p_{c,i}}$$

$$Z_{c,i} = 0.2905 - 0.085 \omega_i$$

$$v_{cm} = \frac{1}{8} \sum_j \sum_k x_j x_k (v_{c,j}^{1/3} + v_{c,k}^{1/3})^3$$

$$T_{cm} = \frac{1}{8v_c} \sum_j \sum_k x_j x_k (v_{c,j}^{1/3} + v_{c,k}^{1/3})^3 \sqrt{T_{c,j} T_{c,k}}$$

$$\omega_m = \sum_j x_i \omega_j$$

$$p_{cm} = \frac{Z_{cm} R T_{cm}}{v_{cm}} = \frac{(0.2905 - 0.085\omega_m) R T_{cm}}{v_{cm}}$$

式中,各混合参数均为二次型,其表达式分别展开后,展开式中的非平方项就是考虑各组成物间的相互影响。

应用 L – K 方程的假临界常数混合法则计算非极性和轻微极性混合物,尤其是对烃类气体的计算精度较高。

习 题

5.1 请对流体的热力学性质与其分子间的相互关系进行论述,并分析实际气体的 $Z = f(p,T)$ 图。

5.2 如何应用维里状态方程,计算 $p < 5p_c$ 的实际气体?

5.3 从范德瓦尔斯方程导出气体的 s、u 的计算式,并证明 $\left(\frac{\partial c_V}{\partial v}\right)_T = 0$。

5.4 设某种气体服从范德瓦尔斯方程式:$(p + a/v^2)(v - b) = RT$,且 c_V 只是温度 T 的函数,试证明绝热过程方程为:$T(v - b)^{R/c_V} = $ 常数。

5.5 (1) 已知马修函数定义为 $F_M = -\frac{U}{T} + S$,试证明 $dF_M = \frac{U}{T^2}dT + \frac{p}{T}dV$。

(2) 普朗克函数的定义 $F_p = -\frac{H}{T} + S$,试证明 $dF_p = \frac{H}{T^2}dT - \frac{V}{T}dp$。

5.6 试将 R – K、R – K – S 及 P – R 方程展开成密度的维里形式。

5.7 设气体在中等压力下的 $p - V_m - T$ 关系可表示为 $\frac{pV_m}{RT} = 1 + B'p + C'p^2$。式中 p 为压力;V_m 为摩尔容积;T 为温度;R_m 为摩尔气体常数;B' 和 C' 仅为温度的函数。

(1) 证明当压力趋于零时:$\mu_J C_{p,m} \to RT^2 \frac{dB'}{dT}$。

(2) 证明转回曲线方程为 $p = -\frac{dB'/dT}{dC'/dT}$。

5.8 试完成以下计算:

(1) 采用维里展开式:$pV = RT\left(1 + \frac{B}{V} + \frac{C}{V^2} + \cdots\right)$,推导 $\left(\frac{\partial U}{\partial V}\right)_T$,并计算当 V 趋于无穷大时的极限。

(2) 对于以上维里展开式,导出 $\left(\frac{\partial p}{\partial V}\right)_T$,并求 V 趋于无穷大时的极限。

(3) 利用(1) 及(2) 的结果,来计算 $\left(\frac{\partial U}{\partial p}\right)_T$,并求 V 趋于无穷大时的极限。

(4) 采用维里方程 $pV = RT + B'p + C'p^2 + \cdots$,直接计算 $\left(\dfrac{\partial U}{\partial p}\right)_T$。

5.9 试述混合气体常用的经验组合法则。

5.10 对应态的原理是什么？简述通用对比态方程(对应态方程)的判别原则和选择通用对比参数的方法。

5.11 写出 P–R 方程以临界参数为基准参数的对比态方程。

5.12 试述实际气体混合物常用的经验组合法则。

5.13 分别利用理想气体状态方程、范德瓦尔斯方程、R–K 方程计算压力为 16.21 MPa,体积为 0.425 m³,温度为 189 K 的氯气质量。

5.14 计算 1 kmol 范德瓦尔斯方程的气体在容积由 V_1 等温膨胀到 V_2 的过程中所吸收的热量。

5.15 利用克拉修斯–克拉贝龙方程导出水在三相点的熔点温度随压力的变化式。已知:在水的三相点 $T = 273.16$ K,水和冰的比体积分别为 $v_{水} = 0.001\,000\,22$ m³/kg, $v_{冰} = 0.001\,091$ m³/kg,冰融解热为 $\Delta h = 333.5$ kJ/kg。

5.16 试将 Bethelot 方程用对比态形式表示;用临界参数表示常数 a、b,并与范德瓦尔斯方程的 a、b 进行比较。Bethelot 方程表述为

$$\left(p + \frac{a}{Tv^2}\right)(v - b) = RT$$

第6章 实际气体热力性质参数的计算

热力工程的目的包括实现能量转换以及达到某种预期的状态变化。因此,对热力过程进行分析计算,可以确定过程中工质状态参数的变化规律,以及工质与外界进行交换的具体热量和功的大小。当工质在具体的热力过程中可作为理想气体处理时,过程的分析计算将变得比较简单。但当工质不符合理想气体的假设要求,必须作为实际气体处理时,若具备所研究工质的 $h-s$ 图、$\lg p-h$ 图、$T-s$ 图等一些热力学计算图表,可以通过查图来进行过程分析。但由于大多数实际流体的热力性质图非常缺乏,因此有必要掌握热力过程的解析计算方法。同时,对于已有热力性质图表的常见工质,为便于利用计算机来求解,解析式计算方法也同样是必要的。

实际气体 p、v、T 以外其他热力性质,除了利用有关的一般关系式求取外,还可以利实际流体与理想气体相关值的偏差来得到,采用一些通用图表后,这种方法还是比较方便的。计算实际流体与理想气体的偏差,通常有两种方法:一种称偏差函数法,另一种称余函数法。本章主要介绍有关焓、熵、比热容的通用余函数方程,以及某些基于对比态原理的余函数公式与图表,以便于计算。

本章讨论的主要内容包括利用偏差函数法和余函数法,来完成实际气体热力性质参数的计算,利用状态方程和比热容关系,实现计算状态参数和物性参数,如热力学能、焓、熵、比定压热容及比定容热容、焦耳-汤姆孙系数和逸度的计算方法,以及热力过程的计算方法。

6.1 偏差函数、余函数和余函数方程

6.1.1 偏差函数法和余函数法

计算实际流体和理想气体的偏差通常有两种方法:偏差函数法和余函数法。本节将主要针对余函数法进行讨论,介绍有关焓、熵、比热容、逸度系数等热力性质的余函数方程。为便于计算,还将介绍一些基于对比态原理的余函数公式与图表。

1. 偏差函数法

偏差函数定义为

$$M'_r = M_{p,T} - M^0_{p_0,T} \tag{6-1}$$

式中 M'_r —— 偏差函数;

$M_{p,T}$ —— 状态 p、T 下某纯质(或成分不变的混合物)的任意广延性质或摩尔性质或比性质;

$M^0_{p_0,T}$ —— 该性质在相同温度 T(若为混合物,则要成分相同),但压力 p_0 很低的理想状态下的相应值。

2. 余函数法

余函数定义为

$$M_r = M_{p,T}^* - M_{p,T} \tag{6-2}$$

式中　M_r——余函数；

　　　$M_{p,T}^*$——任意广延性质或摩尔性质或比性质在系统温度、压力下，假定流体可看作理想气体时的性质；

　　　$M_{p,T}$——实际流体状态下的相应性质。

3. 偏差函数法和余函数法的比较

比较偏差函数与余函数的定义，二者在以下几点有所区别：

（1）偏差函数法是实际状态值减去理想状态值；而余函数法则是理想状态值减去实际状态值。或者说：偏差函数法的实际状态值等于理想状态值加上偏差函数；而余函数法的实际状态值等于理想状态值减去余函数。

（2）偏差函数法的理想状态是指处于低压 p_0 和任意温度 T 下的状态；而余函数法的理想状态则是指处于 p、T 下的状态，这里的 p、T 是指或者低压或者高温，只要能够看作理想气体均可。

（3）余函数法无须另外假定一个低压 p_0 值，因此计算更加简便。

4. 偏差函数法和余函数法的相互关系

偏差函数与余函数在定义理想气体状态值中的关系，可以进一步通过图 6-1 加以说明。如图 6-1 所示，对于所讨论的某纯质（或成分不变的混合物）的任意广延性质或摩尔性质或比性质 M，在不同条件下，有

$$M_{p,T}^* = M_{p_0,T_0} + \Delta M'_{p_0,T} + \Delta M'_T \tag{6-3}$$

$$M_{p_0,T}^0 = M_{p_0,T_0} + \Delta M'_{p_0,T} \tag{6-4}$$

式中　$M_{p,T}^*$——在实际系统温度 T、压力 p 下，假定状态仍为理想气体状态的热力性质；

　　　M_{p_0,T_0}——在某基准状态 p_0、T_0 下（低压低温）的热力性质；

　　　$\Delta M'_{p_0,T}$——从某基准状态 p_0、T_0 到达状态 p_0、T 时的热力性质的变量，该过程压力 p_0 不变，温度由 T_0 升高到 T。

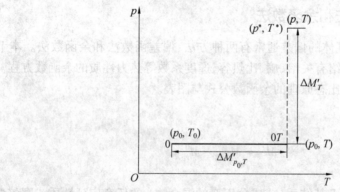

图 6-1　理想气体状态示意图

由于 p_0 足够低，可按理想气体计算；$\Delta M'_T$ 为等温下从 p_0、T 到达假想理想气体状态 p^*、$T^*(p,T)$ 的热力性质变量。该过程温度 T 不变，压力由 p_0 升高到 $p^*(p)$；$M_{p_0,T}^0$ 为在实际系统状

通过比较可以发现，上述两式之差为 $\Delta M'_T$，即余函数和偏差函数所分别定义的理想气体状态值相差 $\Delta M'_T$。接下来将针对具体的理想气体性质来分析这一差异的值。

对于理想气体，比热力学能、比焓（即单位质量热力学能和焓）仅是温度的单值函数，与压力无关。因此，$\Delta M'_T = 0$，则 $h^0_{p_0,T} = h^*_{p,T}$，$u^0_{p_0,T} = u^*_{p,T}$。所以，对于理想气体的比热力学能和比焓，偏差函数和余函数的绝对值相等。

由于理想气体的比熵 $s = f(p,T)$，不是温度的单值函数，还与压力有关，因此 $\Delta M'_T \neq 0$，即 $\Delta s'_T \neq 0$。因此，对于理想气体的比熵，偏差函数和余函数的绝对值不相等。

本节后面所述的余比焓、余比熵和余逸度系数之间，已知其中的两个参数，就可以计算出第三个参数。同时，为了能够从某些参数的余函数方程导出另外一些参数的余函数方程，本节还将讨论不同余函数之间的联系。

6.1.2 实际气体的余比焓方程

1. 余比焓通用方程

根据定义，余比焓等于理想气体的比焓值减去实际气体的比焓值，即

$$h_r = h^*_{p,T} - h_{p,T}$$

在等温下对压力求导，得

$$\left(\frac{\partial h_r}{\partial p}\right)_T = \left(\frac{\partial h^*_{p,T}}{\partial p}\right)_T - \left(\frac{\partial h_{p,T}}{\partial p}\right)_T$$

对于理想气体，比焓仅是温度的单值函数，所以

$$\left(\frac{\partial h^*_{p,T}}{\partial p}\right)_T = 0$$

因此

$$\left(\frac{\partial h_r}{\partial p}\right)_T = -\left(\frac{\partial h_{p,T}}{\partial p}\right)_T \tag{6-5}$$

$\left(\dfrac{\partial h_{p,T}}{\partial p}\right)_T$ 是实际气体的比焓 $h = f(p,T)$ 在等温条件下随压力的变化量。根据实际气体焓的一般表达式

$$dh = c_p dT + \left[v - T\left(\frac{\partial v}{\partial T}\right)_p\right] dp$$

等温过程 $dT = 0$，所以式（6-5）可写为

$$\left(\frac{\partial h_{p,T}}{\partial p}\right)_T = \left[v - T\left(\frac{\partial v}{\partial T}\right)_p\right]_T$$

因此，在等温条件下余比焓的微分为

$$(dh_r)_T = -\left(\frac{\partial h_{p,T}}{\partial p}\right)_T dp = \left[T\left(\frac{\partial v}{\partial T}\right)_p - v\right]_T dp$$

从压力 p_0 到 p 积分，得

$$h_r - h_{r,0} = \int_{p_0}^{p} \left[T\left(\frac{\partial v}{\partial T}\right)_p - v\right]_T dp$$

当 $p_0 \to 0$ 时，实际气体将趋近于理想气体性质，根据余函数定义有，$h_{r,0} = 0$，得余比焓通用方程

$$h_r = \int_{p_0 \to 0}^{p} \left[T\left(\frac{\partial v}{\partial T}\right)_p - v \right]_T dp \tag{6-6}$$

可知

$$h_r = -\int_{p_0 \to 0}^{p} \left(\frac{\partial h_{p,T}}{\partial p}\right)_T dp$$

即余比焓等于在系统温度 T 下实际气体从某压力增加至系统压力时焓变量的负数。余比焓方程只与状态方程有关,状态方程一旦确定,就可以求出余比焓方程的具体表达式。

2. 余比焓方程的压缩因子表示法

若采用带有压缩因子的状态方程,可以将余比焓方程用压缩因子来表示。将实际气体状态方程 $v = \dfrac{ZRT}{p}$ 在等压下对温度求导,得

$$\left(\frac{\partial v}{\partial T}\right)_p = \frac{RT}{p}\left(\frac{\partial Z}{\partial T}\right)_p + \frac{ZR}{p} \tag{6-7}$$

将式(6-7)代入余比焓通用式(6-6),得

$$h_r = \int_{p_0 \to 0}^{p} \left[\frac{RT^2}{p}\left(\frac{\partial Z}{\partial T}\right)_p\right]_T dp \tag{6-8}$$

两边同除以 RT_c,在再代入实际气体状态方程,得无量纲对比态余比焓方程:

$$\frac{h}{RT_c} = \frac{h^* - h}{RT_c} = T_r^2 \int_{p_r \to 0}^{p_r} \left[\left(\frac{\partial Z}{\partial T_r}\right)_{p_r} d(\ln p_r)\right]_{T_r} \tag{6-9}$$

式中 T_c——临界温度;

p_r、T_r——对比态压力和对比态温度。

利用压缩因子数据积分,可以得到通用余比焓图。如图 6-2 所示,图中横坐标为对比态压力 p_r,纵坐标表示对比态余比焓 $(h^* - h)/(RT)_c$。当对比态压力 p_r 和临界压缩因子 Z_c 给定时,可查图求得通用对比态余比焓。

3. 实际气体的焓值

得到余比焓方程后,就可以通过理想气体的比焓值减去余比焓值,求出实际气体的比焓值,即

$$h_{p,T} = h_{p,T}^* - h_r$$

参考图 6-1,对于理想气体,有

$$h_{p,T}^* = h_{p_0,T_0} + \Delta h'_{p_0,T} + \Delta h'_T$$

对于理想气体等温过程,有

$$\Delta h'_T = 0,\ \Delta h'_{p_0,T} = \int_{T_0}^{T} c_p^* dT$$

式中 c_p^*——理想气体的比定压热容。

实际气体的比焓值为

$$h_{p,T} = h_{p,T}^* - h_r$$
$$= h_{p_0,T_0} + \int_{T_0}^{T} c_p^* dT - \int_{p_0 \to 0}^{p} \left[\left(\frac{\partial v}{\partial T}\right)_p - v\right] dp$$

式中 h_{p_0,T_0}——以 p_0、T_0 为基点的焓值。

根据余函数方程 $M_{p,T} = M_{p,T}^* - M_r$,任意两个状态点之间的焓变为

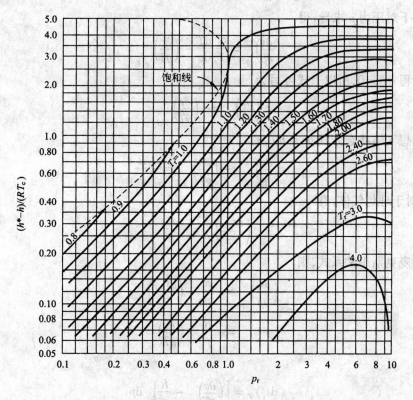

图 6 − 2 通用余比焓图

$$(h_2)_{p_2,T_2} - (h_1)_{p_1,T_1} = (h_2^* - h_1^*) - (h_{2,\text{r}} - h_{1,\text{r}})$$
$$= (h_2^* - h_{2,\text{r}})_{p_2,T_2} - (h_1^* - h_{1,\text{r}})_{p_1,T_1}$$
$$= h_{1,\text{r}} - h_{2,\text{r}} + (h_2^* - h_1^*)$$

即

$$h_2 - h_1 = h_{1,\text{r}} - h_{2,\text{r}} + \int_{T_1}^{T_2} c_p^* \, \text{d}T \tag{6-10}$$

因此要计算任意两个状态点之间的焓变,只要得到理想气体的比定压热容 c_p^* 随温度 T 的变化关系和余比焓方程就可以计算出来。

6.1.3 实际气体的余比熵方程

1. 余比熵通用方程

根据余函数定义,实际气体的余比熵等于理想气体的比熵值减去实际气体的比熵值。

$$s_\text{r} = s_{p,T}^* - s_{p,T}$$

将上式在等温下对压力求导,得

$$\left(\frac{\partial s_\text{r}}{\partial p}\right)_T = \left(\frac{\partial s_{p,T}^*}{\partial p}\right)_T - \left(\frac{\partial s_{p,T}}{\partial p}\right)_T$$

对于理想气体,比熵不是温度的单值函数,还与压力有关: $s = f(p,T)$。针对理想气体比熵的表达式:

$$\text{d}s = \frac{c_p}{T}\text{d}T - \left(\frac{\partial v}{\partial T}\right)_p \text{d}p$$

在等温下对压力 p 求导,得

$$\left(\frac{\partial s}{\partial p}\right)_T = \frac{c_p}{T}\frac{\mathrm{d}T}{\mathrm{d}p} - \left(\frac{\partial v}{\partial T}\right)_{p,T}$$

等温过程 $\mathrm{d}T = 0$,所以上式可写为

$$\left(\frac{\partial s}{\partial p}\right)_T = -\left(\frac{\partial v}{\partial T}\right)_{p,T}$$

根据理想气体状态方程 $pv = RT$,有

$$\left(\frac{\partial s}{\partial p}\right)_T = -\left(\frac{\partial v}{\partial T}\right)_{p,T} = -\frac{R}{p}$$

因此,对于理想气体,有

$$\left(\frac{\partial s^*_{p,T}}{\partial p}\right)_T = -\frac{R}{p}$$

考虑到麦克斯韦关系式,则

$$\left(\frac{\partial s_r}{\partial p}\right)_T = -\frac{R}{p} - \left(\frac{\partial s_{p,T}}{\partial p}\right)_T$$

$$= -\frac{R}{p} + \left(\frac{\partial v}{\partial T}\right)_{p,T}$$

或

$$(\mathrm{d}s_r)_T = \left[\left(\frac{\partial v}{\partial T}\right)_p - \frac{R}{p}\right]_T \mathrm{d}p$$

从压力 p_0 到 p 积分,得

$$s_r - s_{r,0} = \int_{p_0}^{p}\left[\left(\frac{\partial v}{\partial T}\right)_p - \frac{R}{p}\right]_T \mathrm{d}p$$

根据余函数定义,当 $p_0 \to 0$ 时,气体将趋于理想气体,$s_{r,0} = 0$,得余比熵通用方程为

$$s_r = \int_{p_0 \to 0}^{p}\left[\left(\frac{\partial v}{\partial T}\right)_p - \frac{R}{p}\right]_T \mathrm{d}p \tag{6-11}$$

因此

$$s_r = -\int_{p_0 \to 0}^{p}\left(\frac{\partial s_r}{\partial p}\right)_T \mathrm{d}p$$

由余比熵通用式(6-11)可以看出,实际气体余比熵等于在系统温度下,沿等温过程由压力 p_0 增大至系统压力 p 的熵变值,减去系统以理想气体状态从 p_0、T 变化至 p、T 的熵变值。

2. 余比熵方程的压缩因子表示法

与余比焓方程类似,余比熵方程也可以通过带压缩因子的实际气体状态方程转化,用带压缩因子的关系式来表达。

$$v = \frac{ZRT}{p}$$

在等压下对温度 T 求导,得

$$\left(\frac{\partial v}{\partial T}\right)_p = \frac{RT}{p}\left(\frac{\partial Z}{\partial T}\right)_p + \frac{ZR}{p}$$

代入余比熵通用式(6-11),有

$$s_r = \int_{p_0 \to 0}^{p} R\left[\frac{T}{p}\left(\frac{\partial Z}{\partial T}\right)_p + \left(\frac{Z-1}{p}\right)\right]_T dp$$

两边同除以 R，再代入实际气体状态方程，得无量纲对比态余比熵方程为

$$\frac{s_r}{R} = \frac{s^* - s}{R} = T_r \int_{p_r \to 0}^{p_r} \left[\left(\frac{\partial Z}{\partial T_r}\right)_{p_r} d(\ln p_r)\right]_{T_r} + \int_{p_r \to 0}^{p_r} \left[(Z-1)d(\ln p_r)\right]_{T_r} \quad (6-11a)$$

式中　p_r、T_r——对比态压力和对比态温度。

利用对比态压缩因子数据积分，可以得到通用余比熵图。如图 6-3 所示，图中横坐标为对比态压力 p_r，纵坐标表示对比态余比熵 $(s^* - s)/R$。当对比态压力 p_r 和临界压缩因子 Z_c 给定时，可查图求得通用对比态余比熵。

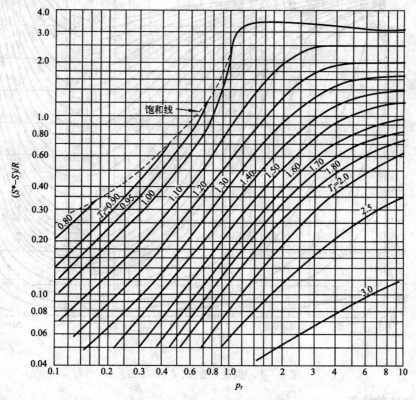

图 6-3　通用余比熵图

可以看出，对比态余比熵式(6-11a) 等号右侧第一项恰好等于对比态余比焓式(6-9)除以 T_r。对于式(6-11a)右侧第二项，根据逸度系数的计算式：

$$\ln \varphi = \int_{p_0 \to 0}^{p} (Z-1)d(\ln p)_T$$

右侧第二项恰好为余逸度系数的对数 $\ln \varphi_r$，因此，对比态余比熵式(6-11a) 可写为

$$\frac{s_r}{R} = \frac{h_r}{RT_c} + \ln \varphi_r = \frac{h_r}{RT_c} + \ln \frac{f_r}{p_r} \quad (6-11b)$$

由此可知，余比焓、余比熵和余逸度系数之间，已知其中的两个参数，就可以计算出第三个参数。

$Z_c = 0.27$ 时的逸度系数如图 6-4 所示。

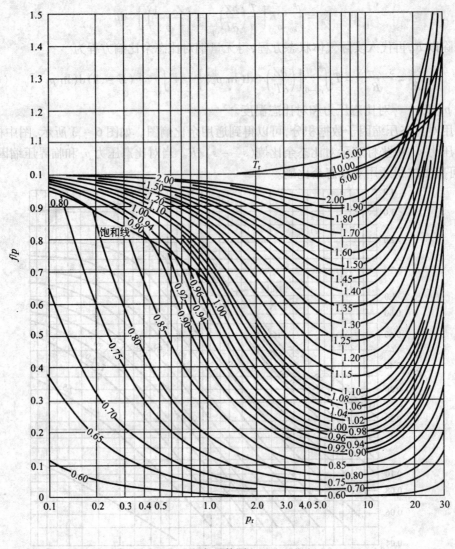

图 6-4　逸度系数图（$Z_c = 0.27$）

3. 实际气体的熵值

得到余比熵方程后，就可以通过理想气体的熵值减去余比熵值，求出实际气体的比熵值，即

$$s_{p,T} = s^*_{p,T} - s_r$$

对于理想气体，有

$$s^*_{p,T} = s_{p_0,T_0} + \Delta s'_{p_0,T} + \Delta s'_T \tag{6-12}$$

理想气体的熵变为

$$\Delta s = \int_{T_0}^{T} c_p^* \cdot \frac{dT}{T} - R\ln\frac{p}{p_0}$$

等压过程：$p = p_0$，$R\ln\dfrac{p}{p_0} = 0$。

所以

$$\Delta s'_{p_0,T} = \int_{T_0}^{T} c_p^* \frac{dT}{T}$$

等温过程：$T = T_0$，$\int_{T_0}^{T} c_p^* \frac{dT}{T} = 0$，所以

$$\Delta s'_T = -R\ln\frac{p}{p_0}$$

式(6-12)变成

$$s_{p,T}^* = s_{p_0,T_0} + \int_{T_0}^{T} c_p^* \frac{dT}{T} - R\ln\frac{p}{p_0} \tag{6-12a}$$

因此

$$\begin{aligned} s_{p,T} &= s_{p,T}^* - s_r \\ &= s_{p_0,T_0} + \Delta s'_{p_0,T} + \Delta s'_T - s_r \\ &= s_{p_0,T_0} + \int_{T_0}^{T} c_p^* \frac{dT}{T} - R\ln\frac{p}{p_0} - \int_{p_0 \to 0}^{p} \left(\frac{\partial v}{\partial T}\right)_p dp + \int_{p_0 \to 0}^{p} \frac{R}{p} dp \\ &= s_{p_0,T_0} + \int_{T_0}^{T} c_p^* \frac{dT}{T} - \int_{p_0 \to 0}^{p} \left(\frac{\partial v}{\partial T}\right)_p dp \end{aligned}$$

式中 s_{p_0,T_0}——以 p_0、T_0 为基点的比熵值。

根据余函数方程 $M_{p,T} = M_{p,T}^* - M_r$，任意两个状态点之间的熵变为

$$\begin{aligned} (s_2)_{p_2,T_2} - (s_1)_{p_1,T_1} &= (s_2^* - s_1^*) - (s_{2,r} - s_{1,r}) \\ &= (s_2^* - s_{2,r})_{p_2,T_2} - (s_1^* - s_{1,r})_{p_1,T_1} \\ &= s_{1,r} - s_{2,r} + (s_2^* - s_1^*) \end{aligned}$$

即

$$s_2 - s_1 = s_{1,r} - s_{2,r} + \int_{T_1}^{T_2} c_p^* \frac{dT}{T} - R\ln\frac{p_2}{p_1} \tag{6-13}$$

因此，要计算任意两个状态点之间的熵变，只要得到理想气体的比定压热容 c_p^* 随温度 T 的变化关系和余比熵方程就可以计算出来。

6.1.4 实际气体的余比热容方程

1. 实际气体的余比定压热容方程

在计算实际气体的比热容时，同样可以先计算理想气体的值，再用理想气体值减去余函数而得到。根据余函数方程

$$M_r = M_{p,T}^* - M_{p,T}$$

实际气体的比定压热容为

$$(c_p)_{p,T} = (c_p)_{p,T}^* - (c_p)_r$$

对于理想气体，比定压热容与压力无关，即

$$(c_p)_{p,T}^* = (c_p)_{p_0,T}^*$$

所以

$$(c_p)_r = (c_{p_0}^* - c_p)_T$$
$$(c_p)_{p,T} = (c_p)_{p_0,T}^* + (c_p - c_{p_0}^*)_T$$

根据偏差函数的定义：
$$M'_r = M_{p,T} - M^0_{p_0,T}$$

对于理想气体，比定压热容与压力无关，即
$$(c_p)^*_{p_0,T} = (c_p)^0_{p_0,T}$$

所以
$$(c_p)'_r = -(c_p)_r \tag{6-14}$$

即实际气体的偏差比定压热容等于负的余比定压热容。

因此，实际气体的偏差比定压热容为
$$(c_p)'_r = -(c_p)_r = (c_p - c_p^*)_T = \int_{p_0}^{p} \left(\frac{\partial c_p}{\partial p}\right)_T dp$$

根据比定压热容的一般表达式 (4-28)：
$$\left(\frac{\partial c_p}{\partial p}\right)_T = -T\left(\frac{\partial^2 v}{\partial T^2}\right)_p$$

所以，实际气体的偏差比定压热容为
$$(c_p)'_r = -(c_p)_r = -T\int_{p_0}^{p}\left(\frac{\partial^2 v}{\partial T^2}\right)_p dp \tag{6-15}$$

可知，根据实际气体状态方程，就可以求出偏差比定压热容$(c_p)'_r$或余比定压热容$(c_p)_r$的值。

2. 实际气体的余定容比热方程

同样，实际气体的余比定容热容方程可以表示为
$$(c_V)_{p,T} = (c_V)^*_{p,T} + (c_V - c^*_{V_\infty})_T$$
$$(c_V)'_r = -(c_V)_r \tag{6-16}$$

即实际气体的偏差比定容热容等于负的余比定容热容。因此，实际气体的偏差比定容热容为
$$(c_V)'_r - (c_V)_r = (c_V - c^*_{V_\infty})_T$$
$$= \int_{v_\infty}^{v}\left(\frac{\partial c_V}{\partial v}\right)_T dv$$

根据比定容热容的一般表达式(4-27)：
$$\left(\frac{\partial c_V}{\partial v}\right)_T = T\left(\frac{\partial^2 p}{\partial T^2}\right)_v$$

得出
$$(c_V)'_r = -(c_V)_r = T\int_{v_\infty}^{v}\left(\frac{\partial^2 p}{\partial T^2}\right)_v dv \tag{6-17}$$

可知，根据实际气体状态方程，就可以求出偏差比定容热容$(c_V)'_r$或余比定容热容$(c_V)_r$的值。

从上面的推导可见，采用余函数法求余比定压热容和余比定容热容要求对实际气体状态方程求解二阶偏导数，因此计算精度要差一些。换句话说，要想得到精确的余比定压热容和余比定容热容，要求实际气体状态方程的精度更高。

6.1.5 李-凯斯勒方程的余函数

根据余函数的分析公式,可以推导得出各种状态方程的余函数方程。李-凯斯勒根据 L-K 方程,导出了对应余函数方程的解析式,可以用来计算余比焓、余比熵、余比热容和余逸度系数。

L-K 方程的压缩因子表达式在前面已经介绍过,为

$$Z = Z^{(0)} + \omega Z^{(1)}$$
$$= Z^{(0)} + \frac{\omega}{\omega^{(R)}}(Z^{(R)} - Z^{(0)})$$

式中　$Z^{(0)}$——简单流体的压缩因子;
　　　$Z^{(1)}$——校正函数;
　　　$\omega Z^{(1)}$——标准流体相对于简单流体压缩因子的偏差项;
　　　(R)——参考流体,通常以正辛烷为参考流体。

L-K 方程的余比焓方程为

$$\frac{h_r}{RT_c} = \frac{h^* - h}{RT_c}$$
$$= \left(\frac{h^* - h}{RT_c}\right)^{(0)} + \omega\left(\frac{h^* - h}{RT_c}\right)^{(1)}$$
$$= \left(\frac{h^* - h}{RT_c}\right)^{(0)} + \frac{\omega}{\omega^{(R)}}\left[\left(\frac{h^* - h}{RT_c}\right)^{(R)} - \left(\frac{h^* - h}{RT_c}\right)^{(0)}\right] \quad (6-18)$$

L-K 方程的余比熵方程为

$$\frac{s_r}{R} = \frac{s^* - s}{R}$$
$$= \left(\frac{s^* - s}{R}\right)^{(0)} + \omega\left(\frac{s^* - s}{R}\right)^{(1)}$$
$$= \left(\frac{s^* - s}{R}\right)^{(0)} + \frac{\omega}{\omega^{(R)}}\left[\left(\frac{s^* - s}{R}\right)^{(R)} - \left(\frac{s^* - s}{R}\right)^{(0)}\right] \quad (6-19)$$

L-K 方程的余比热容方程为

$$\frac{(c_p)_r}{R} = \frac{c_p - c_p^*}{R}$$
$$= \left(\frac{c_p - c_p^*}{R}\right)^{(0)} + \omega\left(\frac{c_p - c_p^*}{R}\right)^{(1)}$$
$$= \left(\frac{c_p - c_p^*}{R}\right)^{(0)} + \frac{\omega}{\omega^{(R)}}\left[\left(\frac{c_p - c_p^*}{R}\right)^{(R)} - \left(\frac{c_p - c_p^*}{R}\right)^{(0)}\right] \quad (6-20)$$

L-K 方程的余逸度系数方程为

$$(\ln \varphi)_r = \ln \varphi^* - \ln \varphi$$
$$= (\ln \varphi^* - \ln \varphi)^{(0)} + \omega(\ln \varphi^* - \ln \varphi)^{(1)}$$
$$= (\ln \varphi^* - \ln \varphi)^{(0)} + \frac{\omega}{\omega^{(R)}}[(\ln \varphi^* - \ln \varphi)^{(R)} - (\ln \varphi^* - \ln \varphi)^{(0)}] \quad (6-21)$$

L-K 方程的余函数的适用范围与 L-K 方程的适用范围相同,对非极性和轻微极性流体

的计算精度很高,但在临界区误差较大。

6.1.6 不同余函数的关系

推导出不同状态方程余函数间的通用关系,就可以通过某些已知余函数求出另一些余函数。分为两种情况:一是当流体状态方程是以压力为显函数时,根据比自由能 f 的余函数方程,推导出其他余函数方程;二是当流体状态方程是以比体积为显函数时,根据比自由焓 g 的余函数方程,推导出其他余函数方程。

1. 以比自由能 f 为自变量的余函数方程

首先导出余比自由能的表达式。按比自由能的定义,等温时
$$df = -pdv$$

若从理想气体状态(压力、温度均与当前实际气体参数相当)的比体积 v^* 到实际气体状态的比体积 v 积分,则余比自由能为

$$\begin{aligned}
f_r &= f^* - f \\
&= \int_{v^*}^{v} p dv \\
&= \int_{\infty}^{v} p dv - \int_{\infty}^{v^*} p dv \\
&= \int_{\infty}^{v} p dv - \int_{\infty}^{v^*} p dv + \int_{\infty}^{v} \frac{RT}{v} dv - \int_{\infty}^{v} \frac{RT}{v} dv \\
&= \int_{\infty}^{v} \left(p - \frac{RT}{v}\right) dv + RT \ln \frac{v}{v^*}
\end{aligned} \quad (6-22)$$

理想气体:
$$\int_{\infty}^{v^*} p dv = \int_{\infty}^{v^*} \frac{RT}{v} dv$$

导出余比自由能表达式以后,就可以确定其他热力性质的余函数表达式。

余比熵可表示为

$$\begin{aligned}
s_r &= s^* - s \\
&= -\frac{\partial}{\partial T}(f^* - f)_v \\
&= -\int_{\infty}^{v} \left[\left(\frac{\partial p}{\partial T}\right)_v - \frac{R}{v}\right] dv - R \ln \frac{v}{v^*}
\end{aligned} \quad (6-23)$$

余比焓可表示为

$$h^* - h = (f^* - f) + T(s^* - s) + RT(1 - Z) \quad (6-24)$$

余比热力学能可表示为

$$u^* - u = (f^* - f) + T(s^* - s) \quad (6-25)$$

余比自由焓可表示为

$$\begin{aligned}
g_r &= g^* - g \\
&= (f^* - f) + RT(1 - Z)
\end{aligned} \quad (6-26)$$

余逸度系数可表示为

$$\begin{aligned}
(\ln \varphi)_r &= \ln \varphi^* - \ln \varphi \\
&= \frac{f - f^*}{RT} - (1 - Z)
\end{aligned} \quad (6-27)$$

2. 以比自由焓 g 为自变量的余函数方程

首先导出余比自由焓的表达式。按比自由焓定义,等温时:
$$dg = vdp$$

若从实际气体状态的压力 p 到理想气体状态的压力 p^* 积分,则余比自由焓为

$$\begin{aligned}
g_r &= g^* - g \\
&= \int_p^{p^*} v dp \\
&= -\int_{p_0 \to 0}^p v dp + \int_{p_0 \to 0}^{p^*} v dp \\
&= -\int_{p_0 \to 0}^p \left(v - \frac{RT}{p}\right) dp + RT \ln \frac{p^*}{p} \\
&= -\int_{p_0 \to 0}^p \left(v - \frac{RT}{p}\right) dp \quad (6-28)
\end{aligned}$$

余比自由焓表达式导出后,就可以确定其他热力性质的余函数表达式。余比熵可以表示为

$$\begin{aligned}
s_r &= s^* - s \\
&= -\frac{\partial}{\partial T}(g^* - g)_p \\
&= \int_{p_0 \to 0}^p \left[\left(\frac{\partial v}{\partial T}\right)_p - \frac{R}{p}\right] dp \quad (6-29)
\end{aligned}$$

余比焓可表示为

$$\begin{aligned}
h_r &= h^* - h \\
&= (g^* - g) + T(s^* - s) \\
&= \int_{p_0 \to 0}^p \left[T\left(\frac{\partial v}{\partial T}\right)_p - v\right] dp \quad (6-30)
\end{aligned}$$

可见,此式与余比焓通用方程完全相同。

余比热力学能可以表示为

$$\begin{aligned}
u_r &= u^* - u \\
&= (g^* - g) - T(s^* - s) - RT(1 - Z) \quad (6-31)
\end{aligned}$$

余比自由能可表示为

$$\begin{aligned}
f_r &= f^* - f \\
&= (g^* - g) - RT(1 - Z) \quad (6-32)
\end{aligned}$$

余逸度系数可表示为

$$\begin{aligned}
(\ln \varphi)_r &= \ln \varphi^* - \ln \varphi \\
&= \frac{s_r}{R} - \frac{h_r}{RT} = -\frac{g^* - g}{RT} \quad (6-33)
\end{aligned}$$

例 6.1 把乙烷由 0.1 MPa、45 ℃ 可逆等温地压缩至 7 MPa。试利用通用对比态图计算,压缩 1 kg 乙烷需要消耗的压缩机轴功以及过程换热量。

解 本题属于实际气体的稳态稳流过程,根据热力学第一定律,并忽略流体进、出压缩机时的动能差与势能差,有

$$q = (h_2 - h_1) + w_s$$

可逆等温过程,有
$$q = T(s_2 - s_1) = T_2 s_2 - T_1 s_1$$

联立上两式,得
$$\begin{aligned} -w_s &= (h_2 - h_1) - (T_2 s_2 - T_1 s_1) \\ &= g_2 - g_1 \\ &= RT \ln \frac{f_2}{f_1} \end{aligned}$$

查得乙烷的物性参数为 $p_c = 4.88$ MPa,$T_c = 305.42$ K,相对分子质量 $M = 30.07$,则

$$p_{r,1} = \frac{0.1}{4.88} = 0.020\,5$$

$$p_{r,2} = \frac{7}{4.88} = 1.434$$

$$T_{r,1} = T_{r,2} = \frac{318.2}{305.42} = 1.042$$

查通用逸度系数图得

$$\frac{f_2}{p_2} = 0.6, \quad f_2 = 0.6 \times 7 \text{ MPa} = 4.2 \text{ MPa}$$

$$\frac{f_1}{p_1} = 1, \quad f_1 = 1.0 \times 0.1 \text{ MPa} = 0.1 \text{ MPa}$$

由此,压缩 1 kg 乙烷需要消耗的压缩机轴功为
$$\begin{aligned} -w_s &= RT \ln(f_2/f_1) \\ &= \frac{8.314}{30.07} \times 318.2 \times \ln \frac{4.2}{0.1} \\ &= 328.8 \text{(kJ/kg)} \end{aligned}$$

换热量计算,由于
$$\begin{aligned} g_2 - g_1 &= h_2 - h_1 - T(s_2 - s_1) \\ &= h_2 - h_1 - q \end{aligned}$$

则
$$q = (h_2 - h_1) - (g_2 - g_1)$$

查通用余比焓图,得

$$\frac{H_{m,2}^* - H_{m,2}}{T_c} = 26.0, \quad \frac{H_{m,1}^* - H_{m-1}}{T_c} < 0.1$$

由于
$$H_{m,1}^* = H_{m,2}^* = H_{m,1}, \quad H_{m,2} = H_{m,2}^* - H_{m,2r}, \quad H_{m,1} = H_{m,1}^* - H_{m,1r}$$

则
$$\begin{aligned} H_{m,2} - H_{m,1} &= H_{m,1r} - H_{m,2r} \\ &= -26 \times 305.4 \\ &= -7\,943 \text{(J/mol)} \end{aligned}$$

$$q = (h_2 - h_1) - (g_2 - g_1)$$

$$= -\frac{7\,943}{30.07} - 328.8$$
$$= -593(\text{kJ/kg})$$

6.2 确定热力学状态参数变化量的计算方法

计算两个确定状态之间热力性质的变化量,由于状态参数的变化只与初终点的状态有关,而与所经历的路径(过程)无关,因此,可以选择最易于计算的路径进行计算。本节立足于实际气体状态方程,讨论采用分段积分法,求解实际气体的热力学能差 Δu、焓差 Δh 和熵差 ΔS。

6.2.1 分段积分法原则

依据热力学状态参数所具备的数学特征,即:状态参数的路径积分,仅与过程的初终点有关,与过程无关,提出如下分段积分法原则:

(1) 每次对一个变量进行积分。
(2) 设计温度变化是选择足够低的压力,使其具有理想气体性质,$c_p = f(T)$。
(3) 当状态方程满足 $p = p(T, v)$ 时,应将 $\left(\frac{\partial v}{\partial T}\right)_p$ 转化为 $\left(\frac{\partial p}{\partial T}\right)_v$。当状态方程满足 $v = v(p, T)$ 时,$\left(\frac{\partial v}{\partial T}\right)_p = -\left(\frac{\partial v}{\partial p}\right)_T \left(\frac{\partial p}{\partial T}\right)_v$,$\int_{p_1}^{p_2} \left(\frac{\partial v}{\partial T}\right)_p \mathrm{d}p \Big|_T = -\int_{v_1}^{v_2} \left(\frac{\partial p}{\partial T}\right)_v \mathrm{d}v \Big|_T$

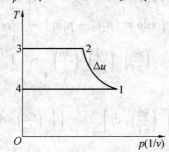

图 6-5 热力学能差的路径积分

6.2.2 热力学能差 Δu 的计算

热力学能的微分表达式(4-24)为

$$\mathrm{d}u = c_V \mathrm{d}T + \left[T\left(\frac{\partial p}{\partial T}\right)_v - p \right] \mathrm{d}v$$

选择积分路径为 $1 \xrightarrow{\text{定温}} 3 \xrightarrow{\text{定容}} 4 \xrightarrow{\text{定温}} 2$,则

$$u_2 - u_1 = \int_{v_1}^{v \to \infty} \left[T\left(\frac{\partial p}{\partial T}\right)_v - p \right] \mathrm{d}v + \int_{T_3}^{T_4} c_V \mathrm{d}T + \int_{\infty}^{v_2} \left[T\left(\frac{\partial p}{\partial T}\right)_v - p \right] \mathrm{d}v \quad (6-34)$$

对于 $u = u(T, p)$,可引用 $v = v(T, p)$ 进行全微分展开,得

$$\mathrm{d}v = \left(\frac{\partial v}{\partial T}\right)_p \mathrm{d}T + \left(\frac{\partial v}{\partial p}\right)_T \mathrm{d}p$$

代入式(6-34)中即可。

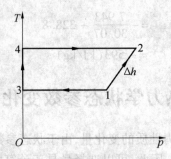

图 6 - 6 焓差的路径积分

6.2.3 焓差 Δh 的计算

焓差的微分表达式(4 - 26a)为

$$dh = c_p dT + \left[v - T\left(\frac{\partial v}{\partial T}\right)_p\right] dp$$

$1 \xrightarrow{\text{定温}} 3 \xrightarrow{\text{定压}} 4 \xrightarrow{\text{定温}} 2$,则

$$h_2 - h_1 = \left\{\int_{p_1}^{p_0 \to 0}\left[v - T\left(\frac{\partial v}{\partial T}\right)_p\right] dp\right\}_{T=T_1} + \left\{\int_{T_1}^{T_2} c_p^0 dT\right\}_{p_0 \to 0} + \left\{\int_{p_0 \to 0}^{p_2}\left[v - T\left(\frac{\partial v}{\partial T}\right)_p\right] dp\right\}$$

$$(6 - 35)$$

当状态方程为 $p = p(T,v)$ 时,由 $d(p,v) = pdv + vdp$,得

$$\int_1^2 vdp = (p_2 v_2 - p_1 v_1) - \int_{v_1}^{v_2} pdv$$

又由

$$\left(\frac{\partial v}{\partial T}\right)_p \left(\frac{\partial T}{\partial p}\right)_v \left(\frac{\partial p}{\partial v}\right)_T = -1$$

当 T 一定时,有

$$\left[\int_{p_0}^{p}\left(\frac{\partial v}{\partial T}\right)_p dp\right]_T = -\left[\int_{v_0}^{v}\left(\frac{\partial p}{\partial p}\right)_T dv\right]_T$$

代入式(6 - 35),得

$$h_2 - h_1 = (p_0 v_0 - p_1 v_1) - \int_{v_1}^{v_0 \to \infty} pdv + \left[\int_{v_0 \to \infty}^{v_1}\left(\frac{\partial p}{\partial p}\right)_T dv\right]_T + \left\{\int_{T_1}^{T_2} c_p^0 dT\right\}_{p_0 \to 0} +$$
$$(p_2 v_2 - p_0 v_0) - \int_{v_0 \to \infty}^{v_2} pdv + \left[\int_{v_0 \to \infty}^{v_2}\left(\frac{\partial p}{\partial p}\right)_T dv\right]_T \qquad (6 - 35a)$$

6.2.4 熵差 Δs 计算

熵差 Δs 的计算,可根据熵的微分表达式(4 - 23a):

$$ds = \frac{c_V}{T} dT + \left(\frac{\partial p}{\partial T}\right)_v dv$$

$$s_2 - s_1 = \int_{v_1}^{v \to \infty}\left(\frac{\partial p}{\partial T}\right)_v dv + \int_{T_3}^{T_4} \frac{c_V}{T} dT + \int_{\infty}^{v_2}\left(\frac{\partial p}{\partial T}\right)_v dv \qquad (6 - 36)$$

下面以不可逆绝热膨胀过程的熵增为例加以讨论。图 6 - 7 所示是不可逆绝热膨胀过程的 $h - s$ 图。工质经历此过程的熵变,可以通过以下两种途径来计算。

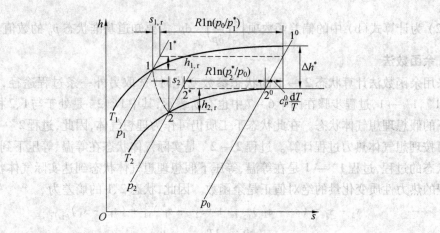

图 6-7　不可逆绝热膨胀过程的 $h-s$ 图

1. 偏差函数法

由于状态参数的计算对过程的路径选取没有限制,按照计算原则,计算状态 $2\to1$ 的状态参数变化时,可以取以下三步来实现工质状态的变化:$2\to2^0,2^0\to1^0,1^0\to1$。其中 1^0、2^0 两个状态点位于同一条等压线上,温度分别为 T_1、T_2,由于此时的压力 p_0 非常低,工质可以作为理想气体来处理。图 6-7 中过程 $2\to2^0$ 是实际气体状态在等温下达到压力为 p_0 的理想气体状态的过程,过程 $1^0\to1$ 是压力为 p_0 的理想气体状态在等温下到达实际气体状态的过程,两过程的热力性质变化量正是偏差函数。因此,状态 2、1 的熵差为

$$s_2 - s_1 = (s_2 - s_2^0)_{T_2} + (s_2^0 - s_1^0)_{p_0} + (s_1^0 - s_1)_{T_1} \tag{a}$$

$2^0\to1^0$ 为理想气体的 p_0 定压过程,因此

$$(s_2^0 - s_1^0)_{p_0} = \int_{T_1}^{T_2} c_p^* \frac{\mathrm{d}T}{T} - R\ln\frac{p_1^0}{p_2^0}$$

定压过程 $p_1^0 = p_2^0 = p_0$,因此 $R\ln\dfrac{p_1^0}{p_2^0} = 0$,则

$$(s_2^0 - s_1^0)_{p_0} = \int_{T_1}^{T_2} c_p^* \frac{\mathrm{d}T}{T}$$

对于 $2\to2^0$、$1^0\to1$ 实际气体的定温过程,应用适于任何过程的熵变三式:

$$\mathrm{d}s = \left(\frac{\partial s}{\partial T}\right)_p \mathrm{d}T + \left(\frac{\partial s}{\partial p}\right)_T \mathrm{d}p$$

定温过程 $\left(\dfrac{\partial s}{\partial T}\right)_p \mathrm{d}T = 0$,则

$$\mathrm{d}s = \left(\frac{\partial s}{\partial p}\right)_T \mathrm{d}p$$

因此,式(a)变成

$$s_2 - s_1 = \int_{p_0}^{p_2}\left(\frac{\partial s}{\partial p}\right)_{T_2} \mathrm{d}p + \int_{T_1}^{T_2} c_p^* \frac{\mathrm{d}T}{T} + \int_{p_1}^{p_0}\left(\frac{\partial s}{\partial p}\right)_{T_1} \mathrm{d}p \tag{b}$$

采用偏差函数法计算实际气体熵变化,需要满足如下必要条件:

(1)需要确定理想气体的比热容随温度变化的关系,如 $c_p^* = f(T)$,但不需要实际气体的比热容值。

(2) 为计算式(b)中的偏差函数项 $\int_{p_0}^{p_2}\left(\frac{\partial s}{\partial p}\right)_{T_2}\mathrm{d}p$，需要知道基准状态 p_0 的数值。

2. 余函数法

采用余函数法计算状态 2→1 的状态参数变化时，选取另外一条过程途径，即 2→2*，2*→1*，1*→1，过程步骤在图中 6-7 中也有所表示，其中 1*、2* 是处于与 1、2 相同的压力、温度下的假想理想气体状态。在此状态下工质仍可作为理想气体，因此，过程 2*→1* 的热力性质可按理想气体热力过程计算。过程 2→2* 是实际气体状态在等温、等压下到达假想理想气体状态的过程，过程 1*→1 是在等温、等压下假想理想气体状态到达实际气体状态的过程，两过程的热力性质变化量的绝对值正是余函数。因此，状态 2、1 的熵差为

$$s_2 - s_1 = (s_2 - s_2^*)_{p_2,T_2} + (s_2^* - s_1^*)_{\mathrm{id}} + (s_1^* - s_1)_{p_1,T_1}$$

$$= -s_{2,r} + \left(\int_{T_1}^{T_2} c_p^* \frac{\mathrm{d}T}{T} - R\ln\frac{p_2}{p_1}\right) + s_{1,r}$$

例 6.2 某工质在气相区状态方程为 $v = \frac{RT}{p} - \frac{c}{T^3}$，在压力为 p_1 时，其 $c_p = a + bT$。计算工质从状态 1 至终态 2 之间焓及熵的变化。

解 由状态方程可得

$$\left(\frac{\partial v}{\partial T}\right)_p = \frac{R}{p} + \frac{3c}{T^4}$$

应用

$$h_2 - h_1 = \left\{\int_{p_1}^{p_0\to 0}\left[v - T\left(\frac{\partial v}{\partial T}\right)_p\right]\mathrm{d}p\right\}_{T=T_1} + \left\{\int_{T_1}^{T_2} c_p^0 \mathrm{d}T\right\}_{p_0\to 0} + \left\{\int_{p_0\to 0}^{p_2}\left[v - T\left(\frac{\partial v}{\partial T}\right)_p\right]\mathrm{d}p\right\}$$

可求得焓的变化：

$$\Delta h = h_2 - h_1 = \left\{\int_{p_1}^{p_0\to 0}\left[v - T\left(\frac{\partial v}{\partial T}\right)_p\right]\mathrm{d}p\right\}_{T=T_1} + \left\{\int_{T_1}^{T_2} c_p^0 \mathrm{d}T\right\}_{p_0\to 0} + \left\{\int_{p_0\to 0}^{p_2}\left[v - T\left(\frac{\partial v}{\partial T}\right)_p\right]\mathrm{d}p\right\}$$

$$= \left\{\int_{T_1}^{T_2} c_p^0 \mathrm{d}T\right\}_{p_1} + \left\{\int_{p_1}^{p_2}\left[v - T\left(\frac{\partial v}{\partial T}\right)_p\right]\mathrm{d}p\right\}_{T_2}$$

$$= \int_{T_1}^{T_2}(a + bT)\mathrm{d}T + \int_{p_1}^{p_2}\left[\frac{RT_2}{p} - \frac{c}{T_2^3} - T_2\left(\frac{R}{p} + \frac{3c}{T_2^4}\right)\right]\mathrm{d}p$$

$$= a(T_2 - T_1) + \frac{b}{2}(T_2^2 - T_1^2) - \frac{4c}{T_2^3}(p_2 - p_1)$$

对 $\mathrm{d}s = \frac{c_p}{T}\mathrm{d}T - \left(\frac{\partial v}{\partial T}\right)_p \mathrm{d}p$ 分段积分得出

$$\Delta s = s_2 - s_1 = \left(\int_{T_1}^{T_2} \frac{c_p}{T}\mathrm{d}T\right)_{p_1} - \int_{p_1}^{p_2}\left(\frac{R}{p} + \frac{3c}{T^4}\right)\mathrm{d}p$$

$$= a\ln\frac{T_2}{T_1} + b(T_2 - T_1) - R\ln\frac{p_3}{p_2} - \frac{3c}{T_2^4}(p_2 - p_1)$$

例 6.3 推导服从范德瓦尔斯状态方程的气体的逸度表达式。

解 范德瓦尔斯方程

$$p = \frac{RT}{v - b} - \frac{a}{v^2}$$

$$RT\ln\frac{f}{f^*} = \left(\int_{p^*}^{p} v\mathrm{d}p\right)_T = \left(\int_{p^*}^{p} \mathrm{d}(pv) - p\mathrm{d}v\right)_T = pv - p^*v^* - \left(\int_{v^*}^{v} p\mathrm{d}v\right)_T$$

式中　v^*——在p^*和T时的比体积。把范德瓦尔斯方程代入上述方程并积分得

$$RT\ln\frac{f}{f^*} = pv - p^*v^* - RT\ln\frac{v-b}{v^*-b} - \frac{a}{b} + \frac{a}{v^*}$$

$$\ln f = \ln\frac{f^*}{p^*} + \ln[p^*(v^*-b)] - \frac{p^*v^*}{RT} + \frac{a}{RTv^*} + \frac{pv}{RT} - \ln(v-b) - \frac{a}{RTv} \tag{a}$$

当$p^* \to 0$时，$v^* \to \infty$，气体具有理想气体的性质，服从$p^*v^* = RT$，所以$\ln[p^*(v^*-b)] = \ln RT$，且$\frac{f^*}{p^*} \to 1$。另由范德瓦尔斯方程得

$$\frac{pv}{RT} - 1 = \frac{v}{v-b} - \frac{a}{RTv} - 1 = \frac{b}{v-b} - \frac{a}{RTv}$$

将上述关系代入式(a)，可得服从范德瓦尔斯状态方程的气体的逸度。

$$\ln f = \ln\frac{RT}{v-b} - \frac{2a}{RTv} + \frac{b}{v-b}$$

6.3　实际气体热量和功的计算方法

对于热功转换，公式$T\mathrm{d}s = \mathrm{d}u + w = \mathrm{d}h + w_t$不管过程是否可逆总是成立，但若要对其进行积分，则要求为可逆过程。当过程可逆时，式中的换热量q和膨胀功w、技术功w_t可以进一步表示为

$$q = \int T\mathrm{d}s$$

$$w = \int p\mathrm{d}v$$

$$w_t = -\int v\mathrm{d}p$$

具体应用时，应根据可逆过程的特征以及所选用的实际气体状态方程对上式进行积分，下面针对实际气体的典型热力过程，讨论其热量和功的计算方法：

1. 定体积过程

实际气体等体积过程的计算具体如下：

(1) $\mathrm{d}v = 0$，$v_1 = v_2$。如果已知初态及终态的p_2或T_2，则可根据实际气体状态方程$pv = ZRT$，求得其他的p、v、T参数。

(2) $\Delta h = (h_2^* - h_1^*) - (h_{2,r} - h_{1,r})$。如果已知初态$p_1$、$T_1$和终态$p_2$、$T_2$，就可求得$\Delta h$。

(3) $\Delta u = \int_1^2 c_V \mathrm{d}T$，或$\Delta u = \Delta h - \Delta(pv) = \Delta h - v\Delta p$。

(4) $\Delta s = (s_2^* - s_1^*) - (s_{2,r} - s_{1,r}) = \int_1^2 c_p^* \frac{\mathrm{d}T}{T} - R\ln\frac{p_2}{p_1} - (s_{2,r} - s_{1,r})$。

(5) $q = \Delta u$。

(6) $w = \int_1^2 p\mathrm{d}v = 0$。

(7) $w_t = -\int_1^2 v\mathrm{d}p = v(p_1 - p_2)$。

注意：实际气体等体积过程中 $\Delta h \neq \int_1^2 c_p \mathrm{d}T$。

2. 等压过程

实际气体等压过程的计算具体如下。

(1) $\mathrm{d}p = 0, p_1 = p_2$。如果已知初态及终态的 p_2 以外的任意另一状态参数，则可根据实际气体状态方程 $pv = ZRT$，求得其他的 p、v、T 参数。

(2) $\Delta h = \int_1^2 c_p \mathrm{d}T = (h_2^* - h_1^*) - (h_{2,r} - h_{1,r}) = \int_1^2 c_p^* \mathrm{d}T - (h_{2,r} - h_{1,r})$。

(3) $\Delta u = \Delta h - \Delta(pv) = \Delta h - p\Delta v = \Delta h - p(v_2 - v_1)$，注意实际气体等压过程 $\Delta u \neq \int_1^2 c_V \mathrm{d}T$。

(4) $\Delta s = (s_2^* - s_1^*) - (s_{2,r} - s_{1,r}) = \int_1^2 c_p^* \frac{\mathrm{d}T}{T} - (s_{2,r} - s_{1,r})$。

(5) $q = \Delta h = \int_1^2 c_p \mathrm{d}T$。

(6) $w = \int_1^2 p\mathrm{d}v = p(v_2 - v_1)$。

(7) $w_t = -\int_1^2 v\mathrm{d}p = 0$。

3. 等温过程

如图 6-8 所示，实际气体等温过程的计算具体如下：

(1) $\mathrm{d}T = 0, T_1 = T_2$。

(2) $\Delta h = (h_{1,r} - h_{2,r})$。

(3) $\Delta u = \Delta h - \Delta(pv)$。

(4) $\Delta s = (s_2^* - s_1^*) - (s_{2,r} - s_{1,r}) = -R\ln\frac{p_2}{p_1} - (s_{2,r} - s_{1,r})$。

(5) 对于可逆过程：$q = T(s_2 - s_1)$。

(6) $w_t = -\int_1^2 v\mathrm{d}p = -(\Delta h - \int_1^2 T\mathrm{d}s) = -\Delta h + T(s_2 - s_1) = g_1 - g_2 = RT\ln\frac{f_1}{f_2}$。

(7) $w = \int_1^2 p\mathrm{d}v = \Delta(pv) - \int_1^2 v\mathrm{d}p = \Delta(pv) + RT\ln\frac{f_1}{f_2}$。

注意：实际气体等温过程的 $\Delta h \neq 0, \Delta u \neq 0$。

4. 等熵过程

如图 6-9 所示，实际气体等熵过程的计算，具体如下：

(1) $\mathrm{d}s = 0, s_1 = s_2, pv^{n_s} = C$（$C$ 为常数）。

(2) $\Delta h = (h_2^* - h_1^*) - (h_{2,r} - h_{1,r})$。

(3) $\Delta u = \Delta h - \Delta(pv)$。

(4) $\Delta s = (s_2^* - s_1^*) - (s_{2,r} - s_{1,r}) = \int_1^2 c_p^* \frac{\mathrm{d}T}{T} - R\ln\frac{p_2}{p_1} - (s_{2,r} - s_{1,r}) = 0$。

(5) $q = 0$。

第6章 实际气体热力性质参数的计算

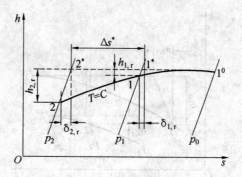

图 6-8 等温压缩过程

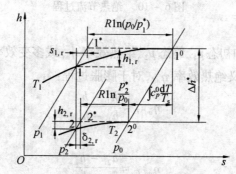

图 6-9 等熵膨胀过程

(6) 当系统进出口工质的动能差、势能差可忽略不计时,系统对外所做的轴功为

$$w_s = -\Delta h = -\int_1^2 v \mathrm{d}p = \frac{n_s}{n_s - 1} Z_1 R T_1 \left[1 - \left(\frac{p_2}{p_1}\right)^{\frac{n_s-1}{n_s}} \right]$$

$$w = \int_1^2 p \mathrm{d}v = \frac{1}{n_s - 1} Z_1 R T_1 \left[1 - \left(\frac{p_2}{p_1}\right)^{\frac{n_s-1}{n_s}} \right]$$

式中 n_s——平均过程指数,按下式根据过程初终态求取:

$$n_s = -\frac{\lg \dfrac{p_{2,s}}{p_1}}{\lg \dfrac{v_1}{v_{2,s}}}$$

上式只在初终态间过程性质没有剧烈变化情况时,才能有较好的近似。

5. 绝热节流过程

如图 6-10 所示,实际气体绝热节流过程的计算具体如下:

(1) $h_2 = h_1$, $\Delta h = (h_2^* - h_1^*) - (h_{2,r} - h_{1,r}) = 0$。当初态已知时,可求出 $h_{1,r}$。假定终态温度 T_2 的值,再求出 $h_{2,r}$ 及 Δh^*,然后迭代至 $\Delta h = 0$,即求得 T_2 的值。

(2) $\Delta u = \Delta h - \Delta(pv) = -\Delta(pv)$。

(3) $\Delta s = (s_2^* - s_1^*) - (s_{2,r} - s_{1,r})$。

(4) $q = 0$。

(5) $w_s = 0$。

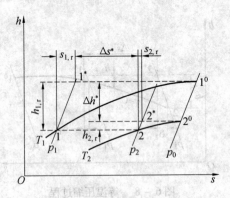

图 6-10 绝热节流过程

6. 不可逆绝热过程

(1) $pv_s^n = C$。一般已知初态 p_1、终态 p_2、绝热效率 η_{ad} 或多变效率 η_{pol}。对于膨胀或压缩过程有不同的定义方式。定义绝热效率 η_{ad}，对于膨胀过程：

$$\eta_{ad,T} = \frac{h_1 - h_2}{h_1 - h_{2s}}$$

对于压缩过程：

$$\eta_{ad,C} = \frac{h_{2s} - h_1}{h_2 - h_1}$$

定义多变效率 η_{pol}，对于膨胀过程：

$$\eta_{pol,T} = \frac{h_1 - h_2}{\int_1^2 v \, dp}$$

对于压缩过程：

$$\eta_{pol,C} = \frac{\int_1^2 v \, dp}{h_2 - h_1}$$

(2) 不可逆绝热过程 $q = 0$。
(3) 若忽略工质在系统进出口的动能、位能变化，则轴功为

$$w_s = \Delta h \neq -\int_1^2 v \, dp$$

如果已知绝热效率 $\eta_{ab,T}$ 或 $\eta_{ab,C}$，计算步骤可采用如下次序：
(1) 给出定熵过程终点温度 T_{2s} 的初值，用熵差方程迭代至 Δs_{1-2s}，此时的终点温度为 T_{2s}。
(2) 根据初态参数 p_1、T_1 及终态参数 p_2、T_{2s}，计算定熵过程初终态焓差 Δh_{1-2s}。
(3) 根据已知的 η_{ad} 及 Δh_{1-2s}，算出实际过程的初终态焓差 Δh_{1-2}。
(4) 假定实际的不可逆绝热过程终点温度 T_2 的初值，利用焓差方程试凑求解，直至焓差方程计算值逼近实际值 Δh_{1-2}，此时的 T_2 即为实际过程的终点温度。
(5) 根据 T_2 值及其他已知状态参数，求出实际过程初终态熵变化 Δs_{1-2} 及其他热力性质变化。

若已知的是多变效率 $\eta_{pol,T}$ 或 $\eta_{pol,C}$ 计算步骤可以来用如下次序：(1)、(2) 步骤与上法相同，即先确定 T_{2s}，然后利用下述三个方程来确定终点 2：

$$h_2 - h_1 = (h_2^* - h_1^*) - (h_{2r} - h_{1r}) \tag{a}$$

或
$$\begin{cases} \eta_{ad,T} = \dfrac{\Delta h_{1-2}}{\Delta h_{1-2s}} \\ \eta_{ab,C} = \dfrac{\Delta h_{1-2s}}{\Delta h_{1-s}} \end{cases} \tag{b}$$

$$\begin{cases} \dfrac{\eta_{ad,C}}{\eta_{pol,C}} = \dfrac{\Delta h_{1-2s}}{\int_1^2 v\mathrm{d}p} = \dfrac{\Delta h_{1-2s}}{\dfrac{n_s}{n_s-1}Z_1RT_1\left[\left(\dfrac{p_2}{p_1}\right)^{\frac{n-1}{n}}-1\right]} \\ \dfrac{\eta_{ad,T}}{\eta_{pol,C}} = \dfrac{\int_1^2 v\mathrm{d}p}{\Delta h_{1-2s}} = \dfrac{\dfrac{n_s}{n_s-1}Z_1RT_1\left[\left(\dfrac{p_2}{p_1}\right)^{\frac{n-1}{n}}-1\right]}{\Delta h_{1-2s}} \end{cases} \tag{c}$$

方程(a)、(b)、(c)中共有三个未知量 $T_2(h_2)$、η_{ad}、n_s，三个方程联立求解就可以确定 T_2 和平均过程指数 n 的值，一旦 p_2、T_2 已知，则 Δh_{1-2} 和 Δs_{1-2} 就可以用通用的焓变化、熵变化方程算出。

例 6.4 试用 B－W－R 方程计算 1 kg 异丁烷从 $p_1 = 1.2$ MPa、$t_1 = 90$ ℃ 经汽轮机等熵膨胀到 $P_2 = 0.3$ MPa 时，汽轮机所做的轴功及出口温度 t_2。已知临界参数 $T_c = 408.14$ K，$p_c = 36$ atm，相对分子质量 $M = 58.124$。$c_p^0 = (-0.332 + 9.189 \times 10^{-2}T - 4.409 \times 10^{-5}T^2 + 6.915 \times 10^{-9}T^3) \times \dfrac{4.1868}{58.124}$ kJ/(kg·K)。

解 B－W－R 方程式为
$$p = \dfrac{RT}{v} + (B_0RT - A_0 - C_0/T^2)\dfrac{1}{v^2} + (bRT - a)\dfrac{1}{v^3} + \dfrac{a\alpha}{v^6} + \dfrac{c(1+\gamma/v^2)}{T^2}\dfrac{1}{v^3}\mathrm{e}^{-\gamma/v^2}$$

求终态温度 t_2。由初态 1 等熵膨胀至终态 2 的终态参数，可通过过程 $1 \to a \to 0 \to 2$ 来计算，如图 6－4 所示。即有
$$\Delta s_{12} = \Delta s_{1a} + s_{a0} + s_{02} = 0$$

在 a 至 0 过程中压力较低，可按理想气体热力过程来处理。

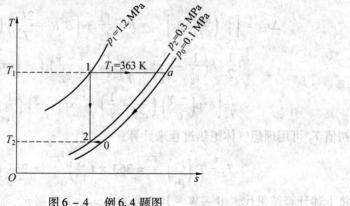

图 6－4 例 6.4 题图

已知的各状态点参数为
$$p_1 = 1.2 \text{ MPa}, t_1 = 90 \text{ ℃}(T_1 = 363 \text{ K}), \quad p_a = p_0 = 0.1 \text{ MPa} = 10^5 \text{ Pa}$$

$$T_0 = T_2, \quad p_2 = 0.3 \text{ MPa} = 3 \times 10^5 \text{ Pa}$$

而
$$v_a = \frac{RT_1}{p_a} = \frac{8.314 \times 10^3 \times 363}{58.124 \times 10^5} = 0.52 \text{ m}^3/\text{kg}$$

v_1 值可按下列方法求取：由理想气体状态方程计算 v_1，作为初值。初值 $v_1 = 0.0428 \text{ m}^3/\text{kg}$，用初值 v_1 代入 B-W-R 方程试凑求解。最后求得 $v_1 = 0.034 \text{ m}^3/\text{kg}$。

下面计算三步过程的熵变化：
$$\Delta s_{1a} = \left[\int_{v_1}^{v_a} \left(\frac{\partial p}{\partial T}\right)_v dv\right]_{T_1}$$

令 B-W-R 方程在等容下对温度求导数，得
$$\left(\frac{\partial p}{\partial T}\right)_v = \frac{R}{v} + \left(B_0 R + \frac{2C_0}{T^3}\right)\frac{1}{v^2} + \frac{bR}{v^3} - \frac{2c}{T^3 v^3} e^{-\gamma/v^2} - \frac{2c}{T^3}\frac{\gamma}{v^5} e^{-\gamma/v^2}$$

则
$$\Delta s_{1a} = \left\{\int_{v_1}^{v_a} \left[\frac{R}{v} + \left(B_0 R + \frac{2C_0}{T^3}\right)\frac{1}{v^2} + \frac{bR}{v^3} - \frac{2c}{T^3 v^2} e^{-\gamma/v^2} - \frac{2c}{T^3}\frac{\gamma}{v^3} e^{-\gamma/v^2}\right] dv\right\}_{T_1}$$

$$= R\ln\frac{v_a}{v_1} + \left(B_0 R + \frac{2C_0}{T_1^3}\right)\left(\frac{1}{v_1} - \frac{1}{v_a}\right) + \frac{1}{2}bR\left(\frac{1}{v_1^2} - \frac{1}{v_a^2}\right) -$$

$$\frac{c}{\gamma T_1^3}\left[\exp\left(\frac{-\gamma}{v_a^2}\right) - \exp\left(\frac{-\gamma}{v_1^2}\right)\right] - \frac{c}{T_1^3}\left[\exp\left(\frac{-\gamma}{v_a^2}\right)\left(\frac{1}{v_a^2} + \frac{1}{\gamma}\right) - \exp\left(\frac{-\gamma}{v_1^2}\right)\left(\frac{1}{v_1^2} + \frac{1}{\gamma}\right)\right]$$

把已知数据代入上式后得 $\Delta s_{1a} = 0.401 \text{ kJ}/(\text{kg} \cdot \text{K})$。

$$\Delta s_{a0} = \left(\int_{T_a}^{T_0} c_p^0 \frac{dT}{T}\right)_{p_0} = \int_{T_1}^{T_2} c_p^0 \frac{dT}{T} = \int_{T_1}^{T_2} (a + bT + cT^2 + dT^3) \frac{dT}{T}$$

$$= a\ln\frac{T_2}{T_1} + b(T_2 - T_1) + \frac{1}{2}c(T_2^2 - T_1^2) + \frac{1}{3}d(T_2^3 - T_1^3)$$

$$= \left[-0.332\ln\frac{T_2}{363} + 9.189 \times 10^{-2}(T_2 - 363) - 2.0245 \times 10^{-5}(T_2^2 - 363^2) + 2.305 \times 10^{-9}(T_2^3 - 363^3)\right] \times \frac{4.1868}{58.124}$$

$$\Delta s_{02} = \left[\int_{v_0}^{v_2} \left(\frac{\partial p}{\partial T}\right)_v dv\right]_{T_2} = R\ln\frac{v_2}{v_0} + \left(B_0 R + \frac{2C_0}{T_2^3}\right)\left(\frac{1}{v_0} - \frac{1}{v_2}\right) +$$

$$\frac{1}{2}bR\left(\frac{1}{v_0^2} - \frac{1}{v_2^2}\right) - \frac{c}{\gamma T_2^3}\left[\exp\left(\frac{-\gamma}{v_2^2}\right)\right] - \left[\exp\left(\frac{-\gamma}{v_0^2}\right)\right] -$$

$$\frac{c}{T_2^3}\left[\exp\left(\frac{-\gamma}{v_2^2}\right)\left(\frac{1}{v_2^2} + \frac{1}{\gamma}\right) - \exp\left(\frac{-\gamma}{v_0^2}\right)\left(\frac{1}{v_0^2} + \frac{1}{\gamma}\right)\right]$$

初值 T_2 可用理想气体绝热过程来计算：
$$T_2 = T_1 \left(\frac{p_2}{p_1}\right)^{\frac{k-1}{k}} = 363 \times \left(\frac{3}{12}\right)^{\frac{1.3-1}{1.3}} = 264 \text{ (K)}$$

将上述计算结果代入 B-W-R 方程求出 v_2。又根据 p_0、T_0 用理想气体状态方程求 v_0。然后利用上面计算式算出 Δs_{a0} 及 Δs_{02}。若满足 $\Delta s_{1a} + \Delta s_{a0} + \Delta s_{02} = 0$，则所假设的初值 T_2 正确。否则，重新假设 T_2 数值，直至 $\Delta s_{12} = 0$ 的 T_2 为正确值。经过几次迭代后，得出
$$T_2 = 294 \text{ K}$$

此时
$$\Delta s_{1a} = 0.401 \text{ kJ/(kg·K)}, \quad \Delta s_{a0} = -0.391 \text{ kJ/(kg·K)}$$
$$\Delta s_{02} = -0.0077 \text{ kJ/(kg·K)}$$
即
$$\Delta s_{12} = \Delta s_{1a} + \Delta s_{a0} + \Delta s_{02} = 0.0023 \text{ kJ/(kg·K)}$$

在上述 T_2 及 p_2 状态下的比体积 B-W-R 方程求得, $v_2 = 0.126 \text{ m}^3/\text{kg}$, 而 $T_2 \setminus p_0$ 状态下的比体积 v_0 可从理想气体状态方程求得, $v_0 = 0.421 \text{ m}^3/\text{kg}$。

2. 求汽轮机所做的轴功 ω_s

若忽略汽轮机进气管及排气管动能差与位能差,则工质经历绝热过程对外做的轴功为
$$\omega_s = h_1 - h_2 = \Delta h_{1a} + \Delta h_{a0} + \Delta h_{02}$$

$$\Delta h_{1a} = h_a - h_1 = (p_a v_a - p_1 v_1) - \left\{ \int_{v_1}^{v_a} \left[p - T\left(\frac{\partial p}{\partial T}\right)_v \right] dv \right\}_{T_1}$$

$$= (p_a v_a - p_1 v_1) - \left[\int_{v_1}^{v_a} \frac{RT_1}{v} + (B_0 RT_1 - A_0 - c_0/T_1^2) \frac{1}{v^2} + \right.$$

$$(bRT_1 - a) \frac{1}{v^3} + \frac{a\alpha}{v^6} + \frac{c(1+\gamma/v^2)}{T_1^2} \frac{1}{v^3} e^{-\gamma/v^2} - \frac{T_1 R}{v} -$$

$$T_1 \left(B_0 R + \frac{2C_0}{T_1^3} \right) \frac{1}{v^2} - \frac{bRT_1}{v^3} + \frac{2c}{T_1^2 v^3} e^{-\gamma/v^2} + \frac{2c}{T_1^2} \frac{\gamma}{v^5} e^{-\gamma/v^2} dv \bigg]_{T_1}$$

$$= (p_a v_a - p_1 v_1) - \left\{ \left(A_0 + \frac{3C_0}{T_1^2} \right) \left(\frac{1}{v_a} - \frac{1}{v_1} \right) + \frac{\alpha}{2} \left(\frac{1}{v_a^2} - \frac{1}{v_1^2} \right) - \right.$$

$$\frac{\alpha}{5} \left(\frac{1}{v_a^5} - \frac{1}{v_1^5} \right) + \frac{3}{2} \frac{c}{\gamma T_1^2} (e^{-\gamma/v_a^2} - e^{-\gamma/v_1^2}) +$$

$$\frac{3}{2} \frac{c}{T_1^2} \left[e^{-\gamma/v_a^2} \left(\frac{1}{v_a^2} + \frac{1}{\gamma} \right) - e^{-\gamma/v_1^2} \left(\frac{1}{v_1^2} + \frac{1}{\gamma} \right) \right] \right\}$$

代入具体常数和热力参数后,得
$$\Delta h_{1a} = 43.7 \text{ kJ/kg}$$

$$\Delta h_{a0} = h_0 - h_a = \int_{T_1}^{T_2} c_p^0 dT = \int_{T_1}^{T_2} (a + bT + cT^2 + dT^3) dT$$

$$= \left[-0.332(294 - 363) + \frac{1}{2} \times 9.189 \times 10^{-2} (294^2 - 363^2) - \frac{1}{3} \times 4.409 \times 10^{-5} \times \right.$$

$$\left. (294^3 - 363^3) + \frac{1}{4} \times 6.915 \times 10^{-9} \times (294^4 - 363^4) \right] \times \frac{4.1868}{58.124}$$

$$= -125.88 \text{ (kJ/kg)}$$

Δh_{02} 的计算公式类似于 Δh_{1a}。此时温度为 T_2, 积分限改为由 v_0 至 v_2。代入数据后求得 $\Delta h_{02} = -10.687 \text{ kJ/kg}$, 故
$$\Delta h_{12} = \Delta h_{1a} + \Delta h_{a0} + \Delta_{02} = -92.865 \text{ kJ/kg}$$

故相对于每千克异丁烷汽轮机所做轴功为
$$\omega_s = \Delta h_{12} = h_1 - h_2 = 92.865 \text{ kJ/kg}$$

例 6.5 压力为 25.33 MPa(250 atm)、温度为 400 K 的氮气,在涡轮机中可逆绝热地膨胀至出口压力 0.507 MPa(5 atm),流率是 1 kg/s,如果氮气服从 R-K 方程,试计算输出功率。氮气在 1 atm 下的比定压热容为

$c_p^0 = (6.903 - 0.3753 \times 10^{-3}T + 1.930 \times 10^{-6}T^2 - 6.861 \times 10^{-9}T^3) \times \dfrac{4.1868}{28.013}$ (kJ/(kg·K)),氮的临界参数为 $T_c = 126.2$ K,$p_c = 33.5$ atm。相对分子质量 $M = 28.013$。

解 R - K 方程为

$$p = \frac{RT}{v-b} - \frac{a}{T^{0.5}v(v+b)}$$

式中

$$a = \frac{0.42748 R^2 T_c^{2.5}}{p_c}$$

$$= \frac{0.42748 \times 8314^2 \times 126.2^{2.5}}{28.013^2 \times 33.5 \times 1.01325 \times 10^5}$$

$$= 176.675 \; (\text{Pa} \cdot \text{m}^6 \cdot \text{K}^{0.5}/\text{kg})$$

$$b = \frac{0.08664 R T_c}{p_c}$$

$$= \frac{0.08664 \times 8314 \times 126.2}{28.013 \times 33.5 \times 1.01325 \times 10^5}$$

$$= 0.00096 \; (\text{m}^3/\text{kg})$$

把 $p_1 = 25.33$ MPa、$T_1 = 400$ K、$R = \dfrac{3314}{28.013}$ Pa·m³/(kg·K) 及上述 a、b 值代入 R - K 方程式,得出 $v_1 = 0.0051$ m³/kg。

为了求出状态 2 的温度 T_2,采用试凑法。若给出的 T_2 值满足 $\Delta s_{12} = 0$,则此 T_2 值为正确值。

本题用余函数来计算三步过程的熵变化,即

$$\Delta s = (s_2^* - s_1^*) - (s_{2r} - s_{1r}) = 0$$

根据 R - K 方程的余熵方程:

$$s_r = -R\ln\frac{v-b}{v} + \frac{a}{2bT^{1.5}}\ln\frac{v+b}{v} - R\ln\frac{v}{v^*}$$

其中 $v^* = \dfrac{RT}{p}$。将 v_2、$v_2^* = \dfrac{RT_2}{p_2}$ 及 v_1、$v_1^* = \dfrac{RT_1}{p_1}$ 代入 s_r 的计算式后,再代入 Δs_{12} 方程整理,得

$$\Delta s_{12} = \left(\int_{T_1}^{T_2} c_p^0 \frac{\mathrm{d}T}{T} - R\ln\frac{p_2}{p_1}\right) + R\ln\frac{T_1 p_2 (v_2-b)}{T_2 p_1 (v_1-b)} - \frac{a}{2b}\left[\frac{1}{T_1^{1.5}}\ln\left(\frac{v_1+b}{v_1}\right) - \frac{1}{T_2^{1.5}}\ln\left(\frac{v_2+b}{v_2}\right)\right] \quad (a)$$

式中

$$\int_{T_1}^{T_2} c_p^0 \frac{\mathrm{d}T}{T} = \left[-6.903\ln\frac{400}{T_2} + 0.3753 \times 10^{-3}(400 - T_2) - 0.965 \times 10^{-6}(400^2 - T_2^2) + 2.287 \times 10^{-9}(400^3 - T_2^3)\right] \times \frac{4.1868}{28.013}$$

先给出一个 T_2 的初值。代入 R-K 方程，根据 p_2、T_2 及常数 a、b，求出 v_2。然后将此 T_2 及 v_2 值代入熵变化方程式(a) 计算 Δs_{12}。若 $\Delta s_{1a} = 0$，则假设的 T_2 值正确。否则重新给出另一 T_2 值，重复上述步骤，直至求出 Δs_{12}。经过几次试凑后，求出 T_2 的正确值为 $T_2 = 124$ K。

在 $p_2 = 0.507$ MPa、$T_2 = 124$ K 下，有 R-K 方程算出的比容为 $v_2 = 0.069$ m³/kg。

利用求出的 T_2 值可计算出 $\Delta h = h_2 - h_1$，即

$$h_2 - h_1 = (h_2^* - h_1^*) - (h_{2r} - h_{1r}) = \int_{T_1}^{T_2} c_p^0 dT + h_{1r} - h_{2r} \quad (b)$$

R-K 方程的余焓方程为

$$h_r = -\frac{bRT}{v-b} + \frac{a}{T^{0.5}(v+b)} + \frac{3a}{2bT^{0.5}} \ln\frac{v+b}{v} \quad (c)$$

将 a、b、R 值及 v_2、T_2 代入式(c) 得 h_{2r}，将 v_1、T_1 代入式(c) 得 h_{1r}。计算结果为

$$h_{2r} = 5.93 \text{ kJ/kg}, \quad h_{1r} = 15.81 \text{ kJ/kg}$$

而

$$\int_{T_1}^{T_2} c_p^0 dT = \int_{400\text{ K}}^{124\text{ K}} [(6.903 - 0.3753\times 10^{-3}T + 1.930\times 10^{-6}T^2 - 6.861\times 10^{-9}T^3)dT] \times \frac{4.1868}{28.013} = -282.37 \text{ (kJ/(kg·K))}$$

把上述计算值代入式(b)，得

$$h_2 - h_1 = -282.37 + 15.81 - 5.93 = -272.5 \text{ (kJ/kg)}$$

忽略汽轮机进出口工质动能及位能变化，由绝热汽轮机的能量平衡可得汽轮机轴功率为

$$\dot{W}_s = \dot{m}(h_1 - h_2) = 1 \times 272.5 = 272.5 \text{ (kW)}$$

习 题

6.1 导出实际气体 $\left(\frac{\partial u}{\partial p}\right)_T$、$\left(\frac{\partial u}{\partial T}\right)_p$、$\left(\frac{\partial T}{\partial v}\right)_u$ 和 $\left(\frac{\partial h}{\partial s}\right)_v$ 的表达式，式中不包含状态参数 u、h 和 s。

6.2 试推导符合范德瓦尔斯方程的气体逸度表达式。

6.3 什么是求解实际气体热力性质的偏差函数法？什么是余函数法？两种方法有何异同？

6.4 假定氩气在 100 ℃ 时的焓与压力存在关系式 $h(p) = h_o + ap + bp^2$。式中，$h_o = 2089.2$ J/mol，$a = -5.164\times 10^{-5}$ J/(mol·Pa)，$b = 4.7866\times 10^{-13}$ J/(mol·Pa²)，试计算氩气在 100 ℃、30 MPa 下的焦耳 - 汤母孙系数 μ_J。已知此时 $c_p = 27.34$ J/(mol·K)。

6.5 已知某气体满足方程 $pv = f(T)$，$u = u(T)$，试导出其状态方程表达式。

6.6 根据状态方程 $p = p(v, T)$，导出 u、h、s、c_p、c_v 的计算式。

6.7 压力为 25.33 MPa(250 atm)、温度为 400 K 的氮气，在汽轮机中可逆绝热膨胀至出口压力 0.507 MPa(5 atm)，流率是 1 kg/s。如果氮气服从 R-K 方程，试计算输出功率。注：氮气在 1 atm 下的比等压热容为

$$c_p^0 = (6.903 - 0.3753\times 10^{-3}T + 1.930\times 10^{-6}T^2 - 6.861\times 10^{-9}T^3) \times \frac{4.1868}{28.013} \text{ (kJ/kg·K)}$$

第7章 线性不可逆过程热力学基础

热力学第二定律指出,自然界的一切实际过程都是不可逆的。从能量的角度来看,不可逆过程不能使能量消失,而只能使能量转变成有用功的比例下降,即发生了能量的耗散。从微观的角度来看,过程不可逆性的本质表现为:在孤立系统内的一切自发过程,也就是不可逆过程,是会使系统的分子运动从某种有序状态向无序状态转化,最后达到稳定平衡状态,并保持这种状态不再变化。因此热力学第二定律指出了孤立系统内的一切过程都是使系统的状态由有序向无序转化并最终保持最无序状态。为了寻找从无序到有序的转化规律,就需要研究系统离开平衡态时的行为。热力学的这一分支称为非平衡态热力学或不可逆过程热力学。

系统偏离平衡态必定是在外界的影响下发生的,但外界的影响产生促使系统变化的势,如温度梯度或压力梯度不大,以至于在系统内引起的不可逆响应(如产生的热流或位移)也不很大,可以近似认为二者间只有简单的线性关系时,系统对平衡态的偏离很小,以这种情况为研究对象的热力学叫作线性非平衡态热力学。当外界对系统的影响过于强烈,以至于它在系统内部引起的响应和它不呈线性关系时的状态,称为远离平衡的状态,研究这种状况下系统行为的热力学称为非线性非平衡态热力学,这是一门到目前为止还不很成熟的学科。

7.1 局域平衡假设和非平衡态热力学函数

1. 局域平衡假设

局域平衡假设,在第1章中为了描述实际有限势差作用过程提到过。对处于平衡状态的系统可用状态参数来描述系统,如温度、压力、体积、热力学能、焓、熵等。在线性非平衡态热力学中由于设定外界作用不大,系统偏离平衡状态较小,可以应用局部平衡假设,"借用"状态参数的概念来描述系统。把处在不平衡状态的体系分割成许多小部分,假设每小部分各自近似地处于平衡状态,当然这每一小部分必须仅是宏观上的"小",在微观上仍包含有大量的粒子。这样对每一小部分体系,一切热力学量均可有确切的值,就可用状态参数来描述这些部分。对于像热力学能、熵等这样的广延参数,将各部分的数值相加,即可得整个体系的值,而像温度和压力这类强度参数,就没有全系统的统一值。系统整体是非平衡的,但若系统是由无数个局部平衡的子系统构成,而这些子系统又满足以下三个条件,则该系统处于局域平衡状态。

(1) 微观足够大。即子系统具有足够多的微观粒子(一般具有10的几十次方个微观粒子),以符合统计规律的要求。

(2) 宏观足够小。即子系统宏观尺寸不能太大,否则不能保证子系统内是平衡的。

(3) 距离平衡不能太远。这是(2)的进一步限制,从而保证子系统内部处于平衡状态。从数量级上看,在分子平均自由行程上,温度、压力等强度性参数的变化远远小于该尺寸下子系统的平均温度,即 $\frac{\Delta T}{T} \ll 1$。

对于一般稀薄气体,对线性不可逆热力学而言是完全正确的。

对每一子系统或局域定义出它的热力状态参数和函数,例如,压力、温度、比体积、热力学能及熵等,可以应用经典热力学的结论和成果。

2. 非平衡热力学函数

对于 $\mathrm{d}V$ 微元体积而言,其局域组分吉布斯方程为

$$T\mathrm{d}S = \mathrm{d}U + p\mathrm{d}V - \sum_{k=1}^{n} \mu_k \mathrm{d}C_k \tag{7-1}$$

式中　　T、p、V、S、U——子系统的状态参数;
　　　　μ_k——子系统 k 组元的化学势;
　　　　C_k——子系统中 k 组元的浓度。

知道了局域子系统的热力学特性,那么整个非平衡体系的热力特性可在此基础上通过适当的叠加方式来获得。

7.2　不可逆过程的基本方程

经典热力学研究系统从一个平衡状态向另一个平衡状态的转化,但它不分析平衡的状态之间的变化,所以也被称之为"热静力学"。当系统处于平衡状态时,系统内没有自发过程进行,系统的各宏观参数也不随时间改变。系统没有达到平衡转态时,若不受外界的作用,它各部分的状态必定发生变化,使它趋向平衡。

据热力学第二定律,对不可逆的微元过程:

$$\mathrm{d}S > \frac{\delta Q}{T_\mathrm{r}}$$

$$\mathrm{d}S = \frac{\delta Q}{T_\mathrm{r}} + \delta S_\mathrm{g} = \delta S_\mathrm{f} + \delta S_\mathrm{g} \tag{7-2}$$

式中　　δS_f——系统与外界换热而传递的熵,称为热熵流;
　　　　δS_g——不可逆性引起的熵产。

单位时间内系统内部不可逆过程引起的熵变,称为"熵产率"。

在不可逆过程热力学中,假定局部平衡的每一宏观分体系中,平衡态的吉布斯自由能仍然适用,即

$$T\mathrm{d}S = \mathrm{d}U + p\mathrm{d}V - \sum \mu_i \mathrm{d}n_i \tag{7-3}$$

方程(7-2)和方程(7-3)构成了不可逆过程热力学的基本方程。

1. 熵产率方程

线性非平衡态热力学的一个重要原理是最小熵产原理:在接近平衡态的条件下,达到和外界强加限制相适应的非平衡稳定状态的熵产具有最小值。即在系统偏离平衡状态时,系统中的不可逆过程产生熵,在系统偏离平衡状态很小时,随过程的进行,熵产率要减小,在达到某个稳定态时熵产率为最小。

最小熵产原理反映出:当外界迫使系统离开平衡态时,系统中要进行不可逆过程而引起能

量的耗散,但是系统将总是选择一个能量耗散最小,即熵产最小的状态,平衡态则是这种稳定态的特例,此时熵产为零,因为熵已达极大值而不能再增大了。

熵产率:体系内单位时间内,在单位体积中的熵产生为熵产率,也称熵源强度,记为 σ,单位为 $J/(K \cdot s \cdot m^3)$。

$$\sigma = \frac{d_i S}{dV \cdot dt} = \frac{d_i s}{dt} \tag{7-4}$$

考虑到吉布斯方程,在稳定条件下,$\frac{d_i S}{dt} = 0$,则熵产率方程可写为

$$\sigma = \frac{d_i S}{dt} = \frac{1}{T}\frac{du}{dt} + \frac{P}{T}\frac{dy}{dt} \sum_{k=1}^{n} \frac{\mu_k}{T} \frac{dc_k}{dt} \tag{7-4a}$$

这个方程右端的每一项都是某种流与某种力的乘积形式,而且又都是一次线性的,故可称之为双线性因子的叠加形式。熵产率方程更一般的形式为

$$\sigma = \frac{d_i S}{dt} = \sum_{k=1}^{n} J_i X_i \quad (i = 1,2,\cdots,n) \tag{7-4b}$$

以上得到的是局域子系统的熵产率方程,如对整个体系积分或叠加便可得到整个体系的熵产生率方程。

考虑图 7-1 所示系统,由绝热材料包裹的导热杆两端分别与温度为 T_2、T_1 的热源相连。热量通过导热杆从热源 T_2 流向 T_1。假定两热源的热容量足够大,排除或吸收热量不致改变其温度。当流进导热杆的热流量($\delta Q/d\tau$)等于流出导热杆的热流量($-\delta Q/d\tau$)时,导热杆任何位置的温度都不会随时间改变,当然不同位置的温度也不同。如果导热杆是等截面均质直杆,其温度变化是呈线性的,这时杆的温度是空间的函数但与时间无关,因此杆子处在稳定状态而非平衡状态。

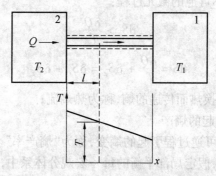

图 7-1 沿直杆的稳态导热的熵产

若导热杆端面与热源的温差是无限小,即传热过程可逆,则由熵方程,热源 T_2 熵变化率即为流出熵的速率:

$$\frac{dS_2}{d\tau} = \frac{1}{T} \frac{\delta Q}{d\tau}$$

同理,热源 T_1 收益熵的速率为

$$\frac{dS_1}{d\tau} = \frac{1}{T_1} \frac{\delta Q}{d\tau}$$

因为导热杆处于稳定状态,其各部分熵值均不随时间而改变,所以整根杆子的熵也不随时

间改变,但是有"静熵"从 T_2 沿杆"流"向 T_1,因此杆子与两个热源构成的系统的总熵变为

$$\frac{dS}{d\tau} = \frac{dS_1}{d\tau} + \frac{dS_2}{d\tau} = \frac{\delta Q}{d\tau}\left(\frac{1}{T_1} - \frac{1}{T_2}\right) = \frac{\delta Q}{d\tau}\frac{T_2 - T_1}{T_1 T_2} \quad (T_2 > T_1)$$

所以熵变化率 $dS/d\tau > 0$。由于复合系统与外界隔离,为孤立系统,因此系统的总熵随时间的增大值即为熵产。这一结果也可考察 $x = l$ 处的微元段的熵产得到。

对该微元段列熵平衡方程

$$\frac{1}{T}\frac{\delta Q}{d\tau} - \frac{1}{T + dT}\frac{\delta Q}{d\tau} + \delta S_g = dS_{CV}$$

因直杆状态稳定,所以 $dS_{CV} = 0$。于是

$$\delta S_g = -\frac{\delta Q}{d\tau}\left(\frac{1}{T} - \frac{1}{T + dT}\right) \approx -\frac{\delta Q}{d\tau}\left(\frac{dT}{T^2}\right) = \frac{\delta Q}{d\tau}d\left(\frac{1}{T}\right)$$

沿杆长积分,得单位时间内熵产为

$$S_g = \int_{T_2}^{T_1}\frac{\delta Q}{d\tau}d\left(\frac{1}{T}\right) = \frac{\delta Q}{d\tau}\left(\frac{1}{T_1} - \frac{1}{T_2}\right) = \frac{\delta Q}{d\tau}\left(\frac{T_2 - T_1}{T_1 T_2}\right)$$

单位体积的熵产率 σ_V 为

$$\sigma_V = \frac{\delta S_g}{dV} = \frac{\frac{\delta Q}{d\tau}d\left(\frac{1}{T}\right)}{Adl} = \frac{\frac{\delta Q}{Ad\tau}d\left(\frac{1}{T}\right)}{dl}$$

记 $J_Q = \frac{\delta Q}{Ad\tau}$,为热流密度($W/m^2$,沿杆长为定值),则

$$\sigma_V = \frac{d}{dl}\left(\frac{J_Q}{T}\right) = -\frac{J_Q}{T^2}\frac{dT}{dl} \tag{7-5}$$

式(7-5)即为仅考虑导热时 l 处单位体积的熵产率。如果杆子处在平衡状态,即杆子各截面温度相同,则 $dT/dl = 0$,所以 $\sigma_V = 0$;若 $dT/dl < 0$,则 $\theta_V > 0$。

令 $J_S = \frac{J_Q}{T}$,称为熵流密度,由于 T 随位置而改变,因此各截面上的熵流密度在改变。杆内单位体积的熵产率 σ_V 可写为

$$\sigma_V = \frac{dJ_S}{dl} \tag{7-5a}$$

电流流经导线时也可计算熵产率。若温度为 T 的导线与电源连接,由于电位差 de 作用,电流密度 $J_I = I/A$ 的电流在导线内流动。据能量守恒,单位时间发热量等于电功率,$\delta \Phi = -J_I A de$,所以热流密度 $J_Q = \frac{\delta \Phi}{A} = -J_I de$,仿照式(7-5b),得单位体积导线内熵产率为

$$\sigma_V = \frac{d}{dl}\left(\frac{-J_I de}{T}\right)$$

由于电流密度和导线温度均不变,因此

$$\sigma_V = -\frac{J_I}{T}\frac{de}{dl} \tag{7-5b}$$

式(7-5b)是仅考虑导电(没有导热)时的熵产率。

综上,由式(7-5),熵产可写成:

$$d_i s = \sigma \cdot dt = \sum_{i=1}^{n} J_i X_i dt \qquad (7-5c)$$

其实质就是推动不可逆过程进行的热力学力和在此力推动下的相应的热力学流的乘积对于时间积累的结果。即:要减少不可逆损失,减少熵产,其根本途径有两条:一条就是减少热力学流的速率;另一条是降低热力学的势差。如生命系统,减少食物摄入量,可以降低生物体内的生化速率,减少熵产,延缓生物体衰老过程;传热学中采用小温差扩展表面强化传热的实质是减少了传热温差的不可逆损失。

7.3 线性唯象定律

对不可逆过程的宏观表述,有许多唯象(唯现象的简称)定律。唯象定律有两种形式:一种是单一不可逆过程的共轭式(Conjugated)唯象定律;另一种是两个或多个不可逆过程同时发生的耦合唯象定律。下面分别加以讨论。

1. 共轭式唯象定律

描述热传导的傅里叶定律:

$$\dot{q} = -\lambda \frac{dT}{dx} \qquad (7-6)$$

描述扩散过程的斐克定律:

$$\dot{m} = -D \frac{dC}{dx} \qquad (7-7)$$

描述导电过程的欧姆定律:

$$\dot{I} = -R \frac{dE}{dx} \qquad (7-8)$$

式中 $\dot{q}$、$\dot{m}$、$\dot{I}$——单位面积上的热流通量、质流通量、电流通量;

$\frac{dT}{dx}$、$\frac{dC}{dx}$、$\frac{dE}{dx}$——温度梯度、浓度梯度、电压梯度;

λ、D、R——热导率、传质系数、导电系数。

右端的负号表示通量传递的方向,向梯度降落(或逆着梯度)的方向进行。就是说非平衡系统中发生的单一的不可逆过程的通量总是逆着其梯度进行。

2. 耦合式唯象定律

如果在一个非平衡系统中有两个或多个不可逆过程同时发生,它们就相互干扰而引起了新的效应,这时唯象定律也出现相应的变化。例如,当同时有扩散和传热时,就会发生温度梯度引起的热扩散和由浓度梯度引起的扩散热,即会有索瑞效应和杜伏效应。如下式所示:

$$\dot{m} = -D \frac{dC}{dx} - L_s \frac{dT}{dx} \qquad (7-9)$$

$$\dot{q} = -\lambda \frac{dT}{dx} - L_d \frac{dC}{dx} \qquad (7-10)$$

式中 L_s——索瑞效应(Soret effect)系数(热扩散);

L_d——杜伏效应(Dufour effect)系数(扩散热)。

又如,当同时有电位差和温差时,两种不同金属接头间就会产生温差电动势,即出现塞贝克效应(Seebeck Effect,1826 年)和珀耳帖效应(Peltier Effect,1834 年)。塞贝克效应是在接头间维持不同温度时而产生的电动势。珀耳帖效应是由于电流流过不同金属的接头处时而出现的接头上放热或吸热现象。这类耦合干扰式的唯象定律可写为如下形式:

$$i = -R\frac{\mathrm{d}E}{\mathrm{d}x} - L_T\frac{\mathrm{d}T}{\mathrm{d}x} \tag{7-11}$$

$$\dot{q} = -\lambda\frac{\mathrm{d}T}{\mathrm{d}x} - L_E\frac{\mathrm{d}E}{\mathrm{d}x} \tag{7-12}$$

以上这种交叉耦合现象很多。耦合现象的唯象公式是在原来的共轭式唯象公式中附加一项组成,见表 7-1。

表 7-1 耦合现象中共轭唯象公式的附加项

$-L_s\dfrac{\mathrm{d}T}{\mathrm{d}x}$	$-L_d\dfrac{\mathrm{d}C}{\mathrm{d}x}$	$-L_T\dfrac{\mathrm{d}T}{\mathrm{d}x}$	$-L_E\dfrac{\mathrm{d}E}{\mathrm{d}x}$
索瑞效应	杜伏效应	塞贝克效应	珀耳帖效应
热扩散	扩散热	温差电动势	电流温差
传热→传质	传质→传热	$\Delta T \to \Delta E$	$\Delta E \to \Delta T$

以上所讨论的唯象公式(7-6)~(7-12)中,每个公式均由四部分构成:热力学流(或广义流)、热力学力(或广义力)、系数(唯象系数通常由实验确定)和系数前面的符号,而且每一部分都有明确的物理意义。前两部分,即热力学流和热力学力互为因果关系,表示某种热力学力推动下出现的某种热力学流。系数表示上述流与力之间的比例关系,系数前面的负号表示热力学流的流动方向。

3. 线性唯象律的普遍式

上面讨论的是某种具体的线性唯象公式,现在讨论更一般、更普遍的线性唯象律。原则上,每一种流都是非平衡系统中存在的各种力所驱动的结果,即有

$$J_i = J_i(X_1, X_2, \cdots, X_n) \quad (i = 1, 2, \cdots, n) \tag{7-13}$$

当系统处于平衡时,流和力将同时消失,而有

$$J_i = (0, 0, \cdots, 0) = 0 \quad (i = 1, 2, \cdots, n) \tag{7-14}$$

在近平衡态的非平衡区,驱动流的力十分微弱,这时可围绕平衡态将 J_i 展开为 $\{X_i\}$ 的泰勒级数,则有

$$J_i(X_j) = J_i(0) + \sum\left(\frac{\partial J_i}{\partial X_i}\right)_0 X_j + \frac{1}{2}\sum\left(\frac{\partial^2 J_i}{\partial X_i \partial X_j}\right)_0 X_i X_j + \cdots$$

由于在平衡时

$$J_i(0) = 0$$

且在平衡点附近高次项可以忽略,则有

$$J_i(X_j) = \sum_{j=1}^{n}\left(\frac{\partial J_i}{\partial X_j}\right)_0 X_j$$

再令

$$L_{ij} = \left(\frac{\partial J_i}{\partial X_j}\right)_0$$

所以

$$J_i(X_j) = \sum_{j=1}^{n} L_{ij} X_j \quad (i = 1, 2, \cdots, n) \tag{7-15}$$

式中　L_{ij} —— 唯象系数。

式(7-15)表述为：对于离开平衡态不远的非平衡热力学系统中所进行的不可逆过程来说，其不可逆过程的热力学流和不可逆过程的热力学驱动力之间呈线性关系。唯象系数实质是平衡态附近的热力学流对热力学力的变化率，即单位力变化引起的单位流。

唯象系数的性质：

(1) 当 $i=j$ 时，$L_{ij}=L_{ii}(L_{jj})$，称之为共轭的自唯象系数，其值恒正。自唯象系数恒正的物理意义是共轭效应与共轭的不可逆过程中热力学流只能逆着梯度方向进行，如 $q=-\lambda\dfrac{\mathrm{d}T}{\mathrm{d}x}$ 中 $\lambda>0$，表明温度梯度(温差)引起的热流只能从高温传向低温(即逆温度梯度进行)。

(2) 当 $i\neq j$ 时，$L_{ij}=L_{ji}$，称之为交叉的互唯象系数，其值可正可负。互唯象系数为正时，其物理意义是交叉干扰效应，是逆着共轭过程的梯度方向进行，表明交叉干扰效应有利于单一可逆的共轭效应，此时共轭效应被强化了。当互唯象系数为负时，其物理意义是交叉干扰效应，也是可以顺着共轭过程的梯度方向进行的，表明交叉干扰效应不利于单一可逆的共轭效应，此时共轭效应被削弱了。

举例来说，对传热、传质相互干扰的不可逆过程来说，浓度梯度引起的扩散热也可以从低温传向高温而顺着温度梯度方向进行传递。而温度梯度引起的热扩散可以从低浓度传向高浓度而顺着浓度梯度进行。交叉干扰效应到底逆着还是顺着被干扰与共轭效应的梯度进行，取决于外界条件。从这里我们知道，交叉(干扰)效应既可以加速不可逆过程的进行，也可以滞迟或延缓不可逆过程的进行。

(3) 一般来说，唯象系数应该是局域状态参数的函数，但在昂色格理论中假定它们都是常数，这是因为当力为零时，流也为零，而且流随力的增长而增长。在近似的情况下，可以认为二者是呈线性比例的。

线性唯象律的作用在于沟通线性非平衡区的流与力之间的联系，称之为线性本构方程，如同材料力学中的应变与应力之间的关系。

7.4 居里定理及昂色格倒易定律

1. 居里(Curie)定理

居里定理是从物理系统内部结构的对称性出发，得到各向同性系统中热力学流和热力学力应满足的关系及唯象系数的特性，使唯象定律得以大大简化，其意义是很大的。定理的内容表述为：在各向同性(体系处于平衡态时，各方向具有相同的性质)的体系中，张量阶数之差为零和偶数的两个不可逆过程可以耦合；张量阶数之差为奇数的两个不可逆过程不能耦合。

居里定理的作用在于简化了唯象定律中的唯象系数矩阵，当流与力不能耦合时，则相应的唯象系数 $L_{ij}=0$，而当流与力可以耦合时，则相应的唯象系数 $L_{ij}\neq 0$，这一特性对问题的求解十分有利。

2. 昂色格(Onsager)倒易定律

(1) 微观粒子运动对时间反演的不变性(对称性)。

早在1854年，开尔文就已假定，对于热电效应必须加上一个附加的对称性关系：

$$L_{ij}=\pm L_{ji}$$

牛顿方程：$\dfrac{\mathrm{d}^2 r}{\mathrm{d}t^2}m=\boldsymbol{F}$ 改写成 $\dfrac{\mathrm{d}^2 r}{\mathrm{d}(-t)^2}m=\boldsymbol{F}$ 是一样的。

薛定谔方程：$\frac{\partial^2 \psi}{\partial t^2} = \frac{E}{p^2}\frac{\partial^2 \psi}{\partial X^2}$ 改写成 $\frac{\partial^2 \psi}{\partial (-t)^2} = \frac{E}{p^2}\frac{\partial^2 \psi}{\partial X^2}$ 也是一样的。

(2) 定律的阐述。

在近离平衡的不可逆过程中，只要对共轭的热力学流 J_i 和热力学力 X_i 做一满足熵产率方程的适当选择，则联系热力学流与热力学力的唯象系数矩阵就是对称的，即有

$$L_{ij} = L_{ji} \quad (i,j = 1,2,\cdots,n) \tag{7-16}$$

昂色格倒易关系揭示出这样一个事实：在一个复杂的有多种热力学力推动的不可逆过程中，一种力对它一种流的作用等于另一种力对该种流的反作用。由同时发生的两个不可逆过程相互干扰引起的现象称为倒易现象，而昂色格定律告诉我们两个倒易现象之间存在着一种对称关系。

举例来说，如同时有扩散与传热存在的不可逆过程，即在同一系统中同时有温度梯度和浓度梯度的存在。但是由于浓度梯度和温度梯度的适当配合，我们可在系统中建立一个特殊的平衡状态，此时既没有质量流，也没有热量流，这是因为，由浓度梯度所产生的质流通量恰为由温度梯度所推动的质流通量所(平衡)抵消，同时，由温度梯度所产生的热流通量也恰为由浓度梯度所推动的热流通量所抵消(平衡)，于是系统中的热流通量和质流通量的关联式为

$$\begin{cases} J_i = L_{ij}X_j + L_{ii}X_i = 0 \\ J_j = L_{ji}X_i + L_{jj}X_j = 0 \end{cases} \tag{7-17}$$

式中　　J_i、J_j——质流和热流通量；

　　　　X_i、X_j——质流和热流推动力；

　　　　L_{ii}——质流推动力 X_i 推动的质流 J_i 的系数；

　　　　L_{jj}——热流推动力 X_j 推动的热流 J_j 的系数；

　　　　L_{ij}——热流推动力 X_j 推动的热流 J_i 的系数；

　　　　L_{ji}——质流推动力 X_i 推动的热流 J_j 的系数。

解式(7-17)，得

$$\begin{cases} L_{ij} = -\dfrac{L_{ii}X_i}{X_j} \\ L_{ji} = -\dfrac{L_{jj}X_j}{X_i} \end{cases} \tag{7-18}$$

从式(7-18)可知，在适当选择 J 与 X 后，可使 $L_{ij} = L_{ji}$。

(3) 定律的分析。

① 定律只适用于线性不可逆过程，必须是近离平衡态的非平衡区。

② 满足熵产率方程，这个方程是分析的基本方程。

③ 强调共轭效应中相互匹配的热力学流与热力学力的选择。因为在熵产率方程中，除了耦合的共轭项外，还有耦合的交叉干扰项。对于交叉干扰项不必特意关注，重点是关注共轭项中热力学流与热力学力的选择问题，因为只有适当选择这些项，余下的交叉干扰项相互之间才有倒易关系。

④ 强调共轭项中流与力的选择，这是因为即便是共轭项中流与力的选择也不是唯一的，从后续内容可以看出这一点。适当选择则要求：

a. 流与力之间满足线性关系：$J_i = L_{ij}X_j$。

b. 每项（共轭、交叉）都必须是流与力双线性因子乘积形式。

c. 必须满足熵产率方程：$\sigma \geq 0$（>0：不可逆；$=0$：可逆），即 $\sigma \not< 0$。

⑤ 互唯象系数，$L_{ij} = L_{ji}$，即相当于 $\dfrac{\partial J_i}{\partial X_j} = \dfrac{\partial J_j}{\partial X_i}$，如何理解？

a. 假定在一个同时存在着导热和传质相互干扰的两个不可逆过程中，存在两个热力学力：热流驱动力 ΔT 和质流驱动力 $\Delta \rho$，每一种驱动力产生两种流：一种是与驱动力共轭的共轭流，另一种是与驱动力非共轭的交叉干扰流。具体地说，在热流驱动力 ΔT 作用下产生了与 ΔT 共轭的温差热流 q，同时还有在 ΔT 作用下引起质量扩散形成的扩散热流（随物质流动的交叉干扰热流）；同样，在质流驱动力 $\Delta \rho$ 作用下产生了与 $\Delta \rho$ 共轭的质流 m，同时还有在 $\Delta \rho$ 作用下引起热量传递形成的热扩散质流（随热量传递的交叉干扰质流）。倒易定律和倒易关系是指，热流 q 受到质流驱动力 $\Delta \rho$ 影响的时候，质流 m 也同时受到热流驱动力 ΔT 影响，二者之间的影响是相互的、对称的，并且表征这两种相互影响的互唯象系数是相等的，即有 $L_{ij} = L_{ji}$。

b. 对于上面的假定，$L_{ij} = L_{ji}$，相当于有 $\dfrac{\partial J_\text{热}}{\partial X_\text{质}} = \dfrac{\partial J_\text{质}}{\partial X_\text{热}}$ 关系式。这个式子表明，交叉干扰的传热与传质之间相互影响程度是相同的，单位质力变化所引起的热流变化与单位热力变化引起的质力变化二者之间的影响率、影响比例是相同的。

c. 但是上述二者之间的影响量的大小却是不同的，而且单位和量纲也不相同。如 $\dfrac{\partial J_\text{热}}{\partial X_\text{质}} \cdot \partial X_\text{质}$ 与 $\dfrac{\partial J_\text{质}}{\partial X_\text{热}} \cdot \partial X_\text{热}$ 相比较，可见，即使 $\dfrac{\partial J_\text{热}}{\partial X_\text{质}} = \dfrac{\partial J_\text{质}}{\partial X_\text{热}}$，但是如果 $\partial X_\text{质}$ 与 $\partial X_\text{热}$ 数值不同，上面相乘的结果也不相同。同时，还有 $\dfrac{\partial J_\text{热}}{\partial X_\text{质}} \cdot \partial X_\text{质}$ 结果是扩散热，是热量单位，而 $\dfrac{\partial J_\text{质}}{\partial X_\text{热}} \cdot \partial X_\text{热}$ 结果是热扩散，是质量单位，二者不同。

d. 一般地，对某一种热力学流，可以由多种热力学力引起，这些热力学力可以分成共轭的热力学力和交叉干扰的热力学力两大类。但是就数量大小而言，共轭力对流的贡献大，而干扰力对流的贡献小，即总有 $J_\text{共轭力} \gg J_\text{干扰力}$。

3. 流与力的适当选择

由唯象定律式 $J_i = \sum\limits_{j=1}^{n} L_{ij} X_j$ 可见，流 J 可以表示为 X 的线性函数，因此对流和力的选择是有相当的自由度的（选择方式并非唯一）。如对不可逆导热过程进行熵产率分析时，可以选取 $-\dfrac{1}{T}\dfrac{\mathrm{d}T}{\mathrm{d}x}$ 为力，q_x 为流，这是热流；或选 $-\dfrac{\mathrm{d}T}{\mathrm{d}x}$ 为力，$\dfrac{q_x}{T}$ 为流，这是熵产流。所以，不同的力的选择，流也会不同。

昂色格指出：在适当的选择力与流的条件下，可使流与力相乘之积的总和等于系统中单位容积的熵产乘以温度，即

$$T\sigma = J_1 X_1 + J_2 X_2 + \cdots \tag{7-19}$$

总之，流和力的选定必须满足式（7-19）这个条件，再从式（7-19）可知，$J_1 X_1, J_2 X_2, \cdots$ 等可以相加，显然它们的因次是相同的，此处 T 为系统的绝对温度，σ 为系统中单位容积内在

单位时间内的熵产率,其单位为 $J/(K \cdot m^3 \cdot s)$。式(7-19)可改写为

$$T\sigma = \sum_i J_i X_i \quad (7-20)$$

参考下式:

$$J_1 = L_{11}X_1 + L_{12}X_2$$
$$J_2 = L_{21}X_1 + L_{22}X_2$$

可得

$$\left(\frac{\partial J_1}{\partial X_2}\right)_{X_1} = L_{12} = \left(\frac{\partial J_2}{\partial X_1}\right)_{X_2} = L_{21} \quad (7-21)$$

把式(7-21)应用于扩散及导热的交叉过程,即得:由于增加扩散力 X_2 所引起的热量流 J_1 的增加率等于由于增加热流力 X_1 所引起的扩散流 J_2 的增加率,当然式(7-21)也可以应用到其他的交叉现象。

昂色格倒易定律是线性不可逆过程热力学赖以建立的基础之一。这一普遍规律的揭示具有重要意义。首先使独立的唯象系数的数目进一步减少,这就使所要进行的实验工作量大大减少。更重要的是,它把性质不同的物理效应和物理过程联系起来,使我们有可能通过一些简单过程来分析较为复杂的过程。

4. 关于对唯象系数的某些限制

考虑到线性唯象定律,则熵产率方程可以表达成为热力学力二次型的形式,且为正定(或非负)二次型:

因为 $\sigma = \sum J_i X_i, \quad J_i = \sum L_{ij} X_j$

所以

$$\sigma = \sum_{ij}^n L_{ij} X_i X_j \geq 0 \quad (7-22)$$

为保证该方程为正定的,其唯象系数矩阵必须有一定的限制,现以二阶唯象系数矩阵为例来讨论这些限制。将 $\sigma \geq 0$ 表示式展开,则有

$$\sigma = L_{11}X_1^2 + (L_{12} + L_{21})X_1X_2 + L_{22}X_2^2 > 0$$

$$(X_1 X_2) \begin{pmatrix} L_{11} & \frac{1}{2}(L_{12}+L_{21}) \\ \frac{1}{2}(L_{12}+L_{21}) & L_{22} \end{pmatrix} \begin{pmatrix} X_1 \\ X_2 \end{pmatrix} > 0 \quad (7-23)$$

表明:对于变量的一切正的或负的值($X_1 = X_2 = 0$ 除外,因此 $\sigma = 0$),使 $\sigma > 0$ 的充要条件是具有元素 $L_{12} + L_{21}$ 的对称矩阵的全部主子式(行列式)都是正,而非对角元素必须满足 $L_{11}L_{22} > \frac{1}{4}(L_{12}+L_{21})^2$,即有

$$L_{11} > 0, \quad L_{22} > 0 \quad (广义 L_{ii} > 0)$$
$$(L_{12}+L_{21})^2 < 4L_{11}L_{22} \quad (广义 (L_{ij}+L_{ji})^2 < 4L_{ii}L_{jj}) \quad (7-24)$$

5. 昂色格倒易关系的例证

(1) 化学循环反应的例证。

化学反应是一个标量过程。以三种反应物 A、B、C 的循环化学反应为例,如图7-2所示,设定各反应过程的反应系数分别为 k_1、$k-1$、k_2、$k-2$、k_3、$k-3$,则三个反应的反应速率和反应亲和势可表示为

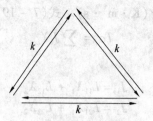

图 7-2 循环反应示意图

$$\begin{cases} v_1 = k_1 A - k_{-1} B \\ v_2 = k_2 B - k_{-2} C, \\ v_3 = k_3 C - k_{-3} A \end{cases} \begin{cases} \alpha_1 = \mu_A - \mu_B \\ \alpha_2 = \mu_B - \mu_C \\ \alpha_3 = \mu_C - \mu_A \end{cases} \quad (7-25)$$

式中 A、B、C —— 三种反应物的浓度；

v_1、v_2、v_3 —— 三个反应的反应速率；

α_1、α_2、α_3 —— 三个反应的反应亲和势；

μ_A、μ_B、μ_C —— 三个反应物 A、B、C 的化学势。

从上式中不难看出，三个亲和势的表达式只有两个是独立的，即存在

$$\alpha_3 = -(\alpha_1 + \alpha_2) \quad (7-26)$$

在反应达到平衡时，各反应速率及反应亲和势均为 0，则可得

$$\begin{cases} k_1 A_0 = k_{-1} B_0 \\ k_2 B_0 = k_{-2} C_0 \\ k_3 C_0 = k_{-3} A_0 \end{cases} \text{及} \quad \mu_{A0} = \mu_{B0} = \mu_{C0} \quad (7-27)$$

式(7-27) 中带有 0 下标的各量均为反应平衡时的各化学量，现在假定反应体系稍稍偏离了平衡态，则反应物的浓度为

$$\begin{cases} A = A_0 + x \\ B = B_0 + y \\ C = C_0 + z \end{cases} \text{且满足} \begin{cases} \dfrac{|x|}{A_0} \ll 1 \\ \dfrac{|y|}{B_0} \ll 1 \\ \dfrac{|z|}{C_0} \ll 1 \end{cases} \quad (7-28)$$

式中 x、y、z —— 三个反应物偏离平衡态的浓度。

因此反应速率为

$$\begin{cases} v_1 = k_1 x - k_{-1} y \\ v_2 = k_2 y - k_{-2} z \\ v_3 = k_3 z - k_{-3} x \end{cases} \quad (7-29)$$

根据理想气体或稀溶液的化学势的表达式：

$$\mu_i = \mu_{i0} + RT \ln x_i \quad (7-30)$$

式中 μ_i、μ_{i0} —— 组分 i 在某一状态和标准状态下的化学势；

x_i —— 组分 i 的摩尔浓度；

T —— 反应系统的绝对温度，K。

由此可得亲和势为

第7章 线性不可逆过程热力学基础

$$\alpha_1 = \mu_A - \mu_B = RT\ln\left(\frac{A_0 + x}{A_0}\right) - RT\ln\left(\frac{B_0 + y}{B_0}\right)$$

$$\approx RT\left(\frac{x}{A_0} - \frac{y}{B_0}\right)$$

$$= \frac{RT}{k_1 A_0}(k_1 x - k_{-1} y) = \frac{RT}{k_1 A_0} v_1 \tag{7-31}$$

同理可得 α_2 及 α_3 的表达式,并结合式(7-31)可将反应速度表示为

$$\begin{cases} v_1 = \dfrac{k_1 A_0}{R} \cdot \dfrac{\alpha_1}{T} \\ v_2 = \dfrac{k_2 B_0}{R} \cdot \dfrac{\alpha_2}{T} \\ v_3 = -\dfrac{k_3 C_0}{R} \cdot \dfrac{(\alpha_1 + \alpha_2)}{T} \end{cases} \tag{7-32}$$

式中 A_0、B_0、C_0——反应平衡时,各反应物的浓度。

对本例纯化学反应体系中其熵产率结合式可表示为

$$\sigma = \sum_k v_k \frac{\alpha_k}{T} = (v_1 - v_3)\frac{\alpha_1}{T} + (v_2 - v_3)\frac{\alpha_2}{T} \tag{7-33}$$

由此可以将 $\dfrac{\alpha_1}{T}$、$\dfrac{\alpha_2}{T}$ 看作两个独立的热力学力 X_1 和 X_2,与之共轭的热力学流 J_1 和 J_2,则可以表示为

$$\begin{cases} J_1 = v_1 - v_3 \\ J_2 = v_2 - v_3 \end{cases} \tag{7-34}$$

同时根据线性唯象定律,同秩的力和流具有交叉作用,可将热力学流表达为热力学力的线性函数:

$$\begin{cases} J_1 = L_{11}X_1 + L_{21}X_2 = L_{11}\dfrac{\alpha_1}{T} + L_{12}\dfrac{\alpha_2}{T} \\ J_2 = L_{21}X_1 + L_{22}X_2 = L_{21}\dfrac{\alpha_1}{T} + L_{22}\dfrac{\alpha_2}{T} \end{cases} \tag{7-35}$$

由式(7-27)及式(7-29)可以推导出

$$\begin{cases} J_1 = v_1 - v_3 = \dfrac{k_1 A_0 + k_3 C_0}{R}\dfrac{\alpha_1}{T} + \dfrac{k_3 C_0}{R}\dfrac{\alpha_2}{T} \\ J_2 = v_2 - v_3 = \dfrac{k_3 C_0}{R}\dfrac{\alpha_1}{T} + \dfrac{k_2 B_0 + k_3 C_0}{R}\dfrac{\alpha_2}{T} \end{cases} \tag{7-36}$$

对比式(7-36)与式(7-37),可以得出其唯象系数为

$$L_{11} = \frac{k_1 A_0 + k_3 C_0}{R}, \quad L_{12} = L_{21} = \frac{k_3 C_0}{R}, \quad L_{22} = \frac{k_2 B_0 + k_3 C_0}{R} \tag{7-37}$$

因此,其唯象系数是对称的,满足昂色格倒易关系。

(2) 各向异性热传导的例证。

热传导过程是一个矢量过程,对单纯的各向异性热传导过程,其熵产率的表达式为

$$\sigma = \vec{q} \cdot \nabla\left(\frac{1}{T}\right)$$

式中 $\vec{q}$——热流通量，W/m²。

写为张量形式（以下推导均采用张量表达形式）：

$$\sigma = q_i \cdot \frac{\partial}{\partial x_i}\left(\frac{1}{T}\right)$$

由于热传导过程属于扩散型过程，在工程实际中过程处于线性非平衡区，根据线性唯象定律中的双线性假定，可以近似认为广义流与广义力呈线性关系。对三维热传导过程，若将沿三方向温度倒数的梯度作为三个独立广义力，则与之共轭的独立广义流分别为三个方向的热流分量。根据居里定理，该三力属同秩力，具有彼此耦合效应，则对任意笛卡儿坐标系中三方向 x_i 上流与力的关系为

$$q_i = L_{ij}\frac{\partial}{\partial x_j}\left(\frac{1}{T}\right)$$

对于各向异性材料，其唯象系数 L_{ij} 形成一个空间椭球，该椭球的主轴 $y_m:(m=1,2,3)$ 称为热传导的主轴，这时唯象系数 M_{mn} 展开为矩阵形式是一个以 M_{12}、M_{22}、M_{33} 为对角线元素的对角矩阵，并称 M_{mn} 为主唯象系数。则主轴方向的热流通量可以用主轴方向的广义力表达为

$$q_m = L_{mn}\frac{\partial}{\partial x_n}\left(\frac{1}{T}\right) \tag{a}$$

则任一坐标系 x_j 中的热流通量 q_i 可以用主轴方向的热流通量表示 q_m 为

$$q_i = e_{im}q_m = e_{im}M_{mn}\frac{\partial}{\partial y_n}\left(\frac{1}{T}\right)$$

式中 e_{im}——x_i 与主轴 y_m 的方向余弦，其中 i 表示 x_i 坐标系中的坐标轴，m 表示主轴坐标系 y_m 中的坐标轴，展开成元素为

$$e_{im} = \cos(x_i, y_m)$$

将 y_n 方向温度倒数的梯度用 x_i 方向温度倒数的梯度表示，并将求和下标 i 替换成 j 可得

$$\frac{\partial}{\partial y_n}\left(\frac{1}{T}\right) = \frac{\partial}{\partial x_j}\left(\frac{1}{T}\right)e_{jn}$$

将式上式代入式（a），可得用 x_j 坐标系中温度倒数的梯度和主唯象系数表示的 x_i 方向的热流通量表达式：

$$q_i = e_{im}e_{jn}M_{mn}\frac{\partial}{\partial x_j}\left(\frac{1}{T}\right) \tag{b}$$

对比式（b）和式（a）可以得出

$$L_{ij} = e_{im} \cdot e_{jn} \cdot e_{mn} \tag{c}$$

考察式（c）可以看出共有 m,n 两组求和下标，故 L_{ij} 包含有 9 个分项，由于 M_{mn} 是对角矩阵，展开式（c），可得唯象系数 L_{ij} 的表达式为

$$L_{ij} = e_{i1}e_{j1}M_{11} + e_{i2}e_{j2}M_{22} + e_{i3}e_{j3}M_{33} \tag{d}$$

由上式不难看出，唯象系数矩阵是一个对称矩阵，即

$$L_{ij} = L_{ji} \tag{f}$$

7.5 不可逆过程的熵产率

熵产率方程在不可逆过程热力学中极为重要，本节针对几种常见的不可逆过程求出熵产

率的表达式。

1. 不可逆定压等温物理过程的单位容积熵产率

对于开口系统：

$$dS = d_e S + d_i S$$

$$d_i S = dS - d_e S = dS - \frac{\delta Q}{T} = \frac{TdS - \delta Q}{T}$$

或

$$d_i S = \frac{TdS - (dU + pdV)}{T} \tag{a}$$

在具有熵产的过程中 $TdS \neq \delta Q$，考虑到自由焓的定义 $G = H - TS = U + pV - TS$ 对此式微分，再考虑到定压、等温条件，则有 $dG = dU + pdV - TdS$，将此式代入式(a)得 $d_i S = -\frac{dG}{T}$，熵产率为 $\left(\frac{dS}{dt}\right)_i = -\frac{1}{T}\frac{dG}{dt}$，此时：

$$\sigma = \frac{1}{V}\left(\frac{dS}{dt}\right)_i = -\frac{1}{TV}\left(\frac{dG}{dt}\right)$$

或

$$T\sigma = \frac{1}{V}\left(\frac{dG}{dt}\right)$$

2. 不可逆定压等温化学反应过程中的单位容积熵产率

在单元系统的定压等温过程中，自由焓就是化学势：$g = \mu_0$。化学反应过程是属于多元系统，而多元系统的定压等温过程的自由焓为：

$$G = \sum_{i=1} \mu_i n_i$$

式中 n_i —— 系统中某一组元的摩尔数，微分后得：$dG = \sum_i \mu_i dn_i$，由于 $d_i S_i = -\frac{dG}{T}$，在化学反应过程中，则应以 $dG = \sum_i \mu_i dn_i$ 代入，所以可有 $d_i S_i = \dfrac{-\sum_i \mu_i dn_i}{T}$，熵产率为

$$\left(\frac{dS}{dt}\right)_i = -\frac{1}{T}\sum_i \mu_i \frac{dn_i}{dt}$$

令：n_i^0 表示 $t = 0$ 时对应于某一组元的摩尔数；n_i 表示 $t = t$ 时对应该组元的摩尔数；ζ 表示化学反应的发展程度，且定义为

$$\zeta = \frac{n_i - n_i^0}{a_i}$$

式中 a_i —— 某一组元参与反应的摩尔数，a_i 的符号可以为正、负，如反应物（反应式左边的物质）则符号为负，如为生成物（反应式右边的物质）则取正。

微分 $d\zeta = \dfrac{dn_i}{a_i}$，$dn_i = a_i d\zeta$，则 $\dfrac{dn_i}{dt} = a_i \dfrac{d\zeta}{dt}$ 代入 $\left(\dfrac{dS}{dt}\right)_i$ 中，则有

$$\left(\frac{dS}{dt}\right)_i = -\frac{1}{T}\sum_i \mu_i a_i \frac{d\zeta}{dt} = -\frac{1}{T}\frac{d\zeta}{dt}\sum_i \mu_i a_i$$

除以 V 得

$$\sigma = \frac{1}{V}\left(\frac{\mathrm{d}S}{\mathrm{d}t}\right)_i = -\frac{1}{TV}\frac{\mathrm{d}\zeta}{\mathrm{d}t}\sum_i \mu_i a_i$$

或写成
$$T\sigma = -\frac{1}{V}\frac{\mathrm{d}\zeta}{\mathrm{d}t}\sum_i \mu_i a_i \tag{7-38}$$

式中　σ——单位体积中的熵产率 $\frac{1}{V}\left(\frac{\mathrm{d}S}{\mathrm{d}t}\right)_i$；

$-\frac{1}{V}\frac{\mathrm{d}\zeta}{\mathrm{d}t}$——单位体积中反应速率：平衡态时，$-\frac{1}{V}\frac{\mathrm{d}\zeta}{\mathrm{d}t} = 0$；非平衡态时，$-\frac{1}{V}\frac{\mathrm{d}\zeta}{\mathrm{d}t} < 0$，反应向左进行取 +，反应向右进行取 -；

$\sum_i \mu_i a_i$——化学反应推动力或反应力。

式(7-38) 可以写成 $T\sigma = JX$ 的形式，其中 J 为组元的流，即 $\frac{1}{V}\frac{\mathrm{d}\zeta}{\mathrm{d}t} = J$；$X$ 为力，即 $X = \sum_i \mu_i a_i$。在更一般的情况下，式(7-38) 成 $T\sigma = \sum_{i=1}^{n} J_i X_i$。

7.6　黏性流、电流、热流和物质流过程中的熵产率

7.5 节中讨论了在化学反应中的熵产率及如何适当选择 J 和 X，使 $T\sigma = \sum_i J_i X_i$。本节将分别讨论若干具体不可逆过程中的同样问题。

1. 黏性流动过程的熵产率

设系统绝热，机械能经过黏性流动转变为热量而为工质本身吸收，此时有
$$\mathrm{d}_i S = \frac{\delta W}{T}$$

熵产率：
$$\left(\frac{\mathrm{d}S}{\mathrm{d}t}\right)_i = \frac{1}{T}\frac{\delta W}{\mathrm{d}t}$$

化为 $T\sigma$ 的形式，有
$$T\sigma = \frac{T}{V}\left(\frac{\mathrm{d}S}{\mathrm{d}t}\right)_i = \frac{1}{V}\frac{\delta W}{\mathrm{d}t}$$

此处，$\frac{1}{V}\frac{\delta W}{\mathrm{d}t}$ 显然包括 J 和 X 在内。

2. 电流过程的熵产率

为了应用式 $\left(\frac{\mathrm{d}S}{\mathrm{d}t}\right)_i = \frac{1}{T}\frac{\delta W}{\mathrm{d}t}$，有 $\frac{\delta W}{\mathrm{d}t} = -I\mathrm{d}E$，如导体处于稳态，电能的消耗变为热量而散失于等温的外界，此时熵产率为
$$\left(\frac{\mathrm{d}S}{\mathrm{d}t}\right)_i = \frac{1}{T}\frac{\delta W}{\mathrm{d}t} = -\frac{I\mathrm{d}E}{T}$$

除以 V 得
$$\sigma = \frac{1}{V}\left(\frac{\mathrm{d}S}{\mathrm{d}t}\right)_i = -\frac{I\mathrm{d}E}{TV} = -\frac{1}{T}\frac{I\mathrm{d}E}{F\mathrm{d}x} = -\frac{1}{T}J_i\frac{\mathrm{d}E}{\mathrm{d}x}$$

$$T\sigma = J_i\left(-\frac{dE}{dx}\right)$$

式中 E——电压；

J——电流通量，$J = \dfrac{1}{F}$；

X——力，$X = -\left(\dfrac{dE}{dx}\right)$。

3. 传热过程的熵产率

考虑纯导热,没有物质的迁移,也不对外做功,密度均匀。取出体系中一微元体 $dV = dX \cdot dY \cdot dZ$,边界面为 $x, x+dx$、$y, y+dy$、$z, z+dz$；热力学能 $U = U(x,y,z,t)$；密度 ρ。dt 时间内,微元体的 dV 内,热力学能增加为 $\rho \cdot \partial U/\partial t \cdot dVdt$。这一热力学能的增加是由热量通过边界进入微元体内引起的,用 J_q 表示热流通量。在 dt 时间内通过边界面 x 进入 dV 的热量为 $J_{qx} \cdot dy \cdot dz \cdot dt$,而通过边界面 $x + dx$ 从 dV 中传出的热量(参见图 7 – 3)为

$$\left(J_{qx} + \frac{\partial J_{qx}}{\partial X}dx\right) \cdot dy \cdot dz \cdot dt$$

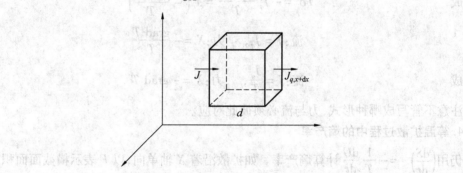

图 7 – 3　微元体导热过程

于是在 dt 时间内,通过这两个边界面进入 dV 中的净热量为

$$-\frac{\partial J_{qX}}{\partial X}dx \cdot dy \cdot dz \cdot dt = -\frac{\partial J_{qX}}{\partial X}dV \cdot dt$$

同样的方法,对 Y、Z 两个方向的边界面进行相同计算,便可得到 dt 时间内进入 dV 的总热量为

$$J_{q\text{进}} - J_{q\text{出}} = -\left(\frac{\partial J_{qX}}{\partial X} + \frac{\partial J_{qY}}{\partial Y} + \frac{\partial J_{qZ}}{\partial Z}\right)dV \cdot dt = -\text{div}\, J_q dV \cdot dt$$

按照能量守恒原理,得到

$$\rho \frac{\partial u}{\partial t}dV \cdot dt = -\text{div}\, J_q dV \cdot dt$$

即

$$\rho \frac{\partial u}{\partial t} + \text{div}\, J_q = 0$$

根据矢量与标量的运算关系,上式可变为

$$\rho \frac{\partial s}{\partial t} + \text{div}\, \frac{J_q}{T} = -\frac{1}{T^2}J_q \cdot \text{grad}\, T$$

式中 $\dfrac{J_q}{T}$——熵流量；

$\rho\dfrac{\partial s}{\partial t}$——系统在单位体积中，在单位时间内的熵增，可以分为两部分；

$\operatorname{div}\dfrac{J_q}{T}$——由于外界热量传入而在单位时间内引起的熵流；

$-\dfrac{1}{T^2}J_q \cdot \operatorname{grad} T = \dfrac{1}{V}\left(\dfrac{dS}{dt}\right)_i$ ——体系在不可逆过程中单位时间的熵产，即熵产率。

令 σ 表示熵产率，则有

$$\sigma = -\dfrac{1}{T^2}J_q \cdot \operatorname{grad} T$$

如果系统的传热是各向同性的，按导热定律有 $J_q = -\lambda \operatorname{grad} T$，则有

$$\sigma = \dfrac{\lambda}{T^2}(\operatorname{grad} T)^2 > 0 \quad (\text{恒正})$$

或写成
$$T\sigma = -J_q\dfrac{\operatorname{grad} T}{T} = J_q\left(-\dfrac{\operatorname{grad} T}{T}\right)$$

式中
$$\text{流}:J = J_q, \quad \text{力}:X = -\dfrac{\operatorname{grad} T}{T}$$

或写成
$$\text{流}:J = \dfrac{J_q}{T}, \quad \text{力}:X = -\operatorname{grad} T$$

注意不管写成哪种形式，力与流必须彼此对应。

4. 等温扩散过程中的熵产率

仍用 $\left(\dfrac{dS}{dt}\right)_i = -\dfrac{1}{T}\dfrac{dG}{dt}$ 计算熵产率。如扩散沿着 X 轴单向，以 F 表示横截面面积。

现在分析微元容积 FdX 中的扩散面积。

化学势：
$$x:\mu_i; \quad x = x + dx:\mu_i + \dfrac{d\mu_i}{dx}dx$$

此时第 i 种物质的 n_i mol 在平行于 X 与 $X+dX$ 间迁移，终将第 i 种物质的自由焓 G_i 产生摩尔变化量为 dn_i。以 J_i 表示在单位时间内流过单位截面积的摩尔数，可得

$$J_i = \dfrac{1}{F}\dfrac{dn_i}{dt}$$

下面对系统（参见图 7-4）熵产率进行计算，截面 1-1 与 2-2 之间在 dt 时间内迁移的摩尔数为：$dn_i = J_i F dt$。

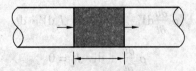

图 7-4 熵产率的计算

由于 $G_i = \sum_i n_i g_i$，而对多元物质系统，各组元的自由焓即为化学势，即有

$$g_i = \mu_i$$

因为
$$G_i = \sum_i n_i \mu_i$$
$$dG = \sum_i (J_i F dt) d\mu_i \tag{a}$$

把式(a)代入 $\left(\dfrac{dS}{dt}\right)_i = -\dfrac{1}{T}\dfrac{dG}{dt}$ 中,得到微元容积 dV 内的熵产率为

$$\left(\frac{dS}{dt}\right)_i = -\frac{1}{T}\sum_i \frac{J_i F dt \cdot d\mu_i}{dt} = -\frac{1}{T}\sum_i J_i F d\mu_i$$

单位容积中的熵产为

$$\sigma = -\frac{1}{dV}\left(\frac{dS}{dt}\right)_i = -\frac{1}{T}\frac{1}{Fdx}\sum_i J_i F d\mu_i$$
$$= -\frac{1}{T}\sum_i J_i \frac{d\mu_i}{dx} = -\frac{1}{T}\sum_i J_i \operatorname{grad} \mu_i$$

或写成
$$T\sigma = -\sum_i J_i \operatorname{grad} \mu_i$$

式中　$\operatorname{grad} \mu_i$——扩散力;

$J_i = \dfrac{1}{F}\dfrac{dn_I}{dt}$——扩散流。

7.7 不可逆热力学原理的应用

本节以绝热扩散为例,讨论不可逆热力学原理的应用。

菲克(Fick)于 1856 年建立了经典扩散定律,认为扩散速率正比于浓度梯度,质量传导可与热传导比拟。菲克定律中比例常数称为扩散系数。实验数据显示,扩散系数随实验条件而变,但是 Hartley 发现,用化学势来表达扩散速率时能得到较好的比例特性。

图 7-5 是由多孔膜隔离绝热容器两部分中,发生的物质扩散的现象,涉及 Soret 效应(其特征表现为温度梯度的存在导致浓度梯度的建立)和 Duffour 效应(Soret 效应的逆效应,由浓度梯度而产生的对温度梯度的影响)。

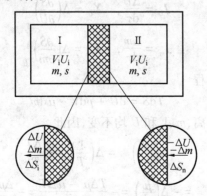

图 7-5　多孔膜连接的两容器

考虑如图 7-5 所示的刚性绝热容器。假定容器内有两部分:Ⅰ 和 Ⅱ 构成的系统,两部分之间有多孔膜相通。两部分体积相同,均为 V,为简便,取为单位体积。两部分热静平衡,每一

部分的质量 m、热力学能 U 均相同。

由于系统与外界隔离,据热力学第一定律,Ⅰ 内变化 ΔU 和 Δm,将会在 Ⅱ 中引起变化 $-\Delta U$ 和 $-\Delta m$。这些变化造成系统熵的变化可由泰勒级数表达:

$$\Delta S_{\rm I} = \left(\frac{\partial S}{\partial U}\right)_m \Delta U + \left(\frac{\partial S}{\partial m}\right)_U \Delta m +$$

$$\frac{1}{2}\left(\frac{\partial^2 S}{\partial U^2}\right)\Delta U^2 + \left(\frac{\partial^2 S}{\partial U \partial m}\right)\Delta U \Delta m + \frac{1}{2}\left(\frac{\partial^2 S}{\partial m^2}\right)\Delta m^2 + \cdots$$

$\Delta S_{\rm II}$ 与 $\Delta S_{\rm I}$ 有类似的表达式,但是 ΔU 和 Δm 线性项应是负的。故系统的总熵变为

$$m\Delta S = \Delta S_{\rm I} + \Delta S_{\rm II} = \left(\frac{\partial^2 S}{\partial U^2}\right)\Delta U^2 + 2\left(\frac{\partial^2 S}{\partial U \partial m}\right)\Delta U \Delta m + \left(\frac{\partial^2 S}{\partial m^2}\right)\Delta m^2 + \cdots$$

由于系统与外界隔离,系统熵增即为熵产且总体积($2V$)不变,因此

$$\frac{\rm d}{{\rm d}\tau}(\Delta S) = \theta = \left(\frac{\partial^2 S}{\partial U^2}\right)(2\Delta U)\frac{\Delta U}{{\rm d}\tau} + 2\left(\frac{\partial^2 S}{\partial U \partial m}\right)\Delta m\frac{\Delta U}{{\rm d}\tau} + 2\left(\frac{\partial^2 S}{\partial U \partial m}\right)\Delta U\frac{\Delta m}{{\rm d}\tau} +$$

$$\left(\frac{\partial^2 S}{\partial m^2}\right)(2\Delta m)\frac{\Delta m}{{\rm d}\tau}$$

$$= 2\frac{\Delta U}{{\rm d}\tau}\left[\left(\frac{\partial^2 S}{\partial U^2}\right)\Delta U + \left(\frac{\partial^2 S}{\partial U \partial m}\right)\Delta m\right] + 2\frac{\Delta m}{{\rm d}\tau}\left[\left(\frac{\partial^2 S}{\partial m^2}\right)\Delta m + \left(\frac{\partial^2 S}{\partial U \partial m}\right)\Delta U\right]$$

$$= 2\frac{\Delta U}{{\rm d}\tau}\Delta\left(\frac{\partial S}{\partial U}\right)_m + 2\frac{\Delta m}{{\rm d}\tau}\Delta\left(\frac{\partial S}{\partial m}\right)_U$$

式中 $\dfrac{\Delta U}{{\rm d}\tau}$ 和 $\dfrac{\Delta m}{{\rm d}\tau}$ ——单位时间热力学能变化率和质量变化率。

由于上述熵产率是部分 Ⅰ 和 Ⅱ 的总值,因此单位体积的熵产率为

$$\theta_V = \frac{\Delta U}{{\rm d}\tau}\Delta\left(\frac{\partial S}{\partial U}\right)_m + \frac{\Delta m}{{\rm d}\tau}\Delta\left(\frac{\partial S}{\partial U \partial m}\right)_U$$

据式(7 – 15)有 $\qquad T\theta = J_1 X_1 + J_2 X_2$

所以本系统 $\qquad T\theta = J_U X_U + J_m X_m$

式中

$$J_U = \frac{\Delta U}{{\rm d}\tau}, \quad X_U = \Delta\left(\frac{\partial S}{\partial U}\right)_m$$

$$J_m = \frac{\Delta m}{{\rm d}\tau}, \quad X_m = \Delta\left(\frac{\partial S}{\partial m}\right)_U$$

据不可逆热力学基本方程

$$T{\rm d}S = {\rm d}U + p{\rm d}V - \mu {\rm d}m$$

考虑到本系统与外界隔离,m、V 和 U 均不变,因此

$$\Delta\left(\frac{\partial S}{\partial U}\right)_m = \Delta\left(\frac{1}{T}\right) = -\frac{\Delta T}{T^2}$$

$$\Delta\left(\frac{\partial S}{\partial m}\right)_U = -\Delta\left(\frac{\mu}{T}\right) = -\frac{T\Delta\mu - \mu\Delta T}{T^2} = -\frac{\Delta\mu}{T} + \mu\frac{\Delta T}{T^2}$$

考虑到 $\mu = G_m$,$G = H - TS$ 及封闭体系 ${\rm d}G = -S{\rm d}T + V{\rm d}p$,所以本例中

$$\Delta\mu = V\Delta p - S\Delta T$$

因此

$$\Delta\left(\frac{\partial S}{\partial m}\right)_U = -V\frac{\Delta p}{T} + S\frac{\Delta T}{T} + H\frac{\Delta T}{T^2} - TS\frac{\Delta T}{T^2} = -V\frac{\Delta p}{T} + H\frac{\Delta T}{T^2}$$

由式(7-15)可得

$$J_U = L_{11}X_U + L_{12}X_m$$
$$J_m = L_{21}X_U + L_{22}X_m$$

所以

$$J_U = -L_{11}\frac{\Delta T}{T^2} + L_{12}\left(-V\frac{\Delta p}{T} + H\frac{\Delta T}{T^2}\right) = \frac{HL_{12} - L_{11}}{T^2}\Delta T - \frac{L_{12}}{T}V\Delta p$$

$$J_m = -L_{21}\frac{\Delta T}{T^2} + L_{22}\left(-V\frac{\Delta p}{T} + H\frac{\Delta T}{T^2}\right) = \frac{HL_{22} - L_{21}}{T^2}\Delta T - \frac{L_{22}}{T}V\Delta p$$

令 $U^* = \left(\dfrac{J_U}{J_m}\right)_{\Delta T = 0}$,则

$$U^* = \left(\frac{J_U}{J_m}\right)_{\Delta T = 0} = \frac{L_{12}V\Delta p}{T}\frac{T}{L_{22}V\Delta p}$$

所以

$$L_{12} = L_{22}U^* = L_{21}$$

若无质量流,即 $J_m = 0$,则

$$\frac{HL_{22} - L_{21}}{T^2}\Delta T - \frac{L_{22}}{T}V\Delta p = 0$$

即

$$\frac{\Delta p}{\Delta T} = \frac{(HL_{22} - L_{21})}{T^2}\frac{T}{L_{22}V} = \frac{H - L_{21}/L_{22}}{VT} = \frac{H - U^*}{VT}$$

令 $H - U^* = -Q^*$,则

$$\frac{\Delta p}{\Delta T} = -\frac{Q^*}{VT} \tag{a}$$

上式表示由于温度梯度而驱使系统建立压力梯度的关系。因此,两个关联的系统,随着两系统间的浓度梯度(更准确地说是化学势梯度)的确立,会建立起压力差,直至 $H = U^*$。

Q^* 是由于流体扩散而从区域 I 传输到区域 II 的能量。它是与化学势梯度连在一起的能量,在一些简单的情况下,Q^* 是可以计算的。Weber 用动力理论证明了气体从容器进入多孔板时携带的能量会减少。气体分子通过多孔介质的通道时携带的能量比它们做无序运动的能量小的 $RT/2$。因此,流经多孔柱塞时 $Q^* = -RT/2$。当分子进入多孔塞时,气体分子释放 Q^*,当分子从多孔塞逸出时,吸收同样数量的能量。气体在有热传导的情况下流经多孔塞,Q^* 与温度变化有关,似乎是理所当然会想到气体分子在温度 T 时释放能量 Q^* 而在以 $T + dT$ 离开时吸收能量 $Q^* + dQ^*$。这是错误的,下面做一点定性的解释。Q^* 是正在通过多空柱塞的单位质量分子的平均能量超过流体平均能量的部分。因此,如果气体在柱塞两侧放出和吸收能量不同为 Q^* 的话,是违反能量守恒定律的。柱塞两侧流体平均能量的差已计入流体两侧的焓差内。

对于理想气体 $pV = RT$,所以由式(a),有

$$\frac{dp}{dT} = -\frac{Q^*}{VT} = \frac{RT}{2VT} = \frac{R}{2V} = \frac{p}{2T}$$

从柱塞的一侧 I 到另一侧 II 积分,得

$$\ln \frac{p_{\mathrm{II}}}{p_{\mathrm{I}}} = \frac{1}{2} \ln \frac{T_{\mathrm{II}}}{T_{\mathrm{I}}} \quad 或 \quad \frac{p_{\mathrm{II}}}{p_{\mathrm{I}}} = \sqrt{\frac{T_{\mathrm{II}}}{T_{\mathrm{I}}}}$$

这就是所谓的分子流的 Knudse 方程,对于有限厚度的柱塞 Δx,$\Delta p = -\frac{Q^*}{VT}\Delta T$,这就意味着如果 Q^* 是负值,例如热传导、压力差和温度差符号相同,分子从冷侧流向热侧。

习 题

7.1 在水溶液中,两个溶质的传输通量等式可以写成:

$$J_i = \sum_{j=1}^{2} L_{ij} X_j \quad (i = 1,2)$$

(1) 写出两个详细的通量传输表达式。

(2) 说明主系数 L_{11} 和 L_{22} 总是正值,L_{12} 可以是正值也可以是负值的原因。说明 L_{12} 和 L_{21} 之间的关系。

(3) 推导下面的不等式成立:$L_{11}L_{12} \geqslant L_{12}^2$。

(4) 在什么条件下,满足 $L_{12} = 0$?在什么条件下满足 $L_{11}L_{12} - L_{12}^2 = 0$?

7.2 对于通量等式和耗散函数:(1) 利用 X_1、J_2 和有关系数表示耗散函数;(2) 假定 $X_1 = -\nabla \mu_1$,并且 $J_2 = j$,给出耗散函数中第一项和第二项的物理意义,并给出每一项的符号(正的或负的)。利用 Onsager 互易等式,给出第三项的值。

7.3 证明在两个不同温度容器内的同种单组分流体的压力差为 $\dfrac{\mathrm{d}p}{\mathrm{d}T} = \dfrac{h - u^*}{vT}$,其中,$h$ 为温度 T 时流体的比焓;u^* 为不存在通过热传导时传输的能量;v 为比体积;T 为温度。

7.4 某种纯净单原子理想气体,其比定压热容为 $c_{p,m} = \dfrac{5}{2}R$,从多孔塞一端流向另一端。1 mol 气体通过柱塞传递的能量是 $-\dfrac{RT}{2}$。若系统是绝热的,气体和柱塞的热导率可忽略不计,计算上游流体温度为 60 ℃ 时柱塞的温度。

参考文献

[1] 童钧耕,吴孟余,王平阳. 高等工程热力学[M]. 北京:科学出版社,2006.
[2] 苏长荪. 高等工程热力学[M]. 北京:高等教育出版社,1987.
[3] 谭羽非,朱彤,吴家正. 工程热力学[M]. 北京:建筑工业出版社,2016.
[4] 陈宏芳,杜建华. 高等工程热力学[M]. 北京:清华大学出版社,2003.
[5] 曹建明,李根宝. 高等工程热力学[M]. 北京:北京大学出版社,2010.
[6] 陈则韶. 高等工程热力学[M]. 北京:高等教育出版社,2008.
[7] 吴沛宜. 变质量系统热力学及其应用[M]. 北京:高等教育出版社,1983.
[8] 赵冠华,钱立仑. 㶲分析及其应用[M]. 北京:高等教育出版社,1984.
[9] 朱明善. 能量系统的㶲分析[M]. 北京:清华大学出版社,1988.
[10] 林宗涵. 热力学与统计物理学[M]. 北京:北京大学出版社,2010.
[11] 吴存真,张诗针. 热力过程㶲分析基础[M]. 杭州:浙江大学出版社,2000.
[12] 艾树涛. 非平衡态热力学[M]. 武汉:华中科技大学出版社,2009.
[13] 杨东华. 不可逆过程热力学原理及工程应用[M]. 北京:科学出版社,2009.
[14] 杨本洛. 经典热力学中若干基本概念的探讨[M]. 北京:科学出版社,1999.
[15] 李如生. 非平衡态热力学和耗散结构[M]. 北京:清华大学出版社,2006.

参考文献

[1] 谢德明, 关荣锋. 工厂供电与照明技术[M]. 北京: 机械工业出版社, 2009.
[2] 吉大本. 电子工艺学 [M][M]. 北京: 高等教育出版社, 1992.
[3] 刘树洪, 宋德. 印制电工艺概论[M]. 北京: 兵器工业出版社, 2010.
[4] 韩满林, 杨俊仕. 电子工艺实习教[M]. 成都: 电子科技大学出版社, 2003.
[5] 曹白杨. 电子装配工艺与实训. 北京: 电子工业出版社, 2010.
[6] 张朝阳. 电子工艺实习[M]. 北京: 清华大学出版社, 2008.
[7] 吴神丽. 印制电路板设计与制作教程[M]. 北京: 清华大学出版社, 1983.
[8] 胡家秉. 电工电子实习教程[M]. 上海: 同济大学出版社, 1994.
[9] 朱明君. 电路基础及应用[M]. 北京: 清华大学出版社, 1988.
[10] 苏家建. 现代电子装配工艺[M]. 北京: 北京大学出版社, 2010.
[11] 吴红艺. 电子技术及工艺基础[M]. 西安: 西安大学出版社, 2000.
[12] 文国英, 杜中一. 电子技术[M]. 北京: 清华大学出版社, 2009.
[13] 林本华. 大学电类技术及应用[M]. 北京: 科学出版社, 2000.
[14] 杨本志, 李鹤鸣. 电子工程实习教程[M]. 北京: 科学出版社, 1999.
[15] 李艳红. 电子工艺实习与电子工程实训[M]. 北京: 清华大学出版社, 2006.